职业教育本科土建类专业融媒体系列教材

建筑结构

王 艳 主 编
方建邦

陈年和 主 审

中国建筑工业出版社

图书在版编目（CIP）数据

建筑结构 / 王艳，方建邦主编. — 北京：中国建筑工业出版社，2022.2（2022.9重印）

职业教育本科土建类专业融媒体系列教材

ISBN 978-7-112-27063-7

Ⅰ.①建…　Ⅱ.①王…②方…　Ⅲ.①建筑结构-高等职业教育-教材　Ⅳ.①TU3

中国版本图书馆 CIP 数据核字（2021）第 270065 号

本教材依据《高等职业学校建筑工程技术专业教学标准》、《建筑结构可靠性设计统一标准》GB 50068—2018、《混凝土结构施工图平面整体表示方法制图规则和构造详图》16G101 等国家标准和规范编写。

本教材主要分为两个部分：基本构件的设计计算、基本结构体系的构造要求。具体内容以10 个教学单元进行描述，即钢筋与混凝土的力学性能、钢筋混凝土结构基本构件、建筑结构设计基本知识、钢筋混凝土梁板结构、建筑结构抗震设计基本知识、钢筋混凝土单层厂房排架结构（以二维码体现）、钢筋混凝土框架结构、钢筋混凝土剪力墙结构、钢筋混凝土框架-剪力墙结构和砌体结构（以二维码体现）。

为方便信息化教学及广大读者的自主学习，本教材附有大量数字资源，读者可以扫码阅读。本教材可作为土木建筑大类专业学生的教学用书，也可作为建筑施工企业一线人员的参考用书及相关培训材料。教学课件的索取方式为：1. 邮箱 jckj@cabp.com.cn；2. 电话（010）58337285；3. 建工书院 http://edu.cabplink.com；4. QQ 交流群 162472981。

责任编辑：司　汉

责任校对：党　蕾

QQ 交流群

职业教育本科土建类专业融媒体系列教材

建筑结构

王　艳　　主　编
方建邦

陈年和　主　审

*

中国建筑工业出版社出版、发行（北京海淀三里河路 9 号）

各地新华书店、建筑书店经销

北京鸿文瀚海文化传媒有限公司制版

北京市密东印刷有限公司印刷

*

开本：787 毫米×1092 毫米　1/16　印张：18¼　字数：452 千字

2022 年 1 月第一版　　2022 年 9 月第二次印刷

定价：49.00 元（赠教师课件）

ISBN 978-7-112-27063-7

（38555）

前言

　　本教材是紧跟中国特色高水平高职学校和专业建设计划，依据《高等职业学校建筑工程技术专业教学标准》，结合教学改革的实践经验及不断变化的学情编写而成。

　　本教材的前身是中国建筑工业出版社出版的《建筑结构（建筑工程技术专业）》，已发行两版，自 2010 年第一版出版至今，已使用十余年，在建筑工程技术及相关专业学生和建筑施工相关从业者中深受认可。为了更好地服务现代职业教育高质量发展，在原教材的基础上，对教材结构和内容进行重编和优化，使其更符合《职业教育专业目录（2021 年）》中高等职业教育本科专业的发展要求。同时，近年来《混凝土结构施工图平面整体表示方法制图规则和构造详图》16G101 和《建筑结构可靠性设计统一标准》GB 50068—2018 等相继发布和实施，涉及框架结构和剪力墙结构构件的构造要求、荷载分项系数等，本次修订再版根据最新的规范、规程及图集，对部分内容作了重新编写。

　　本教材在总结以往教学改革和教学实践基础上，以应用为目的、以实用为原则、同时兼顾系统性和完整性，对内容进行了重构，重点加强了结构基本概念、结构构造、基本构件计算及受力特点分析等内容，弱化了钢筋混凝土单层厂房排架结构及砌体结构的分析计算，更好地适应于建筑工程技术及相关专业学生和建筑施工企业一线人员。

　　本教材是一本"互联网＋"数字化创新教材，依托在线开放课程平台，将制作的视频、动画和教学及实践过程中积累的素材以二维码的形式插入教材，读者可以通过扫码获取电子资源，方便自主学习，并使学习过程立体化，不断提高学习效果。

　　本教材由江苏建筑职业技术学院王艳、方建邦主编并统稿，江苏建筑职业技术学院陈年和主审，江苏建筑职业技术学院殷粉芳、杜彬、江苏省第一工业设计院股份有限公司王卿松、金陵科技学院季璇副主编，四川职业技术学院侯青宏、沈阳建筑大学金路参与编写并提出修改意见，教材在编写过程中参考了一些公开出版和发表的文献，谨此表示衷心的感谢！

　　由于编者水平有限，书中不妥之处在所难免，恳请广大读者批评指正。

目录

0

单元 1

单元 2

单元 **3**

建筑结构设计基本知识 107

单元 4

单元 5

单元 6

钢筋混凝土单层厂房排架结构

单元 7

钢筋混凝土框架结构

单元 8

钢筋混凝土剪力墙结构

单元 **9**

钢筋混凝土框架-剪力墙结构

单元 **10**

砌体结构

0 教材介绍

引言

在现代化的城镇建设中，学生如何具备看到各种各样的建筑物就能说出其所采用的结构型式的能力呢？本单元将一一叙述，教你运用。

思维导图

```
                          ┌─ 建筑结构的学习目的
                          │
                          ├─ 建筑结构的发展
                          │
            绪论 ─────────┤                                    ┌─ 混凝土结构
                          │                                    │
                          │                         按材料分类 ├─ 砌体结构
                          │                                    │
                          │                                    ├─ 钢结构
                          │                                    │
                          └─ 建筑结构的分类及其应用             └─ 木结构

                                                                ┌─ 砖混结构
                                                                │
                                                                ├─ 框架结构
                                                                │
                                                                ├─ 框架-剪力墙结构
                                                                │
                                                     按受力分类 ├─ 排架结构
                                                                │
                                                                ├─ 剪力墙结构
                                                                │
                                                                ├─ 筒体结构
                                                                │
                                                                └─ 其他结构
```

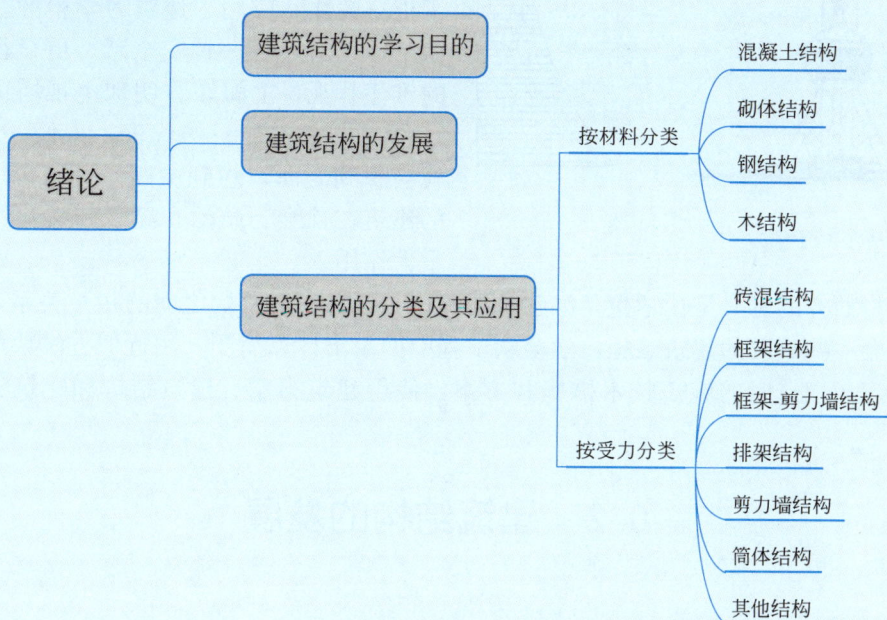

0.1 建筑结构的学习目的

学习目标

了解建筑结构的研究意义。

本教材的目的主要是将建筑力学、建筑结构和建筑工程三方面进行一些必要的联系，让学生充分了解各种建筑结构形式的力学特点、应用范围、材料性能、结构体系、抗震设计的基本知识以及施工中须采用的设备和技术措施，尽可能掌握一些基本的建筑结构基础知识，为建筑施工一线服务。

如图 0-1 所示是著名的上海东方明珠电视塔，是上海标志性建筑之一，高 468m，它

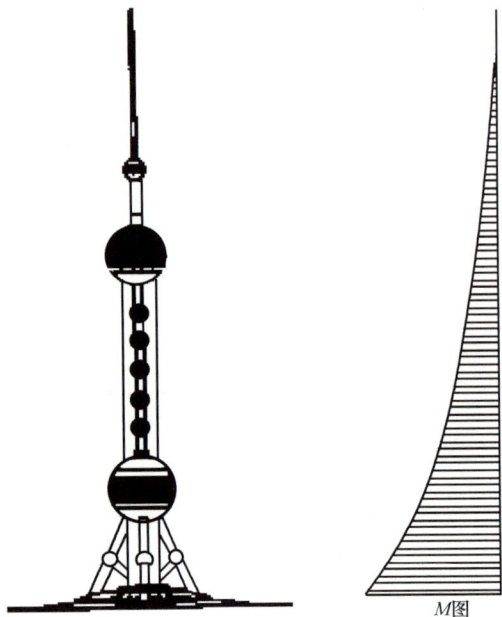

图 0-1　上海东方明珠电视塔

不仅满足了电视塔的功能，并且以其造型优美、结构合理、建筑和结构的完美统一而被人们称颂。从力学的角度分析，电视塔可看成是嵌固在地面上的悬臂梁，对于高耸入云的电视塔来说，风荷载是其主要荷载。由于电视塔的总体外形与风荷载作用下的弯矩图十分相似，如图 0-1 中的 M 图，因此充分利用了电视塔塔身材料的强度和刚度，受力非常合理；电视塔塔身底部所设三榀斜向的空间桁架轻易地跨越了一个大跨度结构，形成了正三棱体，应用了建筑力学中的三角形的稳定性，给人以一种安全感，更显得电视塔的雄伟壮观，上海东方明珠电视塔可谓是建筑和结构完美统一的代表，人们一看到它，就会想到上海，想到中国。可见，一座优秀的建筑在社会、政治、经济和文化中所起的重大作用。

　　本教材研究的意义是让学生了解和掌握建筑力学和建筑结构之间的相互关系，深入地理解和体会一些重要的建筑工程，学会从工程中抽象出计算简图，用近似方法快速估算和比较各种房屋建造时的施工技术措施和方案，使得建筑力学、建筑结构和建筑建造协调一致。

0.2　建筑结构的发展

学习目标

了解建筑结构的发展。

　　我国早在公元前 5000 年前就已有了房屋结构的痕迹。人们应用最早的结构是砖石结构和木结构，如图 0-2（$a \sim c$）所示。17 世纪工业革命后，资本主义国家工业化的发展，推动了建筑结构的发展。自 19 世纪中叶开始，随着冶炼技术的发展，钢结构的应用也获得了蓬勃发展。19 世纪 20 年代波特兰水泥被发明后，混凝土相继问世，随后出现了钢筋混凝土结构、预应力混凝土结构，使混凝土结构的应用范围更为广泛。此后，随着时间的不断推移，新的结构形式不断推出，新的材料、新的施工工艺也有了很大发展。建筑结构的跨度从砖石结构、木结构的几米、几十米发展到现代的几百米。建筑高度也不断增加，甚至达到几百米，如图 0-2（d）所示。

　　从计算理论上看，从 1965 年我国有了第一批建筑结构设计规范，至今不断修订，已由原来的简单近似计算法到以概率理论为基础的极限状态设计法，从侧重结构安全发展到

(a)   (b)

(c)   (d)

图 0-2　建筑结构的发展

全面侧重结构的性能，使设计方法更加完善更加科学。

0.3　建筑结构的分类及其应用

学习目标

分析建筑结构形式。

1. 建筑结构的分类

（1）建筑结构的概念

所谓建筑结构就是由梁、板、墙（或柱）、基础等基本构件构成的建筑物的承重骨架体系。

（2）建筑结构按材料的不同分类

1）混凝土结构

混凝土结构的定义：以混凝土材料为主的结构均可称为混凝土结构。混凝土结构包括钢筋混凝土结构、预应力混凝土结构和素混凝土结构等。

混凝土结构的优缺点：

优点：①材料利用合理；②可模性好；③耐久性和耐火性较好，维护费用低；④现浇混凝土结构的整体性好，且通过合理的配筋，可获得较好的延性，适用于抗震、抗爆结构；

同时防振性和防辐射性能较好，适用于防护结构；⑤刚度大、阻尼大，有利于结构的变形控制；⑥易于就地取材。

缺点：①自重大；②抗裂性差；③承载力有限；④施工复杂，工序多，工期长，施工受季节、天气的影响较大；⑤混凝土结构一旦破坏，其修复、加固、补强比较困难。

钢筋混凝土结构的应用：广泛应用于多层及高层建筑结构中。

2）砌体结构

砌体结构的定义：以块材和砂浆砌筑而成的墙、柱作为建筑物主要受力构件的结构均可称为砌体结构。

砌体结构的优缺点：

优点：①便于就地取材；②成本低廉；③耐久性较好。

缺点：①砌筑劳动强度大；②结构自重大；③构件材料强度较低，承载力有限。

砌体结构的应用：广泛应用于低层及多层建筑结构中。

3）钢结构

钢结构的定义：主要受力构件采用型钢、钢板加工制造而成的结构称为钢结构。

钢结构的优缺点：

优点：①强度高；②可靠性好；③容易施工。

缺点：①钢材容易被腐蚀；②耐火性差；③成本较高。

钢结构的应用：一般适用于工业建筑及高层建筑结构中。

4）木结构

木结构的定义：由木材或主要由木材承受荷载的结构，通过各种金属连接件或榫卯手段进行连接和固定。

木结构的优缺点：

优点：①抗震性能好；②施工周期短；③保温节能等。

缺点：①易遭受火灾、白蚁侵蚀、雨水腐蚀，相对而言耐久性差；②成材的木料由于施工量的增加而紧缺；③梁架体系较难实现复杂的建筑空间等。

木结构的应用：随着技术的发展，现代木材的防火、防腐、防蛀等药物处理技术日臻完善，木材的改性、胶合和结合技术等均有较大改进，木结构已可用于大跨度结构建筑，在建筑中占有一定的比重。

（3）建筑结构按承重结构类型的不同分类

1）砖混结构

砖混结构是由砌体和钢筋混凝土材料共同承受外加荷载的结构。主要用于层数不多的民用建筑，如住宅、宿舍、办公楼、旅馆等建筑，如图0-3所示。

2）框架结构

框架结构是由梁、柱刚接而构成承重体系的结构。其主要特点是建筑平面布置灵活。在多层建筑中框架结构是一种常用的结构体系，广泛应用于多层建筑，如办公楼、教学楼、厂房等建筑。框架结构侧向刚度小，属柔性结构，因而其建造高度一般不高，如图0-4所示。

3）框架-剪力墙结构

框架-剪力墙结构是由框架和剪力墙共同承受外加荷载的结构。广泛应用于20层左右

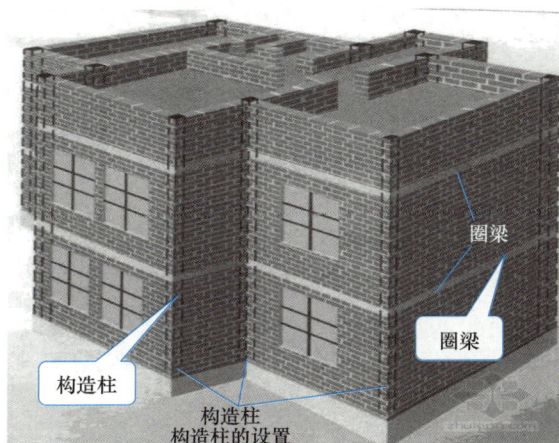

砌体结构构造示意图

圈梁

圈梁

构造柱

构造柱
构造柱的设置

(a)

(b)

图 0-3 砖混结构

的工业与民用建筑中，如图 0-5 所示。

图 0-4 框架结构

图 0-5 框架-剪力墙结构

4) 排架结构

排架结构是指柱与屋架铰接而与基础刚接而成的结构；广泛应用于各种单层工业厂房建筑中，如图 0-6 所示。

5) 剪力墙结构

剪力墙结构是将房屋的内、外墙都做成实体的钢筋混凝土结构。

现浇钢筋混凝土剪力墙结构的整体性好，采用大模板等先进施工方法，可缩短工期，节省人力。其缺点是自重大，较难设置大空间的房间。一般 15～50 层的住宅和旅馆等小开间的高层建筑中多采用剪力墙结构，如图 0-7 所示。

6) 筒体结构

筒体结构是由单个或多个筒体所组成的空间结构体系。主要用于高度很大的（$H>$ 100m）超高层建筑中，如写字楼、综合办公楼、办公楼等建筑。筒体结构可分为框架-筒体结构、筒中筒结构和多筒结构，如图 0-8 所示。

(a)   (b)

图 0-6　排架结构

图 0-7　剪力墙结构

7）其他结构：如图 0-9 和图 0-10 所示。

2. 建筑结构的应用

（1）材料方面：朝轻质、高强方向发展。

1）混凝土：C15→C25→C60→C80→C100→C200。

①轻质混凝土、加气混凝土、聚合物混凝土、树脂混凝土、纤维混凝土。

②高强度混凝土、高流动性混凝土、耐热混凝土、耐火混凝土、膨胀混凝土、泵送混凝土、流态混凝土等。

(a)

(b)

(c)

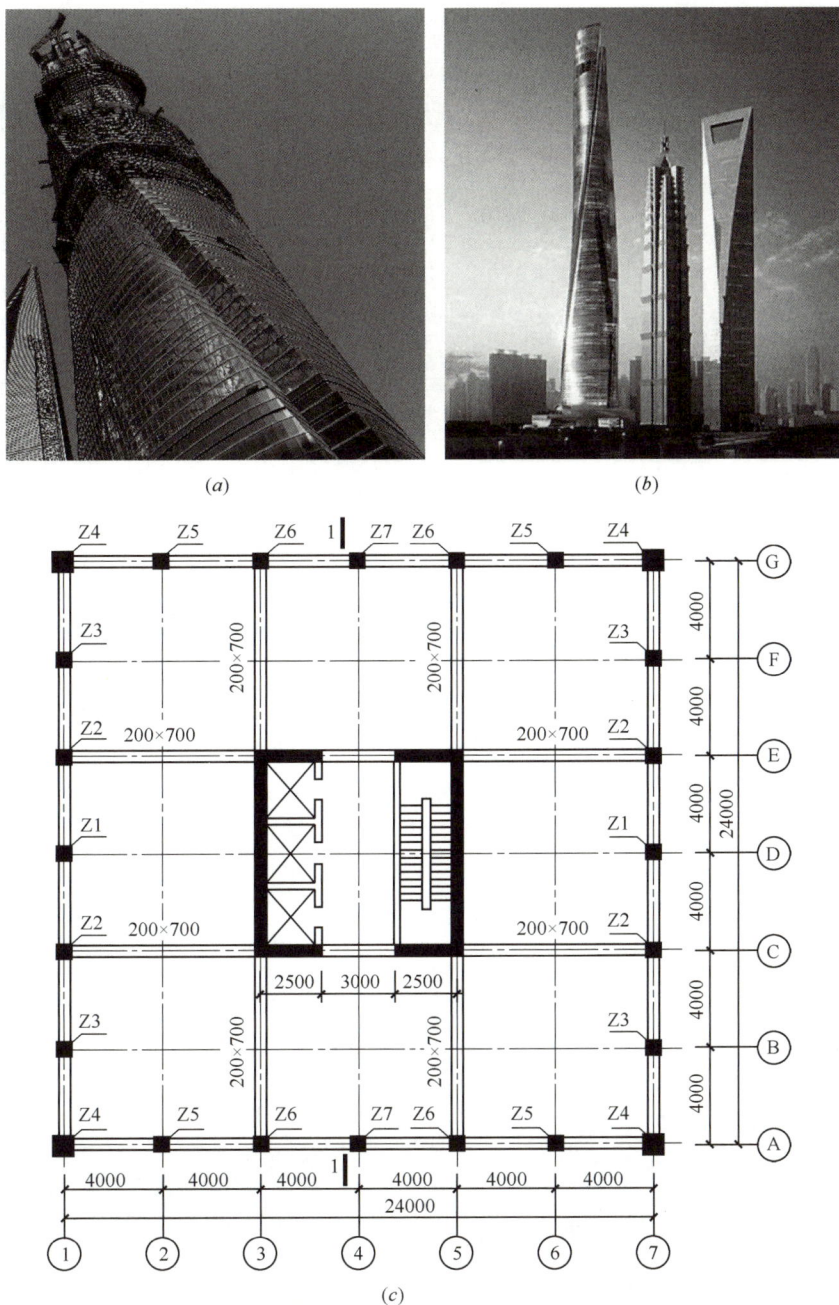

图 0-8 筒体结构

2）钢材：提高其屈服点和综合（包括防锈和防火）性能。

用两种或两种以上材料组合，利用各自的优越性开发出高性能的便于使用的建筑制品，已经成为 21 世纪土木工程的一个重要方面。

（2）结构方面：朝着高层建筑、大跨度建筑和高耸巨型建筑发展。

1）马来西亚吉隆坡石油大厦：88 层，452m，混凝土结构。

图 0-9　膜结构

图 0-10　穹顶结构

2）上海中心大厦：124 层，632 米，钢筋混凝土结构。

思政拓展

　　我国是一个拥有着丰富历史的国家，随着时代发展正在不断地进步，"中国建造"品牌亮点纷呈，在全世界留下了"中国桥、中国路、中国车"的标志。随着建筑技术的不断成熟和装备水平的不断提高，三峡大坝、青藏铁路、港珠澳大桥（图 0-11）、国家游泳中心（水立方）、上海中心大厦、北京大兴国际机场（图 0-12）等一系列世界顶尖水准建设项目相继建成，成为"中国建造"的醒目标志，一个个圆梦工程象征着中华民族伟大复兴的前进步伐不可阻挡。

图 0-11　港珠澳大桥

图 0-12　北京大兴国际机场

【课堂练习 0-1】

结构类型	适用高度范围	常用建筑
混合结构		
框架结构		
框架-剪力墙结构		
排架结构		
剪力墙结构		
筒体结构		

【实训 0-1】　参观校园主要建筑，每人说出四种以上的建筑结构形式。

单元 1　钢筋与混凝土的力学性能

■■ 引言

　　在钢筋和混凝土材料迅猛发展的今天，学生在建筑工程建设中如何熟练地应用建筑钢材和混凝土的力学性能？如何灵活地选择各种新材料和新技术？本单元将一一叙述，教你掌握和运用。

■■ 思维导图

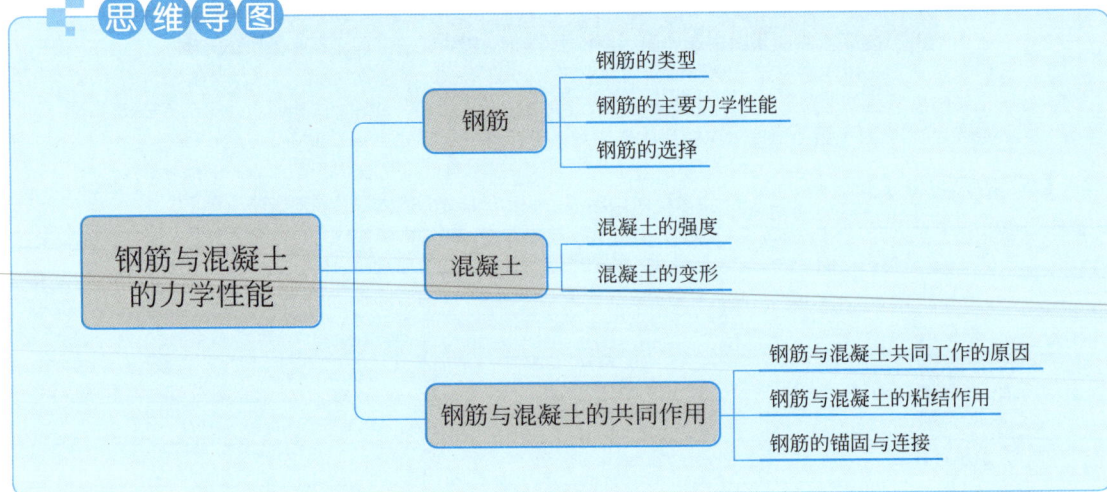

1.1　钢筋

■■ 学习目标

　　(1) 掌握钢筋的力学性能。
　　(2) 识读各种类型级别的钢筋。

1.1.1　钢筋的类型

　　目前，我国钢筋混凝土结构的普通钢筋采用热轧钢筋，预应力筋采用预应力钢丝、预应力螺纹钢筋和钢绞线。

1. 热轧钢筋

　　热轧钢筋是用低碳钢或低合金钢在高温下热轧制而成的，是钢筋混凝土结构中常用的普通钢筋，按其强度等级由低到高分别为 HPB300、HRB335、HRBF335、HRB400、

HRBF400、RRB400、HRB500、HRBF500 等牌号，见表 1-1；从外形上可分为：光圆钢筋、带肋钢筋（目前工程中常用月牙钢），如图 1-1 所示；从供货形式上可分为直条钢筋和盘圆钢筋两种。直径为 10～50mm 的钢筋通常用直条供应，长度为 6～12m；直径小于或等于 10mm 的钢筋通常用盘圆供应，其中 HPB300 等级的 I 级钢是以盘圆形状供应的，直径为 6mm、8mm、10mm；HRB400 等级的 III 级钢也有以盘圆形状供应的，直径为 4mm、6mm、8mm。

热轧钢筋的符号和牌号		表 1-1
热轧钢筋级别	符号	牌号
I	φ	HPB300
II	ϕ ϕ^F	HRB335、HRBF335
III	ϕ ϕ^F ϕ^R	HRB400、HRBF400、RRB400
IV	ϕ ϕ^F	HRB500、HRBF500

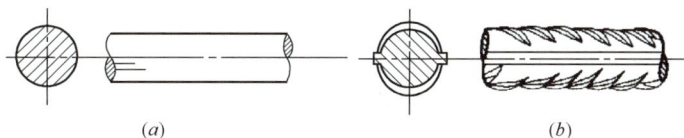

图 1-1 热轧钢筋的外形
（a）光面钢筋；（b）带肋钢筋

2. 光圆钢丝

光圆钢丝是将钢筋拉拔后校直，经中温回火消除应力，稳定处理后的钢丝。光圆钢丝按直径可分为 φ5、φ7 和 φ9 三个级别。

3. 钢绞线

钢绞线是由多根高强度钢丝捻制在一起经过低温回火处理清除内应力后而制成的，可分为 2 股、3 股和 7 股三种。

4. 热轧钢筋

各种级别的热轧钢筋材料图片如图 1-2 所示。

1.1.2 钢筋的主要力学性能

1. 钢筋的强度和变形

（1）强度

钢筋的强度和变形性能主要由单向拉伸测得的应力-应变曲线为表征，试验表明，钢筋的拉伸应力-应变曲线可分为两类：有明显的流幅的钢筋（称为软钢）；没有明显流幅的钢筋（称为硬钢），如图 1-3 所示。

1-1

钢筋

(a)　　　　　　　　　　　　　　　(b)

(c)　　　　　　　　　　　　　　　(d)

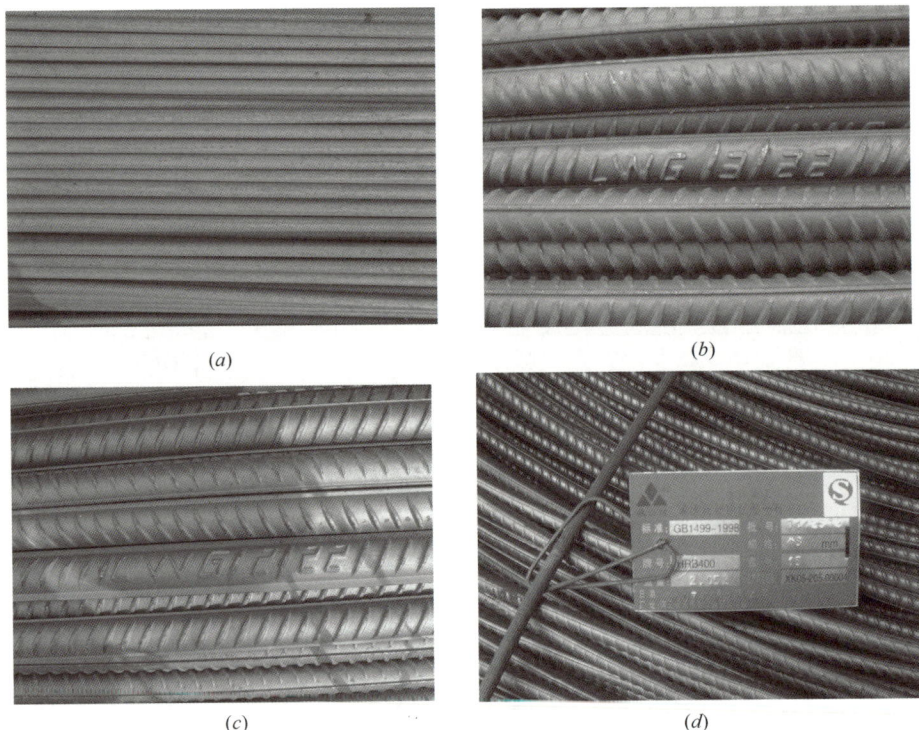

图 1-2　热轧钢筋

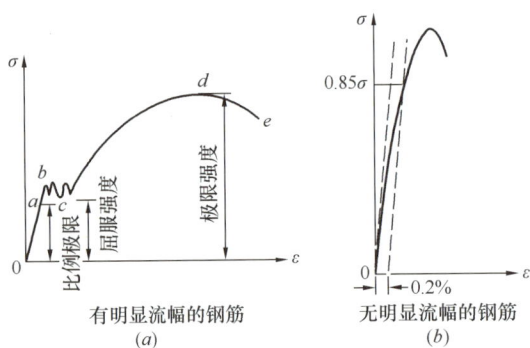

图 1-3　钢材的应力-应变曲线

（a）软钢；（b）硬钢

对于软钢有两个强度指标：一是屈服台阶的下限点 c 点所对应的应力称为钢筋屈服强度，即钢筋强度取值的依据；另一个强度指标是 d 点的钢筋极限强度，这是钢筋所能达到的最大强度。整个强化阶段作为屈服强度的安全储备。

注：当采用直径大于 40mm 的钢筋时，应经相应的试验检验或有可靠的工程经验。

（2）变形

除强度指标外，钢筋还应具有一定的塑性变形能力。反映钢筋塑性性能的基本指标是伸长率和冷弯性能。

所谓伸长率 δ 即断裂前试件的永久变形与原标定长度的百分比，它是衡量钢材塑性的重要指标，如图 1-4 所示。

$$\delta = \frac{l_1 - l_0}{l_0} \times 100\% \tag{1-1}$$

式中　δ——伸长率（%）；

l_0——试件受力前的标距长度（一般有 $l_0 = 10d$，d 为试件直径）；

l_1——试件拉断后的标距长度。

冷弯性能由冷弯试验来确定，试验时按照规定的弯心直径在试验机上用冲头加压，使试件弯成180°，如试件外表面不出现裂纹和分层，即为合格，如图1-5所示。

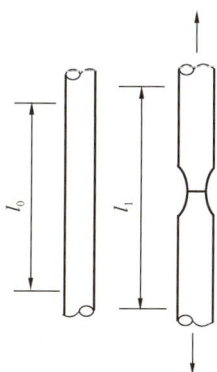

图1-4　伸长率测试　　　　　　图1-5　冷弯试验

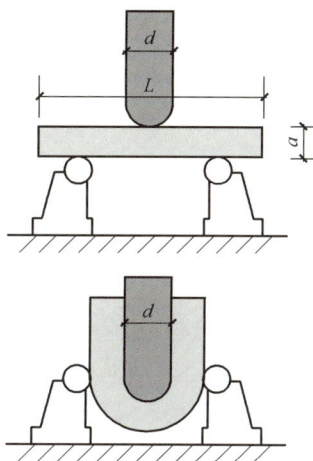

通常，伸长率越大的钢筋塑性越好，即拉断前有足够的伸长，使构件的破坏有预兆；反之构件的破坏具有突发性而呈现脆性。屈服点、抗拉强度和伸长率，是钢材的三个重要力学性能指标。

2. 钢筋的强度及变形指标

按冶金钢材质量控制标准，钢筋的强度标准值是取其出厂时的废品限值，具有97.73%的保证率，热轧钢筋的强度标准值是根据屈服强度确定的，而预应力钢绞线、钢丝和热处理钢筋的强度标准值是根据极限抗拉强度确定的，满足《建筑结构可靠性设计统一标准》GB 50068—2018 材料强度标准值保证率95%的要求。将上述强度标准值除以大于1的材料分项系数 γ_s（热轧钢筋1.1，预应力钢筋1.2）后即可得钢筋强度设计值。各类钢筋强度标准值及设计值见表1-2。计算钢筋变形时的弹性模量 E_s 应查表1-3。

热轧钢筋的强度标准值与设计值（N/mm²）　　　　　　表1-2

钢筋种类	符号	f_{yk}	f_y	f'_y
HPB300	φ	300	270	270
HRB335、HRBF335	φ φF	335	300	300
HRB400、HRBF400、RRB400	φ φF φR	400	360	360
HRB500、HRBF500	φ φF	500	435	435

钢筋弹性模量（10⁵ N/mm²）　　　　　　表1-3

钢筋种类	E_s
HPB300 级钢筋	2.1
HRB335、HRB400、HRB500 级钢筋；HRBF335、HRBF400、HRBF500 级钢筋；HRB400 级钢筋；预应力螺纹钢筋	2.0

续表

钢筋种类	E_s
消除应力钢丝、中强度预应力钢丝	2.05
钢绞线	1.95

1.1.3　钢筋的选择

在实际工程应用中，基于混凝土结构对钢筋强度、延性、连接方式、施工适应性、节材减耗的要求，可选用下列牌号的钢筋：

（1）普通纵向受力钢筋宜采用 HRB400、HRB500、HRBF400、HRBF500 钢筋，也可采用 HPB300、HRB335、HRBF335、RRB400 钢筋。

（2）梁、柱纵向受力普通钢筋应采用 HRB400、HRB500、HRBF400、HRBF500 钢筋。

（3）箍筋宜采用 HRB400、HRBF400、HPB300、HRB500、HRBF500 钢筋，也可采用 HRB335 、HRBF335 钢筋。

（4）钢筋混凝土结构以 HRB400、HRB500 级热轧钢筋为主导钢筋。限制并准备逐步淘汰 HRB335、HRBF335 级热轧带肋钢筋的应用。

（5）预应力筋宜采用预应力钢丝、钢绞线和预应力螺纹钢筋。

HPB300 表示强度级别为 $300N/mm^2$ 的热轧光圆箍筋，HRB500 表示强度级别为 $500N/mm^2$ 的普通热轧带肋的钢筋，RRB400 表示强度级别为 $400N/mm^2$ 的余热处理带肋钢筋，HRBF400 表示强度级别为 $400N/mm^2$ 的细晶粒热轧带肋钢筋。

1.2　混凝土

学习目标

（1）掌握混凝土的力学性能。
（2）了解预防和处理混凝土收缩、徐变引起的工程事故。

1.2.1　混凝土的强度

混凝土是用一定比例的水泥、砂、石子和水，经拌合、浇筑、振捣、养护，逐步凝固硬化形成的人造石材。故混凝土的强度不仅与组成材料的质量和比例有关，还与制作方法、养护条件和龄期有关。另外，不同的受力情况、不同的试件形状和尺寸，不同的试验方法所测得的混凝土强度值也不同。混凝土基本的强度指标有立方体抗压强度、轴心抗压强度和轴心抗拉强度三种。其中，立方体抗压强度并不能直接用于设计计算，但因试验方法简单，且与后两种强度之间存在着一定的关系，故被作为混凝土最基本的强度指标，以此为依据确定混凝土的强度等级，并由强度等级查表 1-4 及表 1-5 得到混凝土的轴心抗压强度和轴心抗拉强度的标准值和设计值。

1. 混凝土立方体抗压强度（f_{cu}）与混凝土的强度等级

（1）混凝土立方体抗压强度（f_{cu}）

混凝土的立方体抗压强度是衡量混凝土强度的重要指标。混凝土立方体强度不仅与养护时的温度、湿度和龄期等因素有关，而且与试件的尺寸和试验方法也有密切关系。影响立方体强度的因素：

1-2

混凝土

内因：如水泥强度等级、骨料品种、配合比等。

外因：试验方法（箍套）、温度、湿度、试件尺寸影响等。

用标准制作方式制成的 $150mm \times 150mm \times 150mm$ 的立方体试块，在 $20 \pm 3℃$ 的温度和相对湿度在 90% 以上的潮湿空气中养护 28d，用标准试验方法测得（加荷速度为每秒 $0.3 \sim 0.8 N/mm^2$），具有 95% 保证率的抗压强度称为混凝土的立方体抗压强度标准值，记为 f_{cu}（$f_{cu,k}$）。

在实际生产中，有时也采用边长为 100mm 或 200mm 的立方体试件，则所测得的立方体强度应分别乘以换算系数 0.95 或 1.05（图 1-6、图 1-7）。

图 1-6　混凝土立方体试块

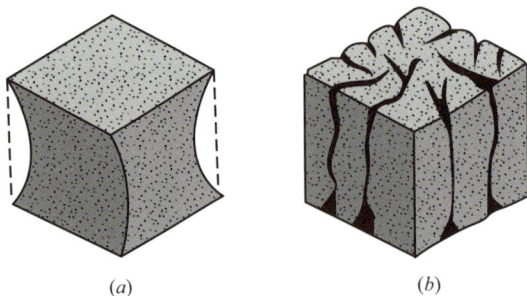

图 1-7　混凝土立方体试块测压后

(a) 试件表面无润滑剂，产生套箍效应，工程中常采用这种方法；(b) 试件表面涂有润滑剂，摩擦阻力小，测得的抗压强度小，工程中一般不采用

（2）混凝土的强度等级

《混凝土结构设计规范（2015 年版）》GB 50010—2010（以下简称《混凝土规范》）将混凝土强度等级按立方体抗压强度标准值确定，即按 $f_{cu,k}$ 的大小划分为 14 级，即：C15、C20、C25、C30、C35、C40、C45、C50、C55、C60、C65、C70、C75、C80。其中，C55～C80 属高强混凝土范畴。

（3）结构对混凝土强度等级的要求

《混凝土规范》规定：素混凝土结构的混凝土强度等级不应低于 C15；钢筋混凝土结构混凝土强度等级不应低于 C20；当采用强度级别 400MPa 及以上的钢筋时，混凝土强度等级不应低于 C25；承受重复荷载的钢筋混凝土构件，混凝土强度等级不应低于 C30；预应力混凝土结构的混凝土强度等级不宜低于 C40，也不应低于 C30。

2. 混凝土轴心抗压强度 f_c

按试验方法的规定，该强度采用 150mm×150mm×300mm 的棱柱体作为标准试件，故又称为棱柱体抗压强度。由于试件高度比立方体试块大得多，在其高度中央的混凝土不再受到上下压机钢板的约束，故该试验所得的混凝土抗压强度低于立方体抗压强度，符合轴心受压短柱的实际情况（图 1-8）。工程中混凝土轴心抗压强度 f_c 一般不做试验，可直接查表 1-5 采用。

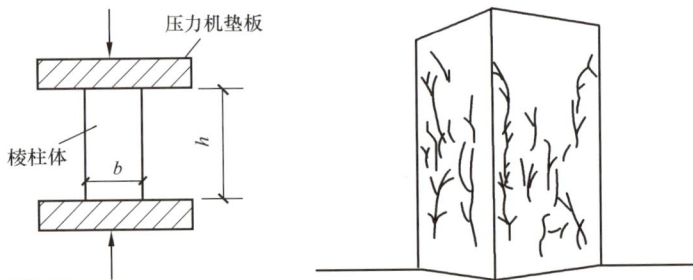

图 1-8　混凝土棱柱体抗压试件

3. 轴心抗拉强度 f_t

混凝土的抗拉强度比抗压强度小得多，为抗压强度的 $\left(\dfrac{1}{18}\sim\dfrac{1}{9}\right)$ 倍。

按试验方法规定，该强度采用劈裂抗拉强度试验来确定。根据大量试验资料的分析，并考虑了构件与试件的差别，《混凝土规范》根据轴心抗拉强度的标准值与立方体强度标准值之间的关系，制成表格。可直接查得混凝土的轴心抗拉强度 f_t，而无需再进行轴心抗拉强度试验。

故国内外多采用立方体或圆柱体劈拉试验测定混凝土的抗拉强度，如图 1-9 和图 1-10 所示。

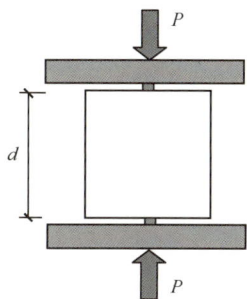

图 1-9　劈拉试件

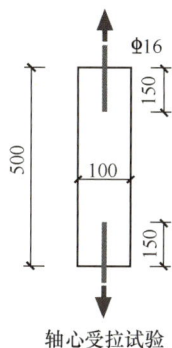

图 1-10　轴心受拉试件

4. 复杂应力状态下混凝土的强度

实际结构中，混凝土很少处于单向受力状态，更多的是处于双向或三向受力状态。对混凝土的横向变形加以约束可以提高其抗压强度（也称套箍强化）。混凝土受压时，横向变形受到外围混凝土的约束，从而使得抗压强度比无侧向压力约束的轴心抗压强度 f_c 提高很多；如在试件纵向受压的同时侧向受到拉应力，则混凝土轴心抗压强度会降低，其原因是拉应力会助长混凝土裂缝的发生和开展。"约束混凝土"的概念在工程中许多地方都有应用，如螺旋箍筋柱、钢管混凝土对内部混凝土的约束效果更好，因此近年来在我国工程中得到许多应用。

5. 混凝土强度指标

混凝土强度也有标准值和设计值之分，混凝土强度标准值具有 95% 的保证率，若将其除以材料分项系数 γ_s（$\gamma_s = 1.4$），即得混凝土强度设计值，混凝土强度指标分别按表 1-4、表 1-5 采用。

混凝土强度标准值（N/mm²）　　　　表 1-4

强度种类	混凝土强度等级													
	C15	C20	C25	C30	C35	C40	C45	C50	C55	C60	C65	C70	C75	C80
f_{ck}	10.0	13.4	16.7	20.1	23.4	26.8	29.6	32.4	35.3	38.5	41.5	44.5	47.4	50.2
f_{tk}	1.27	1.54	1.78	2.01	2.20	2.39	2.51	2.64	2.74	2.85	2.93	2.99	3.05	3.11

混凝土强度设计值（N/mm²）　　　　表 1-5

强度种类	混凝土强度等级													
	C15	C20	C25	C30	C35	C40	C45	C50	C55	C60	C65	C70	C75	C80
f_c	7.20	9.60	11.9	14.3	16.7	19.1	21.1	23.1	25.3	27.5	29.7	31.8	33.8	35.9
f_t	0.91	1.10	1.27	1.43	1.57	1.71	1.80	1.89	1.96	2.04	2.09	2.14	2.18	2.22

1.2.2　混凝土的变形

混凝土变形有两类：一类是受外力变形（指短期、长期、多次重复荷载作用产生的变形）；另一类是体积变形（指干缩、膨胀、温度变化产生的变形）。

1. 混凝土的受力变形

（1）混凝土在一次短期加荷时的应力-应变关系可通过对混凝土棱柱体的受压或受拉试验测定。混凝土受压时典型的应力-应变曲线如图 1-11 所示。

（2）混凝土弹性模量（E_c）与剪切变形模量（G_c）

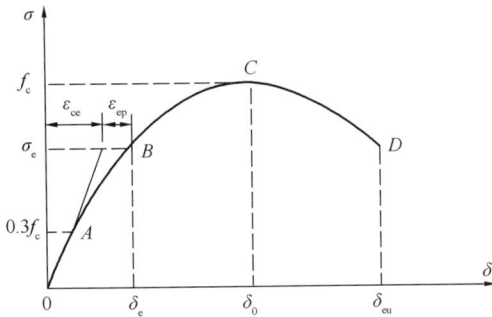

图 1-11　混凝土受压典型应力-应变

在实际工程中，为了计算结构的变形、混凝土及钢筋的应力分布和预应力损失等，都必须要有一个材料常数——弹性模量。混凝土的应力应变关系图是一条曲线，只有在应力很小时，才接近直线，因此它的应力与应变之比是一个常数，即弹性模量，而在应力较大时，应力与应变之比是一个变数，称为变形模量，见表 1-6。

混凝土弹性模量 E_c（10^4N/mm^2）　表 1-6

弹性模量	混凝土强度等级												
	C15	C20	C25	C30	C35	C40	C45	C50	C55	C60	C65	C70	C75	C80
E_c	2.20	2.55	2.80	3.00	3.15	3.25	3.35	3.45	3.55	3.60	3.65	3.70	3.75	3.80

混凝土出现塑性变形后，其剪切变形模量低于弹性模量。

《混凝土规范》规定：受拉时的弹性模量与受压时的弹性模量基本相同，可取相同的数值，应按表 1-6 采用；混凝土的剪切变形模量 G_c 可按相应弹性模量值的 0.4 倍采用；混凝土的泊松比可按 0.2 采用。

（3）混凝土徐变

混凝土在长期荷载作用下，应力不变，应变随时间的增长而继续增长的现象称为混凝土的徐变。

产生徐变的原因有两个：一是由于混凝土中尚未转化为晶体的胶体在荷载长期作用下发生了黏性流动；二是由于混凝土硬化过程中，会因水泥凝胶体收缩等因素在其与骨料接触面形成一些微裂缝，这些微裂缝在长期荷载作用下会持续发展。

徐变对结构的影响：1）使构件的变形增加；2）在截面中引起应力重分布；3）在预应力混凝土结构中引起预应力损失。

2. 混凝土的收缩、膨胀和温度变形

混凝土在空气中结硬时会产生体积收缩，而在水中结硬时会产生体积膨胀。两者相比，前者数值较大，且对结构有明显的不利影响，故必须予以注意；而后者数值很小，且对结构有利,一般可不予考虑。

混凝土的收缩与结构周围的温度、湿度、构件断面形状及尺寸、配合比、骨料性质、水泥性质、混凝土浇筑质量及养护条件等许多因素有关。

减少混凝土收缩裂缝的措施:(1)加强混凝土的早期养护;(2)减少水灰比;(3)提高水泥强度等级,减少水泥用量;(4)加强混凝土的密实振捣;(5)选择弹性模量大的骨料;(6)在构造上预留伸缩缝、设置施工后浇带、配置一定数量的构造钢筋等。

混凝土的热胀冷缩变形称为混凝土的温度变形,混凝土的温度线膨胀系数约为$(1\sim1.5)\times10^{-5}/℃$,与钢筋的温度线膨胀系数$(1.2\times10^{-5}/℃)$接近,故当温度变化时两者仍能共同变形。但温度变形对大体积混凝土结构极为不利,由于大体积混凝土在硬化初期,内部的水化热不易散发而外部却难以保温,故因混凝土内外温差很大而造成表面开裂。因此,对大体积混凝土应采用低热水泥(如矿渣水泥)、表层保温等措施,必要时还需采取内部降温措施,如在混凝土搅拌时放些冰块、在非受力部位设置散热孔等。

3. 混凝土结构的环境类别

结构的使用环境是影响混凝土结构耐久性的最重要的因素。使用环境类别按表 1-7 划分。

混凝土结构的环境类别　　　　　　　　　　　　　　　　　　　表 1-7

环境类别	条件
一	室内干燥环境;无侵蚀性静水浸没环境
二 a	室内潮湿环境;非严寒和非寒冷地区的露天环境;非严寒和非寒冷地区与无侵蚀性的水或土壤直接接触的环境;严寒和寒冷地区的冰冻线以下与无侵蚀性的水或土壤直接接触的环境
二 b	干湿交替环境;水位频繁变动环境;严寒和寒冷地区的露天环境;严寒和寒冷地区冰冻线以上与无侵蚀性的水或土壤直接接触的环境
三 a	严寒和寒冷地区冬季水位变动区环境;受除冰盐影响环境;海风环境
三 b	盐渍土环境;受除冰盐作用环境;海岸环境
四	海水环境
五	受人为或自然的侵蚀性物质影响的环境

注:1. 室内潮湿环境是指构件表面经常处于结露或湿润状态的环境;
　　2. 严寒和寒冷地区的划分应符合国家现行标准《民用建筑热工设计规范》GB 50176 的有关规定;
　　3. 海岸环境和海风环境宜根据当地情况,考虑主导风向及结构所处迎风、背风部位等因素的影响,由调查研究和工程经验确定;
　　4. 受除冰盐影响环境为受到除冰盐盐雾影响的环境;受除冰盐作用环境指被除冰盐溶液溅射的环境以及使用除冰盐地区的洗车房、停车楼等建筑。

【实训 1-1】 安排 4～6 人为一个小组,分组分别到学校附近的建筑工地拍摄和记录建筑工程的结构形式、建筑层数及各种构件所采用的钢筋类型和级别,混凝土的强度等级,并进行分析和比较。

1.3 钢筋与混凝土的共同工作

■ 学习目标

（1）了解钢筋与混凝土共同工作的原因。
（2）熟练掌握和运用钢筋的锚固长度和钢筋的连接方法。

1.3.1 钢筋与混凝土共同工作的原因

钢筋与混凝土是两种不同性质的材料，在钢筋混凝土结构中之所以能够共同工作，是因为：

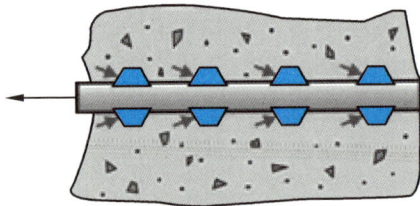

图 1-12　钢筋与混凝土的机械咬合作用

（1）钢筋表面与混凝土之间存在的粘结作用，如图 1-12 所示。

（2）钢筋和混凝土的温度线膨胀系数几乎相同（钢筋为 $1.2 \times 10^{-5}/℃$，混凝土为 $1.5 \times 10^{-5} \sim 1 \times 10^{-5}/℃$），在温度变化时，二者变形基本相等，不至于破坏钢筋混凝土结构的整体性。

（3）钢筋被混凝土包裹着，从而使钢筋不会因大气的侵蚀而生锈变质。

上述三个原因中，钢筋表面与混凝土之间存在粘结作用是最主要的原因。

1.3.2 钢筋与混凝土的粘结作用

1. 产生钢筋和混凝土粘结强度的主要原因

（1）混凝土收缩将钢筋紧紧握裹而产生的摩擦力。

（2）混凝土颗粒的化学作用产生的混凝土与钢筋之间的胶合力。

（3）钢筋表面凹凸不平与混凝土之间产生的局部粘结应力。

在钢筋混凝土结构中，钢筋和混凝土能共同工作的主要原因是两者在接触面上具有良好的粘结作用，该作用可承受粘结表面上的剪应力，抵抗钢筋与混凝土之间的相对滑动。

根据粘结作用的产生原因可知：粘结作用由胶合作用、摩擦作用和咬合作用三部分组成。其中，胶合作用较小；在后两种作用中，光圆钢筋以摩擦作用为主；带肋钢筋（又称变形钢筋）则以咬合作用为主。

2. 影响钢筋与混凝土粘结强度的主要因素

（1）钢筋表面形状：带肋钢筋的粘结强度比光圆钢筋大得多，试验资料表明带肋钢筋的粘结力比光圆钢筋高出 $2 \sim 3$ 倍。在带肋钢筋中，月牙纹钢筋的粘结强度比人字纹和螺

1-3

钢筋与混凝土的共同作用

旋纹钢筋约低 10%～15%。

（2）混凝土强度：混凝土的强度越高，它与钢筋间的粘结强度也越高。

（3）混凝土保护层厚度和钢筋净距：对于带肋钢筋，由于钢筋的肋纹与混凝土咬合在一起，在拉拔钢筋时，钢筋斜肋对混凝土的斜向挤压力在径向的分力将使周围混凝土环向受压，如果钢筋外围的混凝土保护层厚度太薄，会产生与钢筋平行的劈裂裂缝，如果钢筋间的净距太小，会产生水平劈裂而使整个保护层崩落。

3. 保证粘结力的措施

（1）保证锚固长度和搭接长度。

（2）保证钢筋周围的混凝土有足够的厚度（保护层厚度及钢筋净距）。

（3）光圆钢筋在端部做成 180°的弯钩。

（4）在钢筋的搭接接头范围内应箍筋加密。

（5）轻度锈蚀的钢筋其粘结强度比无锈钢要高，比除锈处理的钢筋更高。

1.3.3 钢筋的锚固与连接

1. 钢筋的锚固

为了使钢筋和混凝土可靠地共同工作，钢筋在混凝土中必须有可靠的锚固。

（1）受拉钢筋的基本锚固

当计算中充分利用钢筋的强度时，混凝土结构中纵向受拉钢筋的锚固长度应按下列公式计算：

普通钢筋
$$l_{ab} = \alpha \frac{f_y}{f_t} d \tag{1-2}$$

预应力筋
$$l_{ab} = \alpha \frac{f_{py}}{f_t} d \tag{1-3}$$

式中 l_{ab}——受拉钢筋的基本锚固长度，见表 1-8；

f_y、f_{py}——普通钢筋、预应力筋的抗拉强度设计值；

f_t——混凝土轴心抗拉强度设计值；

d——锚固钢筋的直径和并筋的等效直径；

α——锚固钢筋的外形系数，见表 1-9。

一般情况下受拉钢筋的锚固长度可取基本锚固长度；当采取不同的埋置方式和构造措施时，锚固长度应按式（1-4）计算，且不应小于基本锚固长度的 0.6 倍和 200mm 的较大值。

$$l_a = \zeta_a l_{ab} \tag{1-4}$$

（2）修正后的锚固长度

修正系数 ζ_a 的取值：对于钢筋直径大于 25mm 的热轧钢筋，ζ_a 取 1.1；锚固钢筋的保护层厚度为 $3d$ 时 ζ_a 取 0.8，保护层厚度不小于 $5d$ 时 ζ_a 取 0.7，中间按内插取值，d 为锚固钢筋的直径；施工过程中易受扰动的钢筋，ζ_a 取 1.1；环氧树脂涂层带肋钢筋，ζ_a 取 1.25。

钢筋的基本锚固长度和抗震锚固长度 l_{ab}（l_{abE}）　　　　表 1-8

钢筋种类	抗震等级	混凝土强度等级								
		C20	C25	C30	C35	C40	C45	C50	C55	≥C60
HPB300	一、二级（l_{abE}）	45d	39d	35d	32d	29d	28d	26d	25d	24d
	三级（l_{abE}）	41d	36d	32d	29d	26d	25d	24d	23d	22d
	四级（l_{abE}）非抗震（l_{ab}）	39d	34d	30d	28d	25d	24d	23d	22d	21d
HRB335、HRBF335	一、二级（l_{abE}）	44d	38d	33d	31d	29d	26d	25d	24d	24
	三级（l_{abE}）	40d	35d	31d	28d	26d	24d	23d	22d	22d
	四级（l_{abE}）非抗震（l_{ab}）	38d	33d	29d	27d	25d	23d	22d	21d	21d
HRB400、HRBF400、RRB400	一、二级（l_{abE}）	d	46d	40d	37d	33d	32d	31d	30d	29d
	三级（l_{abE}）	d	42d	37d	34d	30d	29d	28d	27d	26d
	四级（l_{abE}）非抗震（l_{ab}）	d	40d	35d	32d	29d	28d	27d	26d	25
HRB500、HRBF500	一、二级（l_{abE}）	d	55d	49d	45d	41d	39d	37d	36d	35d
	三级（l_{abE}）	d	50d	45d	41d	38d	36d	34d	33d	32d
	四级（l_{abE}）非抗震（l_{ab}）	d	48d	43d	39d	36d	34d	32d	31d	30d

锚固钢筋的外形系数 α　　　　表 1-9

钢筋类型	光圆钢筋	带肋钢筋	刻痕钢丝	螺旋肋钢丝	三股钢绞线	七股钢绞线
α	0.16	0.14	0.19	0.13	0.16	0.17

为了减少钢筋的锚固长度，可在受拉钢筋的末端采用机械锚固措施，如图 1-13 所示。

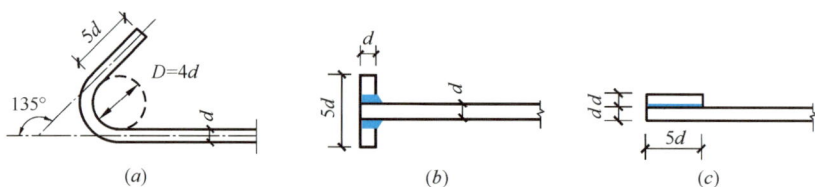

图 1-13　钢筋机械锚固的形式

（a）末端带 135°弯钩；（b）末端与钢板穿孔塞焊；（c）末端与短钢筋双面贴焊

（3）受压钢筋的锚固

当计算中充分利用纵向钢筋的受压强度时，其锚固长度不应小于受拉钢筋锚固长度的 0.7 倍。

必须注意：对于光圆钢筋（受拉或受压），其末端均应做 180°标准弯钩。焊接骨架、焊接网中的光圆钢筋可不做弯钩。

2. 钢筋的连接

钢筋的接头可分为三种：绑扎连接、焊接或机械连接。接头宜设在

1-4

钢筋的锚固与连接

受力较小处，同一根钢筋上宜少设接头。

（1）绑扎连接

绑扎连接是在钢筋搭接处用钢丝绑扎而成。绑扎连接的工作原理是通过钢筋与混凝土之间的粘结强度来传递内力的，因此钢筋的绑扎接头要有足够的搭接长度。一般工程中当直径≤14mm 时，才使用绑扎连接；当直径＞14mm 时，钢筋采用机械连接或对焊连接。《混凝土规范》规定：纵向受拉钢筋绑扎搭接接头的搭接长度 $l_l \geqslant 1.2l_a \geqslant 300mm$；受压钢筋采用搭接连接时，搭接长度 $l_l \geqslant 0.7l_a \geqslant 200mm$。

$$l_l = \zeta_1 l_a \tag{1-5}$$

式中　l_l——受拉钢筋的搭接长度；

　　　l_a——受拉钢筋的锚固长度；

　　　ζ_1——纵向受拉钢筋搭接长度修正系数，按表 1-10 采用。

受拉钢筋搭接长度修正系数 ζ_1 　　　　　　表 1-10

搭接接头面积百分率(%)	≤25%	50%	100%
ζ_1	1.2	1.4	1.6

同一构件中相邻钢筋的绑扎接头宜相互错开，如图 1-14 所示；在纵向受力钢筋搭接长度范围内箍筋应加密。

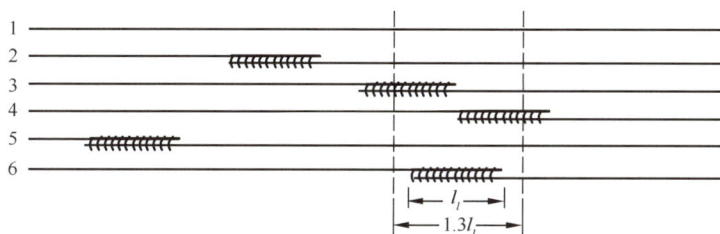

图 1-14　相邻钢筋绑扎搭接接头宜错开

（2）焊接连接

焊接可分为电渣压力焊，如图 1-15 所示；单面焊：焊接长度不小于 $10d$；双面焊：焊接长度不小于 $5d$。

(a)　　　　　　　　　　　　　(b)

图 1-15　电渣压力焊

（3）机械连接

机械连接接头是指用机械的方法把钢筋连接在一起，机械连接接头能产生较牢固的连接力，具有工艺操作简便、接头性能可靠、连接速度快、节省钢材和能源、施工安全等特点，所以目前优先采用机械连接。采用焊接接头目前仍比较普遍，上述机械连接或焊接接头也应相互错开，如图 1-16 和图 1-17 所示。

1-5
钢筋加工螺纹

1-6
钢筋截断

1-7
钢筋弯折

1-8
钢筋加工

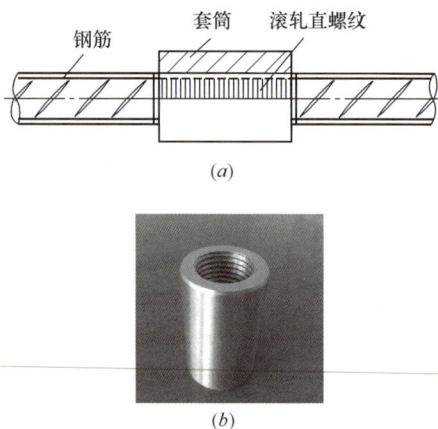

(a)

(b)

图 1-16　钢套筒机械连接

(a)　　　　　　　　　　　　　　　(b)

图 1-17　机械连接的工程应用

【实训 1-2】　安排 4～6 人为一个小组，分组分别到学校附近的建筑工地拍摄和记录工程的结构形式、建筑层数及其梁、板、柱构件中钢筋所采用的相应的连接方法，钢筋的搭接长度分别是多少？并进行分析和比较。

思 考 题

1. 混凝土结构用的热轧钢筋分为哪几级？主要用途是什么？

2. 混凝土的立方体抗压强度是如何确定的？混凝土强度等级有哪些？

3. 混凝土结构的使用环境分为几类？

4. 钢筋与混凝土能共同工作的原因是什么？

5. 对于大体积混凝土结构的温度变形，应采取哪些措施来减少混凝土内部的水化热？

6. 钢筋连接的方法有哪些？

单元 2　钢筋混凝土结构基本构件

引言

　　在建筑结构构件的设计及施工现场中，学生如何明确各种构件中的钢筋名称和位置？如何掌握基本构件截面的配筋计算？如何熟练掌握基本构件的构造知识？如何运用建筑力学的基本知识、钢筋的构造知识和基本技能去分析和处理实际工程问题？本单元将一一叙述，教你掌握和运用。

思维导图

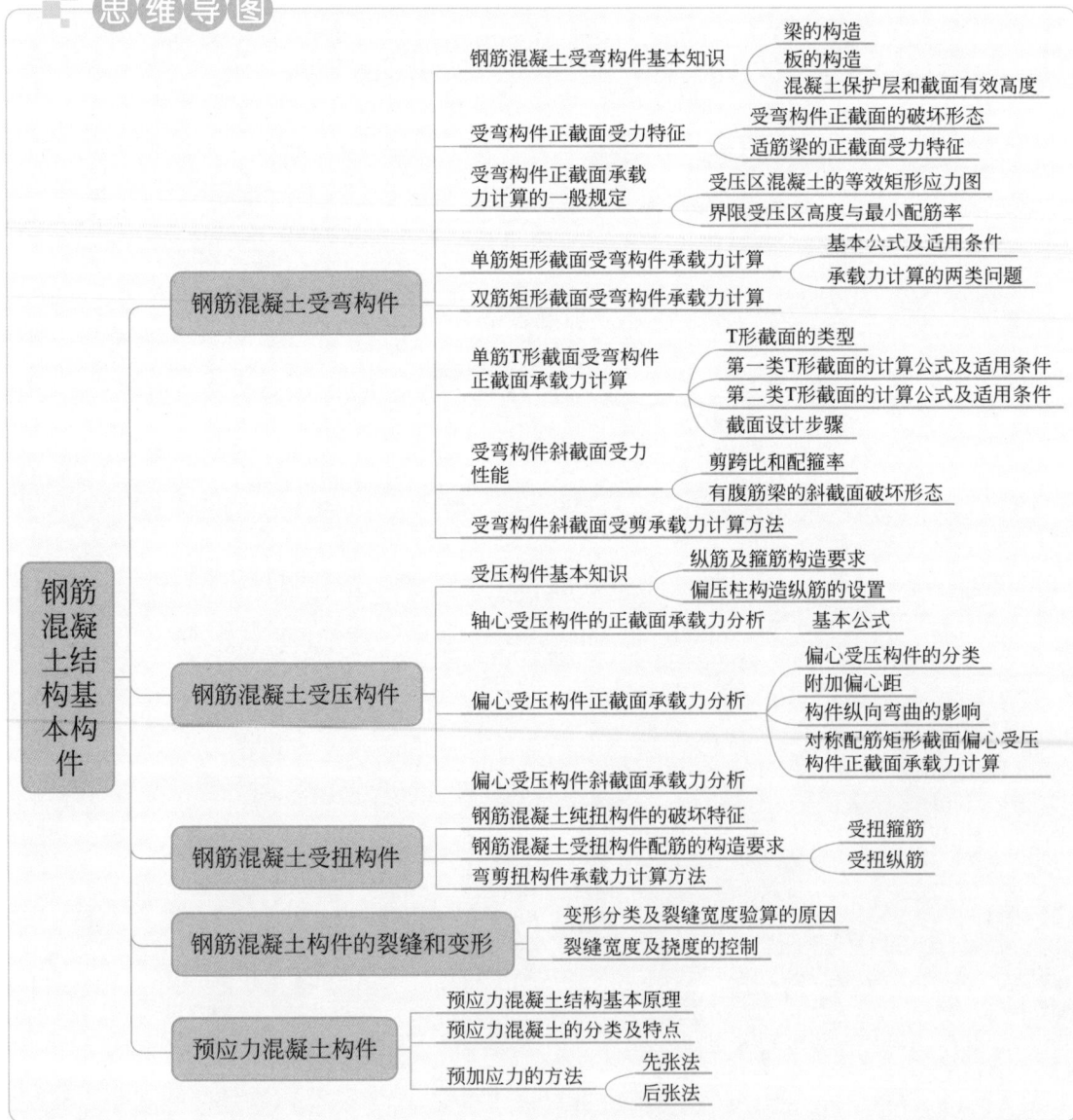

2.1 钢筋混凝土受弯构件

学习目标

（1）了解梁和板构件的基本构造知识。

（2）掌握梁和板正截面及斜截面的配筋计算。

2.1.1 梁和板的一般构造

1. 梁的构造要求

（1）截面形状和尺寸

梁的截面形式主要有矩形、T形、倒T形、L形、工字形、十字形、花篮形等。对于现浇整体式结构，为便于施工，常采用矩形截面；在预制装配式楼盖中，为搁置预制板可采用矩形、花篮形、十字形截面，薄腹梁则可采用工字形截面，如图2-1所示。

梁的截面尺寸通常沿梁全长保持不变，以方便施工。在确定截面尺寸时，应满足下述的构造要求。

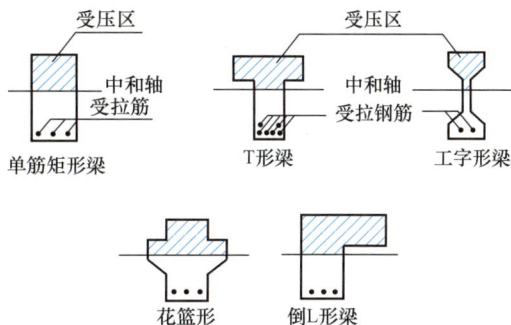

图 2-1 梁的截面形状

梁、板截面高跨比 h/l_0　　　　表 2-1

构件种类			h/l_0
梁	整体肋形梁	主梁 简支梁	1/14～1/10
		主梁 连续梁	1/18～1/15
		主梁 悬臂梁	1/6
		次梁 简支梁	1/20
		次梁 连续梁	1/25
		次梁 悬臂梁	1/8
	矩形截面独立梁	简支梁	1/12
		连续梁	1/15
		悬臂梁	1/6
板	单向板		1/40～1/35
	双向板		1/50～1/40
	悬臂板		1/12～1/10
	无梁楼板	有柱帽	1/40～1/32
		无柱帽	1/35～1/30

注：表中 l_0 为梁的计算跨度。当 $l_0 \geqslant 9m$ 时，表中数值宜乘以 1.2。

1）按挠度要求的梁最小截面高度：在设计时，对于一般荷载作用下的梁可参照表 2-1 初定梁的高度，此时，梁的挠度要求一般能得到满足。

2）常用梁高：常用梁高为 200mm、250mm、300mm、350mm、……、750mm、800mm、900mm、1000mm 等。

截面高度：$h \leqslant 800$mm 时，取 50mm 的倍数；

$h > 800$mm 时，取 100mm 的倍数。

3）常用梁宽：梁高确定后，梁宽度可由常用的高宽比来确定：

矩形截面：$h/b = 2.0 \sim 3.5$

T 形截面：$h/b = 2.5 \sim 4.0$

常用梁宽为 150mm、180mm、200mm……，如宽度 $b > 200$mm，应取 50mm 的倍数。

（2）梁的支承长度

当梁的支座为砖墙或砖柱时，可视为简支座，梁伸入砖墙、柱的支承长度应满足梁下砌体的局部承压强度，且当梁高 $h \leqslant 500$mm 时，$a \geqslant 180$mm；$h > 500$mm 时，$a \geqslant 240$mm。

当梁支承在钢筋混凝土梁（柱）上时，其支承长度应不小于 180mm。

（3）梁的钢筋（图 2-2）

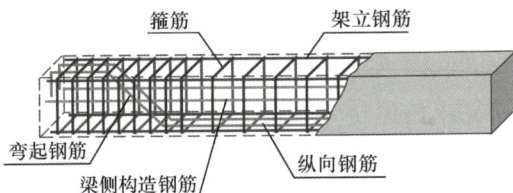

图 2-2 梁的钢筋骨架

在一般的钢筋混凝土梁中，通常配置有纵向受力钢筋、箍筋、弯起钢筋及架立钢筋。当梁的截面高度较大时，尚应在梁侧设置构造钢筋。梁钢筋的绑扎如图 2-3 所示。

1）纵向受力钢筋

纵向受力钢筋的作用主要是承受弯矩在梁内所产生的拉力，应设置在梁的受拉一侧，其数量应通过计算来确定，宜优先采用 HRB400 级或 HRB500 级钢筋，鼓励采用 HRB400 级钢筋。梁纵筋常用直径 $d = 12 \sim 28$mm。当设置纵向受力筋时，一排实在放不下，也可以设置两排，第二排钢筋常用短钢筋架起，如图 2-4 所示。纵向钢筋的常用直径见表 2-2。在梁的配筋密集区域可以采用并筋（钢筋束）的配筋形式，其直径用等效直径 de 表示，de 由面积等效原则确定。

双并筋：$de = \sqrt{2}d$，三并筋：$de = \sqrt{3}d$，d 为单根筋直径。

单筋截面梁和双筋截面梁：前者指只在受拉区配置纵向受力钢筋的受弯构件；后者指同时在梁的受拉区和受压区配置纵向受力钢筋的受弯构件。

图 2-3　梁钢筋的绑扎图

图 2-4　第二排钢筋常用短钢筋架起

纵向钢筋的常用直径（mm）　　　　　　　　　　　　　　表 2-2

板	6	8	10	12					
	●	●	●	●					
梁	12	14	16	18	20	22	25		
	●	●	●	●	●	●	●		
柱	12	14	16	18	20	22	25	28	32
	●	●	●	●	●	●	●	●	●

　　为了保证钢筋周围的混凝土浇筑密实，避免钢筋锈蚀而影响结构的耐久性，梁的纵向受力钢筋间必须留有足够的净间距，如图 2-5 所示。

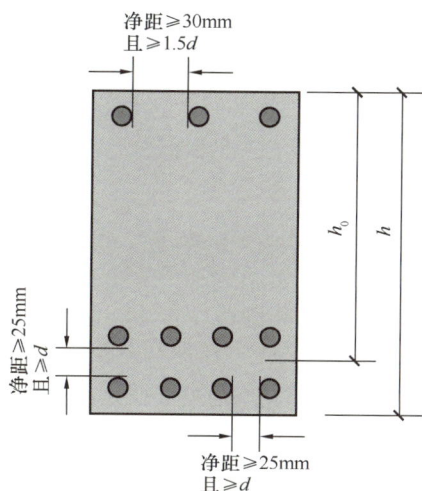

图 2-5　受力钢筋的间距

2-3

梁的混凝土浇筑

2-4

梁模板的支设

2）弯起钢筋

　　弯起钢筋在跨中是纵向受力钢筋的一部分，在靠近支座的弯起段用来承受弯矩和剪力共同产生的主拉应力，即作为受剪钢筋的一部分。钢筋的弯起角度一般为 45°，当梁高

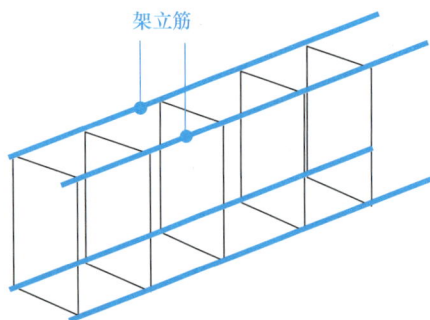

架立筋

图 2-6　架立筋

$h>800$mm 时，可采用 $60°$。

3）架立筋

架立钢筋一般为两根，布置在梁截面受压区的角部，如图 2-6 所示，是由经验和构造确定的。架立钢筋的作用：固定箍筋的正确位置，与纵向受力钢筋构成钢筋骨架，并承受因温度变化、混凝土收缩而产生的拉力，以防止发生裂缝，另外，受压区配置的纵向受压钢筋可兼做架立钢筋。根据工程经验：架立筋的面积不小于（1/3～1/4）A_s。架立筋的最小直径见表 2-3。

架立筋的最小直径　　表 2-3

梁跨(m)	<4	4～6	>6
最小直径(mm)	8	10	12

4）箍筋（图 2-7）

箍筋主要用来承受由剪力和弯矩在梁内引起的主拉应力，应根据计算确定，并通过绑扎或焊接把其他钢筋连接在一起，形成空间骨架（图 2-2）。

箍筋的形式：可分为开口式和封闭式两种。

箍筋的肢数：当梁的宽度 $b≤150$mm 时，可采用单肢；当 $b≤400$mm，且一层内的纵向受力钢筋不多于 4 根时，采用双肢箍筋。当 $b>400$mm，且一层内的纵向受力钢筋多于 3 根，或当梁的宽度不大于 400mm，但一层内的纵向受力钢筋多于 4 根时，应设置复合箍筋。梁中一层内的纵向受力钢筋多于 5 根时，宜采用复合箍筋。

梁内箍筋工程中宜采用 HRB400 级钢筋，有时也采用 HRB500 级钢筋。箍筋直径，当梁截面高度 $h≤800$mm 时，不宜小于 6mm；当 $h>800$mm 时，不宜小于 8mm。工程中有抗震要求时，箍筋直径 $≥8$mm。

图 2-7　箍筋的形式和肢数

2-5

箍筋制作

5）梁侧构造钢筋

当梁的腹板高度 $h_w≥450$mm 时，在梁的两个侧面应沿高度配置纵向构造钢筋，每侧纵向构造钢筋的截面面积不应小于腹板截面面积的 0.1%，一般 $d=12～16$mm，间距 $a≤200$mm。

梁侧构造钢筋的作用：承受因温度变化、混凝土收缩在梁的中间部位引起的拉应力，防止混凝土在梁中间部位产生裂缝，如图 2-8（a）所示。

梁两侧的纵向构造钢筋宜用拉筋连接如图 2-8（b）所示，拉筋的直径与箍筋直径相同，间距通常取非加密区箍筋间距的两倍。

2. 板的构造要求

（1）板的截面形状和尺寸

板的截面形式一般为矩形、空心板、槽形板等，如图 2-9 所示。

按刚度要求，根据经验，板的截面高度 h 不宜小于表 2-1 所列数值。现浇板的厚度还应不小于表 2-4 的数值，现浇板的厚度一般取为 10mm 的倍数。

（2）板的支承长度

现浇板搁置在砖墙上时，其支承长度 a 应满足 $a \geqslant h$（板厚）且 $\geqslant 120mm$。

预制板的支承长度应满足以下条件：

搁置在砖墙上时，其支承长度 $a \geqslant 100mm$；

搁置在钢筋混凝土屋架或钢筋混凝土梁上时，$a \geqslant 80mm$；

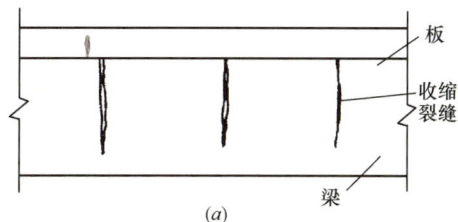

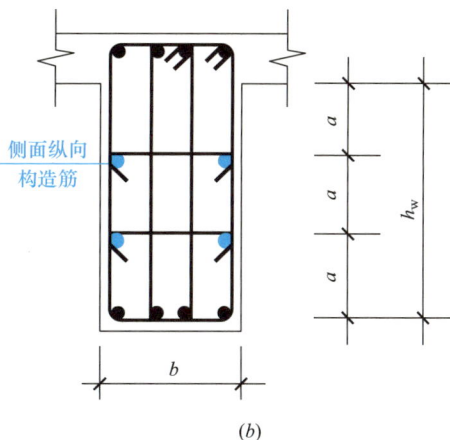

图 2-8 梁侧构造钢筋及拉筋布置

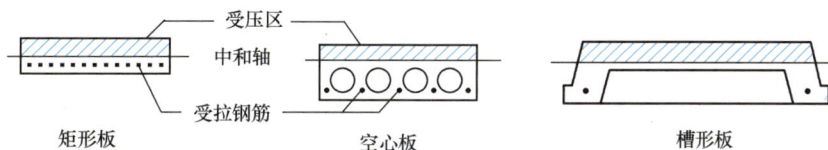

图 2-9 板的截面形式

现浇钢筋混凝土板的最小厚度（mm） 表 2-4

板的类别		厚度
单向板	屋面板	60
	民用建筑楼板	60
	工业建筑楼板	70
	行车道下的楼板	80
双向板		80
密肋板	肋间距小于或等于 700mm	40
	肋间距大于 700mm	50
悬臂板	板的悬臂长度小于或等于 500mm	60
	板的悬臂长度大于 500mm	80
无梁楼板		150

搁置在钢屋架或钢梁上时，$a \geqslant 60mm$。

支承长度尚应满足板的受力钢筋在支座内的锚固长度 $a \geqslant 5d \geqslant 50mm$。

（3）板的钢筋

因为板所受到的剪力较小，截面相对又较大，在荷载作用下通常不会出现斜裂缝，所以不需依靠箍筋来抗剪，同时板厚较小也难以配置箍筋。故板仅需配置受力钢筋和分布钢筋。板的配筋如图 2-10 所示。

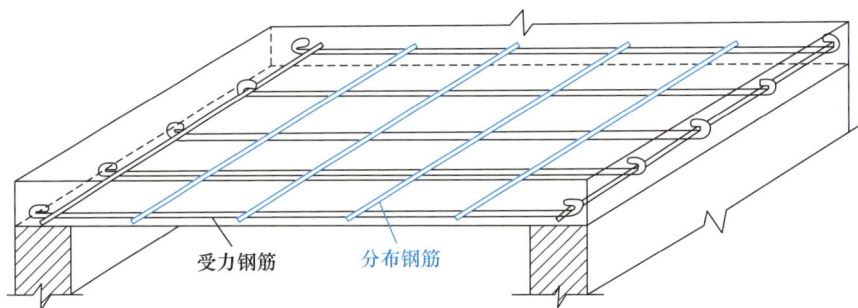

图 2-10　板的配筋示意图

1）受力钢筋：用来承受弯矩产生的拉力，是由计算确定的。

直径：板中的受力钢筋通常优先采用 HRB400 级钢筋，常用的直径为 6mm、8mm、10mm、12mm。在同一构件中，当采用不同直径的钢筋时，其种类不宜多于两种，以免施工不便。

间距：板内受力钢筋的间距不宜过小或过大，过小不易浇筑混凝土且钢筋与混凝土之间的可靠粘结难以保证；过大则不能正常分担内力，板的受力不均匀，钢筋与钢筋之间的混凝土可能会引起局部损坏。当板厚不大于 150mm 时，板内受力钢筋中至中的距离为 a，间距为 $70mm \leqslant a \leqslant 200mm$；当板厚大于 150mm 时，间距为 $70mm \leqslant a \leqslant 250mm \leqslant 1.5h$。

2）分布钢筋：垂直于板的受力钢筋方向布置的构造钢筋称为分布钢筋，配置在受力钢筋的内侧。分布钢筋的作用是将板面上承受的荷载更均匀地传给受力钢筋，一并用来抵抗温度、收缩应力沿分布钢筋方向产生的拉应力，同时在施工时可固定受力钢筋的位置（图 2-11、图 2-12）。分布钢筋一般也是采用 HRB400 级。

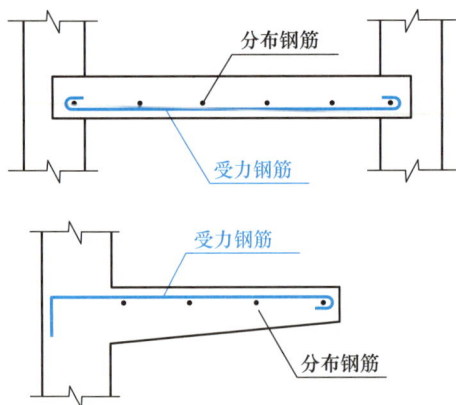

图 2-11　板的配筋

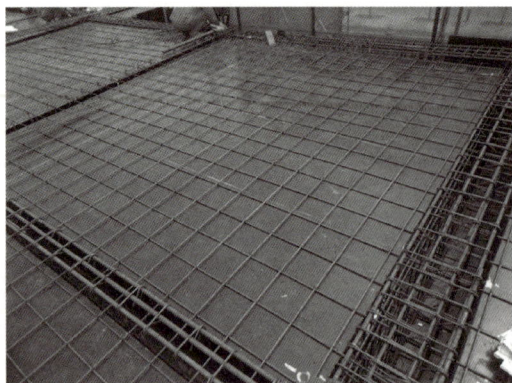

图 2-12　板的钢筋绑扎图

直径：分布筋的直径不小于 6mm。

间距：分布筋的间距为 $200mm \leqslant a \leqslant 250mm$；当集中荷载较大时，分布钢筋截面面积应适当增加。

思政拓展

　　钢筋是建筑物的骨骼，是承载建筑结构安全的重要部分，一旦出现问题直接影响工程质量，危及结构安全。我们在进行钢筋设计时必须严格遵守国家和行业规范、标准及图集要求，谨慎计算过程，合理计算结果，在注重安全的同时，兼顾经济性、合理性、先进性，形成正确的价值追求、价值取向和价值判断。

3. 梁、板混凝土保护层厚度和截面的有效高度

（1）梁、板的保护层厚度

混凝土保护层厚度是指结构构件中钢筋外边缘至构件表面之间的距离，简称保护层厚度，如图 2-13 所示。混凝土保护层的作用：一是保护钢筋不致锈蚀，保证结构的耐久性；二是保证钢筋与混凝土间的粘结；三是在火灾等情况下，避免钢筋过早软化。

当梁、柱、墙中纵向受力钢筋的混凝土保护层厚度大于 50mm 时，应对保护层采取有效的防裂构造措施。在保护层内配置防裂、防剥落的钢筋网片时，网片钢筋的保护层厚度不应小于 25mm。构件中受力钢筋的保护层厚度不应小于钢筋的直径。混凝土保护层最小厚度见表 2-5 中的数据。

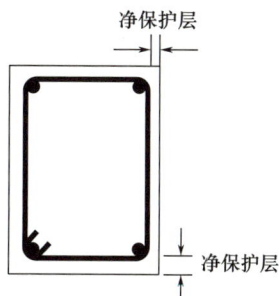

图 2-13　混凝土梁保护层厚度形成图

纵向受力筋的混凝土保护层最小厚度（mm）　　　　表 2-5

环境等级	板、墙、壳	梁、柱
一	15	20
二 a	20	25
二 b	25	35
三 a	30	40
三 b	40	50

注：1. 混凝土强度等级 ≤C25 时，表中保护层厚度数值应增加 5mm；

　　2. 钢筋混凝土基础宜设置混凝土垫层，基础中钢筋的混凝土保护层厚度应从垫层顶面算起，且不应小于 40mm。

（2）梁、板截面的有效高度（h_0）（图 2-14）

有效高度（h_0）是指受拉钢筋的重心至混凝土受压边缘的垂直距离，如图 2-16 所示，即 $h_0 = h - a_s$ 它与受拉钢筋的直径及排放有关。在室内正常环境下，设计计算时可近似取：

对于板：有效高度 $h_0 = h - 20$（25）；

对于梁：单排：$h_0 = h - 40$（45）；

双排：$h_0 = h - 65$（70）。

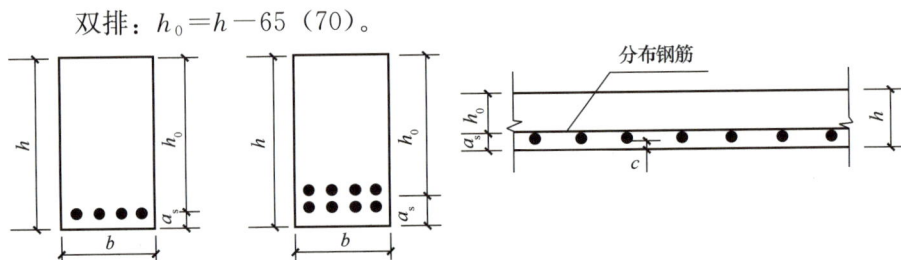

图 2-14　梁、板的有效高度

2.1.2　受弯构件正截面承载力计算

混凝土受弯构件的计算理论是建立在试验基础上的。通过试验并辅以相应的理论分析，确定截面的应变和应力分布，建立正截面承载力计算理论和方法。

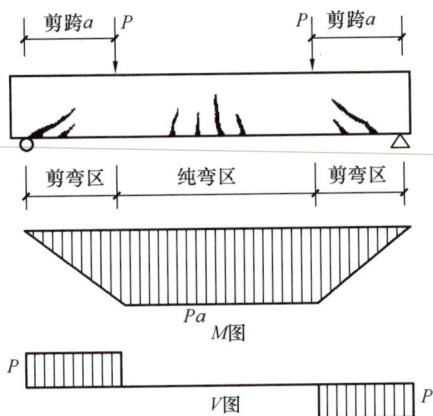

图 2-15　梁的试验分析图

1. 受弯构件两种截面的破坏

一是由弯矩 M 引起，破坏截面与构件的纵轴线垂直，为沿正截面破坏；二是由弯矩 M 和剪力 V 共同引起，破坏截面是倾斜的，为沿斜截面破坏，如图 2-15 所示。

2. 受弯构件正截面破坏特征及适筋梁的正截面工作阶段

（1）受弯构件正截面的破坏特征

主要由纵向受拉钢筋的配筋率 ρ 的大小确定。受弯构件的配筋率用 ρ 来表示，即纵向受拉钢筋的截面面积与正截面的有效面积的比值。但在验算最小配筋率时，有效面积应改为全面积。

$$\rho = \frac{A_s}{bh_0} \tag{2-1}$$

式中　A_s——纵向受力钢筋的截面面积（mm^2），查表 2-10、表 2-11；

b——矩形截面的宽度，T 形、工字形截面的腹板宽度（mm）；

h_0——截面的有效高度，$h_0 = h - a_s$（mm）；

a_s——受拉钢筋合力作用点到混凝土受拉边缘的距离（mm）。

随着纵向受拉钢筋配筋率的不同，对受弯构件受力性能和破坏形态有很大影响，一般会产生三种破坏形式：超筋梁破坏、少筋梁破坏、适筋梁破坏，如图 2-16 所示。

1）超筋梁：纵向受力钢筋的配筋率 ρ 过大的梁称为超筋梁。

超筋梁的破坏特征是：受压区混凝土压碎时，受拉钢筋未充分利用，破坏前无预兆，属脆性破坏。故工程实际中不允许设计成超筋梁。

2）少筋梁：纵向受力钢筋的配筋率 ρ 过小的梁称为少筋梁。

2-6

正截面破坏形态

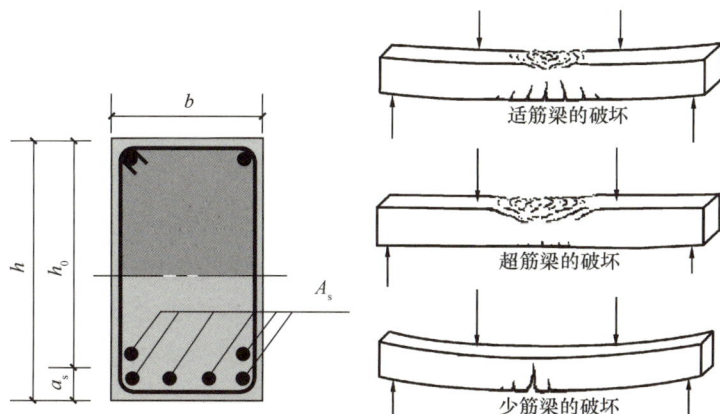

图 2-16 梁的破坏形式

少筋梁的破坏特征是：受拉区混凝土一开裂，受拉钢筋即屈服，材料不能利用，破坏前无预兆，属脆性破坏。故在实际工程中不允许采用少筋梁。

3）适筋梁：纵向受力钢筋的配筋率 ρ 合适的梁称为适筋梁。

适筋梁的破坏特征是：受拉钢筋先屈服，受压区混凝土后压碎，材料充分利用，破坏前有预兆，属延性破坏。由于适筋梁的材料强度能充分发挥，符合安全可靠、经济合理的要求，故梁在实际工程中都应设计成适筋梁。让学生分析判断图 2-17 中 B-0、B-1、B-2、B-3、B-4 分别属于什么破坏形式的梁？

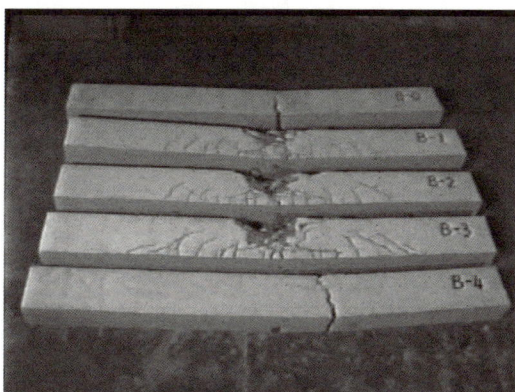

图 2-17 梁破坏形式的试验

（2）适筋梁的正截面工作阶段

通过对钢筋混凝土梁的观察和试验表明，适筋梁从施加荷载到破坏可分为三个阶段，如图 2-18 所示。

I_a 阶段的应力状态是抗裂验算的依据。

II_a 阶段的应力状态是裂缝宽度和变形验算的依据。

III_a 阶段的应力状态作为构件承载力计算的依据。

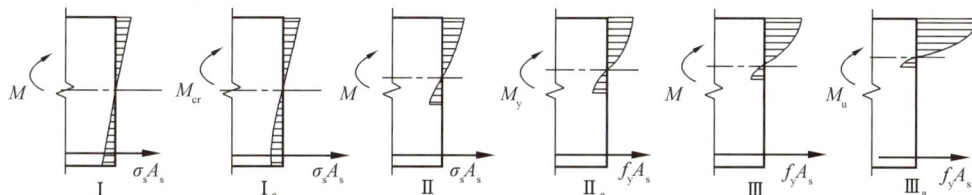

图 2-18 适筋梁工作的三个阶段

3. 单筋矩形截面受弯构件正截面承载力计算

仅在截面受拉区配置受力钢筋的受弯构件称为单筋受弯构件。混凝土受弯构件正截面受弯承载力计算是以适筋梁破坏阶段的 III_a 应力状态为依据。

（1）基本假定

1）截面应变保持平面。构件正截面在受荷前的平面，在受荷弯曲变形后仍保持平面，即截面中的应变按线性规律分布，符合平截面假定。

2）不考虑混凝土的抗拉强度。由于混凝土的抗拉强度很低，在荷载不大时就已开裂，在 III_a 阶段受拉区只在靠近中和轴的地方存在少许的混凝土，其承担的弯矩很小，计算中不考虑混凝土的抗拉作用。这一假定，对我们选择梁的合理截面有很大的意义。

3）钢筋和混凝土采用理想化的应力-应变关系，如图 2-19 及图 2-20 所示。

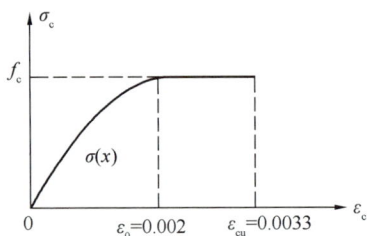

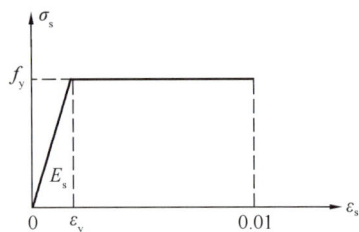

图 2-19　混凝土 σ_c-ε_c 设计曲线　　　　图 2-20　钢筋 σ_s-ε_s 设计曲线

（2）受压区混凝土的等效矩形应力图

受弯构件正截面承载力是以适筋梁 III_a 阶段的应力状态的图为计算依据的，受压区混凝土压应力是曲线分布，为了简化计算，规范在试验的基础上，采用以等效矩形应力图形代换受压区混凝土应力图形，如图 2-21 所示。

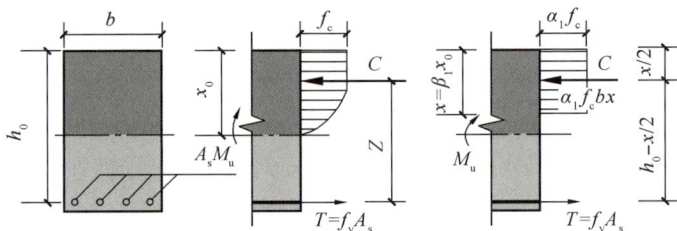

图 2-21　曲线应力图形和等效矩形应力

等效原则：按照受压区混凝土的合力大小不变、受压区混凝土的合力作用点位置不变的原则。

α_1 为等效矩形应力图形中混凝土的抗压强度与混凝土轴心抗压强度 f_c 的比值；β_1 为等效试验区高度 x 与实际受压区高度 x_0 的比值（表 2-6）。

系数 α_1、β_1　　　　　　　　　　　表 2-6

混凝土等级	≤C50	C55	C55~C80	C80
β_1	0.8	0.79	中间插入	0.74
α_1	1.0	0.99	中间插入	0.94

（3）界限受压区高度与最小配筋率

1）适筋梁与超筋梁的界限——界限相对受压区高度 ξ_b

受弯构件等效矩形应力图形的混凝土受压区高度 x 与截面有效高度 h_0 之比，称为相对受压区高度 $\xi = \dfrac{x}{h_0}$。

界限相对受压区高度 ξ_b，是指在适筋梁的界限破坏时，等效受压区高度 x_b 与截面有效高度 h_0 之比 $\xi_b = \dfrac{x_b}{h_0}$。

适筋梁的破坏——受拉钢筋屈服后混凝土压碎；超筋梁的破坏——混凝土压碎时，受拉钢筋尚未屈服；界限破坏的特征是受拉钢筋达到屈服强度的同时，受压区的混凝土边缘达到极限压应变。

当 $\xi \leqslant \xi_b$ 时，则为适筋梁；

当 $\xi > \xi_b$ 时，则为超筋梁（表2-7）。

钢筋混凝土构件的 ξ_b 值　　　　　　　　　　　　　　　表2-7

钢筋级别	ξ_b	
	$\leqslant$C50	C80
HPB300	0.576	0.518
HRB335 HRBF335	0.550	0.493
HRB400 HRBF400 RRB400	0.518	0.463
HRB500 HRBF500	0.482	0.420

2）适筋梁与少筋梁的界限——截面最小配筋率 ρ_{min}

为了保证受弯构件不出现少筋破坏，必须控制截面的配筋率 ρ 不小于某一界限配筋率 ρ_{min}。当为最小配筋率时，受弯构件正截面破坏所能承受的弯矩 M_u 等于相应的素混凝土梁所能承受的弯矩 M_{cu}，即 $M_u = M_{cu}$，可求得梁的最小配筋率 ρ_{min}，见表2-8。

钢筋混凝土结构构件中纵向受力钢筋的最小配筋率 ρ_{min}　　　　　表2-8

受力类型			最小配筋百分率
受压构件	全部纵向钢筋	强度级别 500N/mm²	0.50
		强度级别 400N/mm²	0.55
		强度级别 300N/mm²、335N/mm²	0.60
	一侧纵向钢筋		0.20
受弯构件、偏心受拉、轴心受拉构件一侧的受拉钢筋			0.20 和 $45f_t/f_y$ 中的较大值

当 $\rho \leqslant \rho_{min}$ 时，则为少筋梁，梁的破坏与素混凝土梁类似，属于受拉脆性破坏特征；

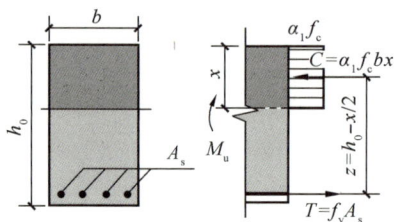

图 2-22 单筋矩形正截面承
载力计算简图

当 $\rho > \rho_{\min}$ 时，则为适筋梁。

例如：现有一钢筋混凝土梁，混凝土强度等级采用 C30，配置 HRB400 级钢筋或 HRB335 级钢筋作为纵向受力钢筋，最小配筋率为 0.2% 或 0.215%。在大多数情况下，受弯构件的最小配筋率 $\rho_{\min}$ 均大于 0.2%，即由 $45f_t/f_y$（%）控制。

（4）基本公式

单筋矩形截面受弯构件承载力计算简图如图 2-22 所示。由平衡条件可得：

$$\alpha_1 f_c bx = f_y A_s \tag{2-2}$$

$$M \leqslant M_u = \alpha_1 f_c bx \left(h_0 - \frac{x}{2} \right) \tag{2-3a}$$

或

$$M \leqslant M_u = f_y A_s \left(h_0 - \frac{x}{2} \right) \tag{2-3b}$$

将 $\xi = x/h_0$ 代入上式得：$M \leqslant M_u = \alpha_1 bh_0^2 \xi(1 - 0.5\xi)$ （2-4a）

$$M \leqslant M_u = f_y A_s h_0 (1 - 0.5\xi) \tag{2-4b}$$

式中　M——弯矩设计值；

x——等效矩形应力图形的受压区高度；

b——矩形截面宽度；

h_0——矩形截面的有效高度；

f_y——受拉钢筋的强度设计值；

A_s——受拉钢筋截面面积，查表 2-10 或表 2-11；

f_c——混凝土轴心抗压强度设计值。

2-7

截面设计

（5）适用条件

1）为了防止截面出现超筋梁破坏，应满足：

$$\xi \leqslant \xi_b \tag{2-5a}$$

或

$$\rho \leqslant \rho_{\max} \tag{2-5b}$$

或

$$x \leqslant \xi_b h_0 \tag{2-5c}$$

或

$$M \leqslant M_{u,\max} = \alpha_1 f_c bh_0^2 \xi_b (1 - 0.5\xi_b) \tag{2-5d}$$

2）为了防止截面出现少筋梁破坏，应满足：

$$\rho \geqslant \rho_{\min} \tag{2-6a}$$

或

$$A_s \geqslant \rho_{\min} bh \tag{2-6b}$$

（6）基本公式的应用

在工程设计计算中，受弯构件正截面承载力的计算有两类情况，即截面设计和截面复核。

截面设计时，已知截面的弯矩设计值 M，需要选择材料的强度、确定截面尺寸、计算截面配筋和选用钢筋。设计时应满足 $M_u \geqslant M$，为经济起见，一般按 $M_u = M$ 进行计算。由基本公式可知，未知数为 f_c、f_y、b、h、x 多于两个，基本公式没有唯一解。因此，应根据材料的供应、施工条件和使用要求等因素综合分析，选择钢筋和混凝土材料，确定截面尺寸，确定一个较为经济合理的设计。

已知：截面尺寸 $b \times h$，混凝土强度等级和钢筋级别，弯矩设计值 M。

求：纵向受拉钢筋截面面积。

① 设计方法

A. 公式法步骤

第一步：确定材料强度设计值；

第二步：确定截面的有效高度 h_0；

第三步：计算混凝土受压区高度 x，并判断是否属于超筋梁。

$$x = h_0 - \sqrt{h_0^2 - \frac{2M}{\alpha_1 f_c b}} \tag{2-7}$$

如 $x \leqslant \xi_b h_0$，则不属于超筋梁；

如 $x > \xi_b h_0$，则属于超筋梁，说明截面尺寸过小，应加大截面尺寸或提高混凝土强度等级重新设计。

第四步：计算 A_s 并验算是否属于少筋梁，将 x 值代入式（2-2），可求得纵向钢筋的截面面积 A_s。

$$A_s = \alpha_1 \frac{f_c}{f_y} b x \tag{2-8}$$

如 $A_s \geqslant \rho_{\min} bh$，则不会发生少筋梁破坏；

如 $A_s < \rho_{\min} bh$，则应按最小配筋率配筋，即取 $A_s = \rho_{\min} bh$。

第五步：选配钢筋

B. 表格法（计算系数）及其应用步骤

在截面设计时，按基本公式求解一般需解二次方程式，计算过程比较麻烦。为了简化计算，可根据基本公式给出一些计算系数，并将其加以适当演变，从而使计算过程得到简化。

第一步：确定材料强度设计值；

第二步：确定截面的有效高度 h_0；

第三步：求系数 α_s，γ_s，ξ；

令　　　　　　　　　　　$\alpha_s = \xi(1 - 0.5\xi)$ \qquad (2-9)

和　　　　　　　　　　　$\gamma_s = 1 - 0.5\xi$ \qquad (2-10)

分别代入式（2-3b）和式（2-4b）得：

$$\alpha_s = \frac{M}{\alpha_1 f_c b h_0^2} \tag{2-11}$$

查表 2-9，得相应的系数 ξ 或 γ_s，也可以不查表而直接利用式（2-12）、式（2-13），求 ξ 或 γ_s。

$$\xi = 1 - \sqrt{1 - 2\alpha_s} \leqslant \xi_b \tag{2-12}$$

$$\gamma_s = 0.5(1 + \sqrt{1 - 2\alpha_s}) \tag{2-13}$$

第四步：求 A_s。

$$A_s = \frac{M}{\gamma_s f_y h_0} \tag{2-14}$$

或

$$A_s = \frac{\alpha_1 f_c b h_0 \xi}{f_y}$$ (2-15)

第五步：求出 A_s 后，就可确定钢筋的根数和直径，并验算是否属于少筋梁。

如 $A_s \geqslant \rho_{min} b h$，则不会发生少筋梁破坏；

如 $A_s < \rho_{min} b h$，则应按最小配筋率配筋，即取 $A_s = \rho_{min} b h$。

② 截面复核

截面复核时，已知材料强度设计值、截面尺寸和钢筋截面面积，要求计算该截面的受弯承载力 M_u，并验算是否满足 $M \leqslant M_u$。如不满足承载力要求，应进行设计修改（新建工程）或加固处理（已建工程）。利用基本公式进行截面复核时，只有两个未知数 M_u 和 x，故可以得到唯一解。

已知：截面尺寸 $b \times h$，混凝土强度等级和钢筋级别，弯矩设计值 M，纵向受拉钢筋截面面积 A_s。

求：复核截面是否安全。

第一步：计算 x，由式（2-2）得：

$$x = \frac{f_y A_s}{\alpha_1 f_c b} \quad \rho = \frac{A_s}{b h_0}$$

第二步：计算 M_u。

如 $x \leqslant \xi_b h_0$ 且 $\rho \geqslant \rho_{min}$，则为适筋梁，由式（2-3a）得：

$$M_u = \alpha_1 f_c b x \left(h_0 - \frac{x}{2} \right)$$

如 $x > \xi_b h_0$，则说明此类梁属于超筋梁，即：

$$M_u = M_{u, max} = \alpha_1 f_c b x_b \left(h_0 - \frac{x_b}{2} \right) = \alpha_1 f_c b h_0^2 \xi_b (1 - 0.5 \xi_b)$$

如 $\rho < \rho_{min}$，则为少筋梁，应将其受弯承载力降低使用和修改设计。

第三步：求出 M_u 后，与弯矩设计值 M 比较。

如 $M_u \geqslant M$，则截面安全；

如 $M_u < M$，则截面不安全。

钢筋混凝土受弯构件正截面承载力计算系数表 表 2-9

ξ	γ_s	α_s	ξ	γ_s	α_s
0.01	0.995	0.010	0.10	0.950	0.095
0.02	0.990	0.020	0.11	0.945	0.104
0.03	0.985	0.030	0.12	0.940	0.113
0.04	0.980	0.039	0.13	0.935	0.121
0.05	0.975	0.048	0.14	0.930	0.130
0.06	0.970	0.058	0.15	0.925	0.139
0.07	0.965	0.067	0.16	0.920	0.147
0.08	0.960	0.077	0.17	0.915	0.155
0.09	0.955	0.085	0.18	0.910	0.164

ξ	γ_s	α_s	ξ	γ_s	α_s
0.19	0.905	0.172	0.41	0.795	0.326
0.20	0.900	0.180	0.42	0.790	0.332
0.21	0.895	0.188	0.43	0.785	0.337
0.22	0.890	0.196	0.44	0.780	0.343
0.23	0.885	0.203	0.45	0.775	0.349
0.24	0.880	0.211	0.46	0.770	0.354
0.25	0.875	0.219	0.47	0.765	0.359
0.26	0.870	0.226	0.48	0.760	0.365
0.27	0.865	0.234	0.49	0.755	0.370
0.28	0.860	0.241	0.50	0.750	0.375
0.29	0.855	0.248	0.51	0.745	0.380
0.30	0.850	0.255	0.518	0.741	0.384
0.31	0.845	0.262	0.52	0.740	0.385
0.32	0.840	0.269	0.53	0.735	0.390
0.33	0.835	0.275	0.54	0.730	0.394
0.34	0.830	0.282	0.55	0.725	0.400
0.35	0.825	0.289	0.56	0.720	0.404
0.36	0.820	0.295	0.57	0.715	0.404
0.37	0.815	0.301	0.58	0.710	0.412
0.38	0.810	0.309	0.59	0.705	0.416
0.39	0.805	0.314	0.60	0.700	0.420
0.40	0.800	0.320	0.614	0.693	0.426

钢筋的计算截面面积及公称质量　　　　　　　　　　表 2-10

直径 d (mm)	不同根数钢筋的计算截面面积（mm²）									单根钢筋公称质量（kg/m）
	1	2	3	4	5	6	7	8	9	
3	7.1	14.1	21.2	28.3	35.3	42.4	49.5	56.5	63.6	0.055
4	12.6	25.1	37.7	50.2	62.8	75.4	87.9	100.5	113	0.099
5	19.6	39	59	79	98	118	138	157	177	0.154
6	28.3	57	85	113	142	170	198	226	255	0.222
6.5	33.2	66	100	133	166	199	232	265	299	0.260
7	38.5	77	115	154	192	231	269	308	346	0.302
8	50.3	101	151	201	252	302	352	102	453	0.395
8.2	52.8	106	158	211	264	317	370	423	475	0.432
9	63.6	127	191	254	318	382	445	509	572	0.499

直径 d (mm)	不同根数钢筋的计算截面面积(mm²)									单根钢筋公称质量(kg/m)
	1	2	3	4	5	6	7	8	9	
10	78.5	157	236	314	393	471	550	628	707	0.617
12	113.1	226	339	452	565	678	791	904	1017	0.888
14	153.9	308	461	615	769	923	1077	1230	1387	1.21
16	201.1	402	603	804	1005	1206	1407	1608	1809	1.58
18	254.5	509	763	1017	1272	1526	1780	2036	2290	2.00
20	314.2	628	942	1256	1570	1884	2200	2513	2827	2.47
22	380.1	760	1140	1520	1900	2281	2661	3041	3421	2.98
25	490.9	982	1473	1964	2454	2945	3436	3927	4418	3.85
28	615.3	1232	1847	2463	3079	3695	4310	4926	5542	4.83
32	804.3	1609	2418	3217	4021	4826	5630	6434	67238	6.31
36	1017.9	2036	3054	4072	5089	6017	7123	8143	9161	7.99
40	1256.1	2513	3770	5027	6283	7540	8796	10053	11310	9.87

注：表中直径 $d=8.2$mm 的计算截面面积及公称质量仅适用于有纵肋的热处理钢筋。

每米板宽内的钢筋截面面积　　　　　　　　　　　表 2-11

钢筋间距(mm)	当钢筋直径(mm)为下列数值时的钢筋截面面积(mm²)													
	3	4	5	6	6/8	8	8/10	10	10/12	12	12/14	14	14/16	16
70	101	179	281	404	561	719	920	1121	1369	1616	1908	2199	2536	2872
75	94.3	167	262	377	524	671	859	1047	1277	1508	1780	2053	2367	2681
80	88.4	157	245	354	491	629	805	981	1198	1414	1669	1924	2218	2513
85	83.2	148	231	333	462	592	758	924	1127	1331	1571	1811	2088	2365
90	78.5	140	218	314	437	559	716	872	1064	1257	1484	1710	1972	2234
95	74.5	132	207	298	414	529	678	826	1008	1190	1405	1620	1868	2116
100	70.6	126	196	283	393	503	644	785	958	1131	1335	1539	1775	2011
110	64.2	114	178	257	357	457	585	714	871	1028	1214	1399	1614	1828
120	58.9	105	163	236	327	419	537	654	798	942	1112	1283	1480	1676
125	56.5	100	157	226	314	402	515	628	766	905	1068	1232	1420	1608
130	54.4	96.6	161	218	302	387	495	604	737	870	1027	1184	1366	1547
140	50.5	98.7	140	202	281	359	460	561	684	808	954	1100	1268	1436
150	47.1	83.8	131	189	262	335	429	523	639	754	890	1026	1183	1340
160	44.1	78.5	123	177	246	314	403	491	599	707	834	962	1110	1257
170	41.5	73.9	115	166	231	296	379	462	564	665	786	909	1044	1183

钢筋间距 (mm)	当钢筋直径(mm)为下列数值时的钢筋截面面积(mm²)													
	3	4	5	6	6/8	8	8/10	10	10/12	12	12/14	14	14/16	16
180	39.2	69.8	109	157	218	279	358	436	532	628	742	855	985	1117
190	37.2	66.1	103	149	207	265	336	413	504	595	702	810	934	1058
200	35.3	62.8	8.2	141	196	251	322	393	479	565	607	770	888	1005
220	32.1	57.1	893	129	178	228	392	357	436	514	607	700	807	914
240	29.4	52.4	81.9	118	164	209	268	327	399	471	556	641	740	838
250	28.3	50.2	78.5	113	157	201	257	314	383	452	534	616	710	804
260	27.2	48.3	75.5	109	151	193	248	302	368	435	514	592	682	773
280	25.2	44.9	70.1	101	140	180	230	281	342	404	477	550	634	718
300	23.6	41.9	66.5	94	131	168	215	262	320	377	445	513	592	670
320	22.1	39.2	61.4	88	123	157	201	245	299	353	417	481	554	628

注：表中钢筋直径中的 6/8、8/10 等系指两种直径的钢筋间隔放置。

【课堂练习 2-1】　已知：某楼面钢筋混凝土梁如图 2-23 所示，截面尺寸 $b \times h = 250\text{mm} \times 500\text{mm}$，由荷载产生的跨中最大弯矩设计值 $M = 210\text{kN} \cdot \text{m}$，构件的安全等级为二级。求所需的纵向受力钢筋面积 A_s。

解：

（1）确定材料强度设计值

混凝土采用：C30

钢筋采用：HRB400

（2）确定梁的截面有效高度 $h_0 = 500 - a_s = 500 - 40 = 460\text{mm}$

（3）计算混凝土受压区高度 x，并验算是否属于超筋梁

$$x = h_0 - \sqrt{h_0^2 - \frac{2M}{\alpha_1 f_c b}} = 460 - \sqrt{460^2 - \frac{2 \times 210 \times 10^6}{1 \times 14.3 \times 250}} = 153.2\text{mm}$$

验算：$x = 153.2\text{mm} < \xi_b h_0 = 0.518 \times 460 = 238.3\text{mm}$ 满足

（4）计算 A_s 并验算是否属于少筋梁

$$A_s = \alpha_1 \frac{f_c}{f_y} bx = 1 \times \frac{14.3}{360} \times 250 \times 153.2 = 1521.4\text{mm}^2$$

验算：$A_s = 1521.4\text{mm}^2 > \rho_{\min}bh = 0.002 \times 250 \times 500 = 250\text{mm}^2$，满足要求。

（5）选配钢筋，并完成图 2-24 的标注。

受力筋：_____　架立筋：_____　梁侧构造筋：_____　拉筋：_____

【课堂练习 2-2】　已知：某钢筋混凝土矩形梁如图 2-25 所示，所处环境类别为一类，设计使用年限 100 年，截面尺寸 $b \times h = 250\text{mm} \times 500\text{mm}$，混凝土为 C30，所用的纵向受拉钢筋为 HRB400 级，配有 4Φ18 的钢筋，梁所承受的最大弯矩设计值 $M = 125\text{kN} \cdot \text{m}$，试验算该梁是否安全。

图 2-23 课堂练习 2-1（一）

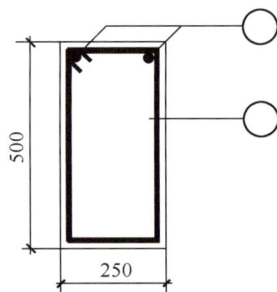

图 2-24 课堂练习 2-1（二）

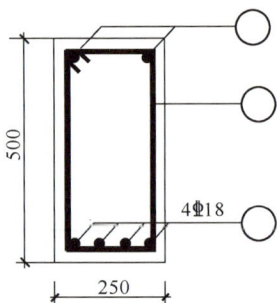

图 2-25 课堂练习 2-2

解：（1）计算截面的有效高度 h_0。

《混凝土规范》规定，对一类环境、设计使用年限为 100 年的结构，混凝土保护层厚度增加 40%，$c = 20 + 20 \times 40\% = 28\text{mm}$

$$a_s = 28 + 8 + \frac{18}{2} = 45\text{mm}$$

截面的有效高度 $h_0 = h - a_s = 500 - 45 = 455\text{mm}$

（2）计算 x

$$x = \frac{f_y A_s}{\alpha_1 f_c b} = \frac{360 \times 1017}{1 \times 14.3 \times 250} = 102.4\text{mm}$$

（3）计算 M_u

$$x = 102.4\text{mm} < \xi_b h_0 = 0.518 \times 455 = 235.7\text{mm}$$

且 $\rho = \dfrac{A_s}{bh_0} = \dfrac{1017}{250 \times 455} = 0.89\% > \rho_{min} = 0.2\%$，则为适筋梁。

即 $M_u = \alpha_1 f_c b x \left(h_0 - \dfrac{x}{2} \right) = 1 \times 14.3 \times 250 \times 102.4 \times \left(455 - \dfrac{102.4}{2} \right) = 147.8\text{kN} \cdot \text{m}$

（4）比较判别

$M_u = 147.8\text{kN} \cdot \text{m} > M = 125\text{kN} \cdot \text{m}$

则该梁截面是安全的。

【课堂练习 2-3】 已知：某简支在砖墙上的现浇钢筋混凝土板如图 2-26 所示，板的厚度为 80mm，荷载产生的跨中最大弯矩设计值 $M = 4.416\text{kN} \cdot \text{m}$，选用 C30 级的混凝土，纵向受力钢筋采用 HRB400 级钢筋。构件的安全等级为二级，试确定板的配筋。

解：

（1）确定截面有效高度

取 1m 板宽为计算单元，即 $b \times h = 1000\text{mm} \times 80\text{mm}$。

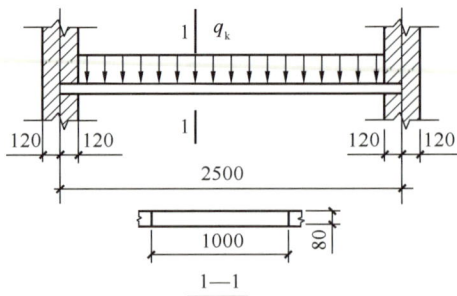

图 2-26 课堂练习 2-3（一）

$$h_0 = h - a_s = 80 - 20 = 60\text{mm}$$

（2）计算混凝土受压区高度 x，并判断是否属于超筋梁：

$$x = h_0 - \sqrt{h_0^2 - \frac{2M}{\alpha_1 f_c b}} = 60 - \sqrt{60^2 - \frac{2 \times 4.416 \times 10^6}{1 \times 14.3 \times 1000}}$$

$$= 5.4\text{mm} < \xi_b h_0 = 0.518 \times 60 = 31.1\text{mm 则满足}$$

（3）计算 A_s 并验算是否属于少筋梁：

$$A_s = \alpha_1 \frac{f_c}{f_y} bx = 1 \times \frac{14.3}{360} \times 1000 \times 5.4 = 219\text{mm}^2$$

$$> \rho_{\min} bh = 0.002 \times 1000 \times 80 = 160\text{mm}^2 \text{ 则满足}$$

（4）选配钢筋：并完成图 2-27 的标注。

受力筋：_____　　　　分布筋：_____

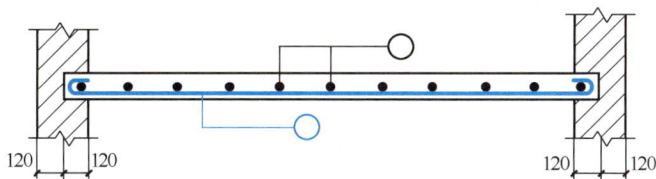

图 2-27　课堂练习 2-3（二）

4. 双筋矩形截面受弯构件承载力计算

（1）双筋矩形截面及其适用情况

在钢筋混凝土结构中，钢筋不但可以设置在构件的受拉区，而且也可以配置在受压区与混凝土共同抗压。这种在受压区和受拉区同时配置纵向受力钢筋的截面，称为双筋截面。

用钢筋帮助混凝土抗压虽能提高截面的承载力，但因用钢量偏大，在一般情况下是不经济的，一般不宜采用。但在以下几种情况时，就需要采用双筋截面计算：

1）当截面尺寸和材料强度受建筑使用和施工条件（或整个工程）限制而不能增加，而计算又不满足适筋梁截面条件时，可采用双筋截面，即在受压区配置钢筋以补充混凝土受压能力的不足。

2）另一方面，由于荷载有多种组合情况，在某一组合情况下截面承受正弯矩，另一种组合情况下承受负弯矩，这时也出现双筋截面。

3）此外，由于受压钢筋可以提高截面的延性，因此，在抗震结构中要求框架梁必须配置一定比例的受压钢筋。

（2）基本公式及适用条件

双筋截面受弯构件的破坏特征与单筋截面相似，只要纵向受拉钢筋数量不过多，双筋矩形截面的破坏仍然是纵向受拉钢筋先屈服（f_y），然后受压区混凝土至抗压强度被压坏，设置在受压区的受压钢筋的应力一般也达到其抗压强度（f_y'）。

采用与单筋矩形截面相同的方法，也用等效的计算应力图形替代实际的应力图形，如图 2-28 所示。

1）基本公式

根据计算应力图形列平衡方程即可得双筋矩形截面的基本计算公式：

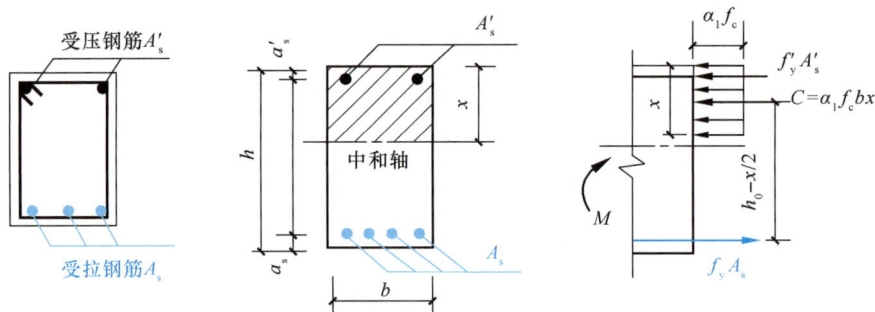

图 2-28　双筋矩形截面受弯承载力计算应力图

由 $\sum X = 0$ 得，$\alpha_1 f_c bx + f'_y A'_s = f_y A_s$ (2-16)

由 $\sum M = 0$ 得，$M \leqslant M_u = \alpha_1 f_c bx \left(h_0 - \dfrac{x}{2} \right) + f'_y A'_s \ (h_0 - a'_s)$ (2-17)

式中 f'_y——钢筋的抗压强度设计值；

      A'_s——受压钢筋的截面面积；

      a'_s——受压钢筋的合力点至受压区边缘的距离。

    双筋矩形截面受弯构件承载力设计值 M_u 及纵向受拉钢筋 A_s 可视为由两部分组成：一部分是由受压混凝土和相应的受拉钢筋 A_{s1} 所承担的弯矩 M_{u1}；另一部分则是由受压钢筋 A'_s 和相应的受拉钢筋 A_{s2} 所承担的弯矩 M_{u2}，如图 2-29 所示。

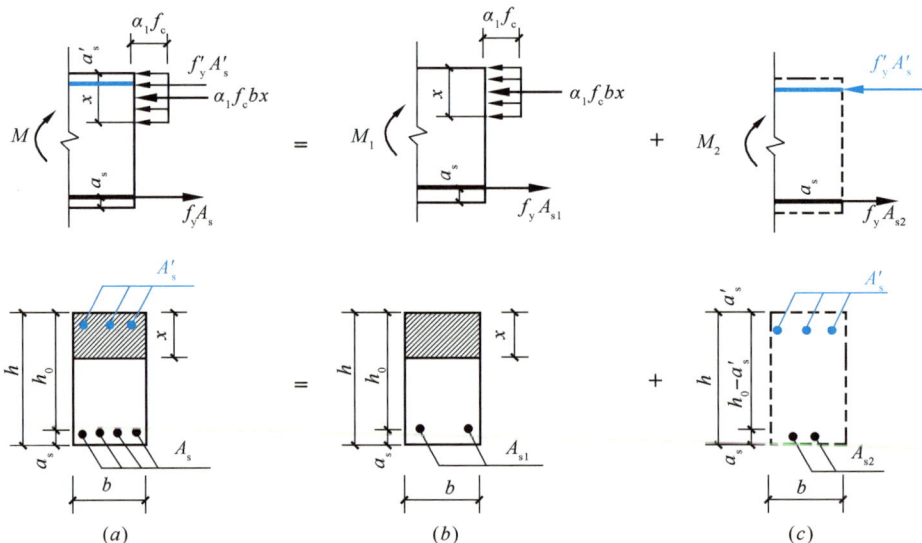

图 2-29　双筋截面的分解

2）适用条件

① 与单筋矩形截面相似，为了防止超筋梁破坏，则 $\xi \leqslant \xi_b$ (2-18a)

或 $\rho_1 = \dfrac{A_{s1}}{bh_0} \leqslant \xi_b \dfrac{\alpha_1 f_c}{f_y}$ (2-18b)

② 为了保证受压钢筋能达到规定的抗压强度设计值，则 $x \geqslant 2a'_s$。

由于双筋梁通常所配钢筋较多，故不需验算最小配筋率。双筋截面梁较单筋截面梁承载力大。

5. 单筋 T 形截面受弯构件承载力计算

（1）T 形截面的受力特点

因为受弯构件产生裂缝后，裂缝截面处的受拉混凝土因开裂而退出工作，拉力可认为全部由受拉钢筋承担，故可将受拉区混凝土的一部分去掉，如图 2-30 所示。即构件的承载力与截面受拉区的形状无关，截面的承载力不但与原有截面相同，而且可以减轻构件自重节约混凝土。

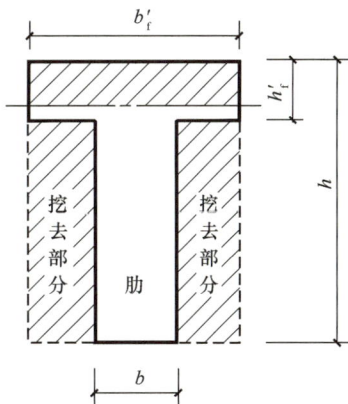

图 2-30　T 形截面形式

由于 T 形截面受力比矩形截面合理，所以 T 形截面梁在工程实践中的应用十分广泛。例如在整体式肋形楼盖中，楼板和梁浇筑在一起形成整体式 T 形梁（图 2-31d Ⅰ-Ⅰ 截面）。许多预制的受弯构件的截面也常做成 T 形（图 2-31a），预制空心板截面形式是矩形，但将其圆孔之间的部分合并，就是工字形截面，故其正截面计算也是按 T 形截面计算（图 2-31b、图 2-31c）。

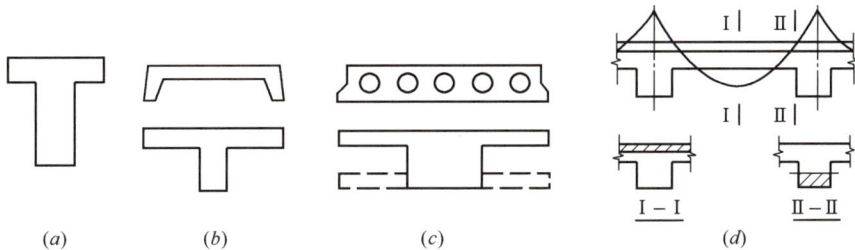

（a）　　　　　　（b）　　　　　　（c）　　　　　　（d）

图 2-31　T 形截面梁板形式

翼缘位于受拉区的 T 形截面梁，当受拉区开裂后，翼缘就不起作用了，如图 2-32 所示，因此，跨中按 T 形截面计算，支座按矩形截面计算。

图 2-32　受拉区开裂后的 T 形截面梁

（2）翼缘计算宽度（b'_f）

通过试验和理论分析表明，T 形梁受力后，翼缘上的纵向压应力的分布是不均匀的，离肋部越远数值越小。因此，当翼缘很宽时，考虑到远离肋部的翼缘部分所起的作用已很小，故在实际设计中应把翼缘限制在一定的范围内，称为翼缘的计算宽度 b'_f。在 b'_f 范围内的压应力分布假定是均匀的（图 2-33、图 2-34），b'_f 取表 2-12 中的较小值。

对于预制 T 形梁，设计时应使用其实际翼缘宽度 b'_f。

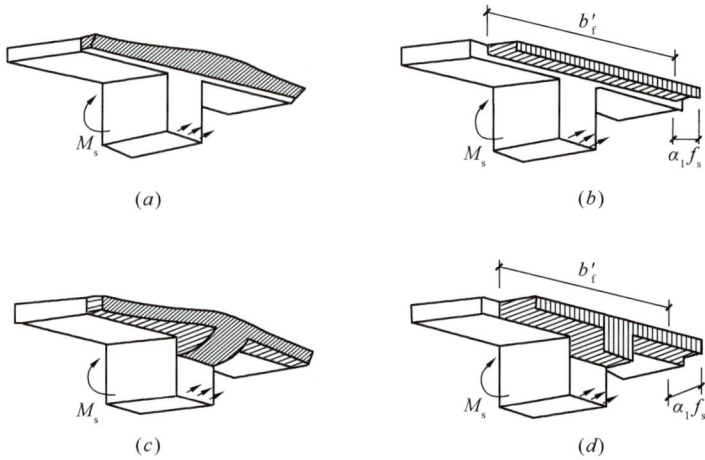

图 2-33 T 形截面翼缘的压应力分布及简化

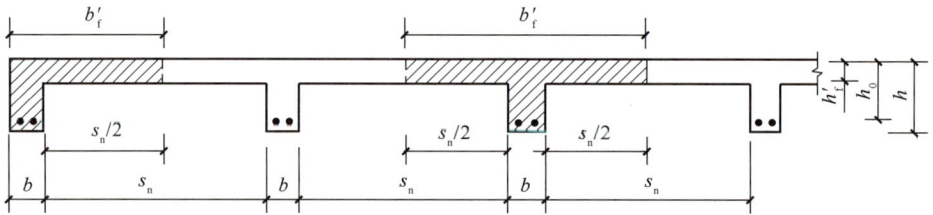

图 2-34 T 形截面受压翼缘的计算宽度

T 形、I 形、倒 L 形截面受弯构件翼缘计算宽度 b'_f　　　　表 2-12

	情况		T 形、I 形截面		倒 L 形截面
			肋形梁(板)	独立梁	肋形梁(板)
1	按计算跨度 l_0 考虑		$l_0/3$	$l_0/3$	$l_0/6$
2	按梁(肋)净距 s_n 考虑		$b+s_n$	—	$b+s_n/2$
3	按翼缘高度 h'_f 考虑	$h'_f/h_0 \geqslant 0.1$	—	$b+12h'_f$	—
		$0.1 > h'_f/h_0 \geqslant 0.05$	$b+12h'_f$	$b+6h'_f$	$b+5h'_f$
		$h'_f/h_0 < 0.05$	$b+12h'_f$	b	$b+5h'_f$

注：1. 表中 b 为梁的腹板宽度；

2. 肋形梁在梁跨内设有间距小于纵肋间距的横肋时，可不考虑表中情况 3 的规定；

3. 加腋的 T 形、I 形和倒 L 形截面，当受压区加腋的高度 h_h 不小于 h'_f 且加腋的长度 b_h 不大于 $3h_h$ 时，其翼缘计算宽度可按表中情况 3 的规定分别增加 $2h_b$（T 形、I 形截面）和 h_b（倒 L 形截面）；

4. 独立梁受压区的翼缘板在荷载作用下经验算沿纵肋方向可能产生裂缝时，其计算宽度应取腹板宽度 b。

（3）T 形截面的分类：如图 2-35 所示。

根据中和轴位置不同，将 T 形截面分为两类：

当 $x \leqslant h'_f$ 时，则为第一类 T 形截面；

当 $x > h'_f$ 时，则为第二类 T 形截面。

（4）两种 T 形截面的判别条件

为了判别 T 形梁应当属于哪一类型，首先分析如图 2-36 所示，当 $x = h'_f$ 时的特殊情况。

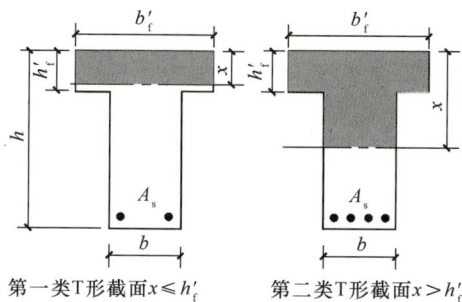

第一类T形截面 $x \leqslant h'_f$　　第二类T形截面 $x > h'_f$

图 2-35　T 形截面的分类　　　　图 2-36　两类 T 形截面的界限

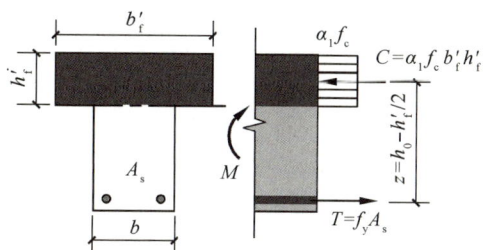

1）截面设计时

当 $M \leqslant \alpha_1 f_c b'_f h'_f \left(h_0 - \dfrac{h'_f}{2} \right)$ 时，则为第一类 T 形截面。 (2-19)

当 $M > \alpha_1 f_c b'_f h'_f \left(h_0 - \dfrac{h'_f}{2} \right)$ 时，则为第二类 T 形截面。 (2-20)

2）截面复核时

当 $f_y A_s \leqslant \alpha_1 f_c b'_f h'_f$ 时，则为第一类 T 形截面。 (2-21)

当 $f_y A_s > \alpha_1 f_c b'_f h'_f$ 时，则为第二类 T 形截面。 (2-22)

（5）基本公式及适用条件

1）第一类 T 形截面（$x \leqslant h'_f$）如图 2-37 所示。

① 基本公式

其承载力与截面尺寸为 $b'_f \times h$ 的矩形截面梁完全相同。由平衡条件得：

由 $\sum X = 0$ 得：

$$f_y A_s = \alpha_1 f_c b'_f x \qquad (2-23)$$

由 $\sum M = 0$ 得：

图 2-37　第一类 T 形截面计算简图

$$M \leqslant M_u = \alpha_1 f_c b'_f x \left(h_0 - \dfrac{x}{2} \right) \quad (2-24)$$

② 适用条件

防止超筋脆性破坏。因为相对受压区高度较小，配筋率较低，不易出现超筋现象，故对第一类 T 形面，该适用条件一般能满足，不必验算。

防止少筋脆性破坏。受拉钢筋面积应满足 $A_s \geqslant \rho_{min} bh$，$b$ 为 T 形截面的腹板宽度。

2）第二类 T 形截面（$x > h'_f$）如图 2-38 所示。

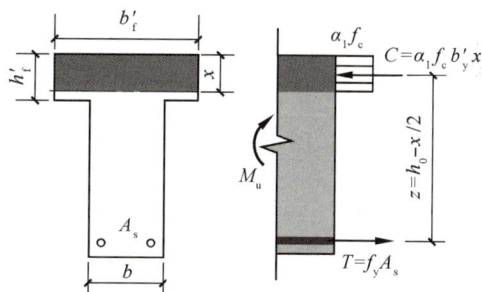

2-8

第一类T形截面

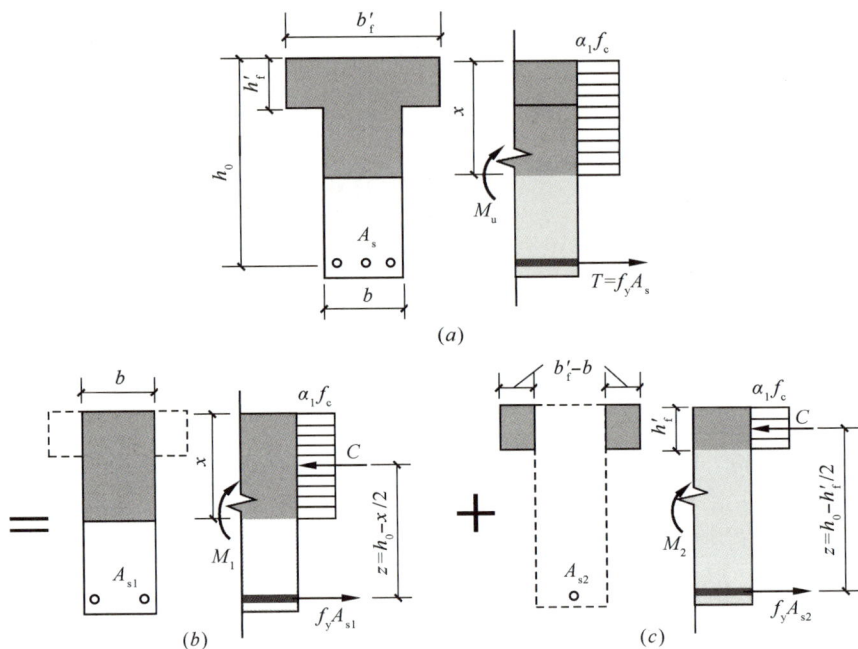

图 2-38　第二类 T 形截面计算简图

① 基本公式

因为第二类 T 形截面的混凝土受压区是 T 形，为便于计算，将受压区面积分成两部分：一部分是腹板（$b \times x$）；另一部分是挑出翼缘（$b'_f - b$）h'_f，如图 2-38 所示。

由图 2-38（b）得，其计算公式为：

$$\alpha_1 f_c bx = f_y A_{s1} \tag{2-25}$$

$$M_1 = \alpha_1 f_c bx\left(h_0 - \frac{x}{2}\right) \tag{2-26}$$

或

$$M_1 = f_y A_{s1}\left(h_0 - \frac{x}{2}\right) \tag{2-27}$$

由图 2-38（c）得，其计算公式为：

$$\alpha_1 f_c (b'_f - b) h'_f = f_y A_{s2} \tag{2-28}$$

$$M_2 = \alpha_1 f_c (b'_f - b) h'_f\left(h_0 - \frac{h'_f}{2}\right) \tag{2-29}$$

或

$$M_2 = f_y A_{s2}\left(h_0 - \frac{h'_f}{2}\right) \tag{2-30}$$

整个 T 形截面的受弯承载力为：　　　$M = M_1 + M_2 \tag{2-31}$

受拉钢筋的总面积为：　　　$A_s = A_{s1} + A_{s2} \tag{2-32}$

② 适用条件

防止少筋破坏：因为截面受压区高度较大，配筋率较高，不易出现少筋现象，不必验算。

防止超筋破坏：必须验算。

$$x \leqslant \xi_\mathrm{b} h_0$$

$$或 \ \rho_1 = \frac{A_\mathrm{s1}}{bh_0} \leqslant \rho_{\max}$$

其中 A_s1 是与腹板受压混凝土相对应的纵向受拉面积。

（6）截面设计步骤

已知：构件截面尺寸 $b \times h$，混凝土强度等级 f_c，钢筋强度等级 f_y，弯矩设计值 M。

求：纵向受拉钢筋截面面积 A_s。

1）判别 T 形截面的类别：如图 2-39 所示。

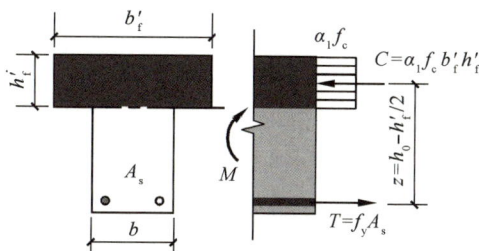

图 2-39　两类 T 形截面的界限

当 $M \leqslant \alpha_1 f_\mathrm{c} b'_\mathrm{f} h'_\mathrm{f} \left(h_0 - \dfrac{h'_\mathrm{f}}{2} \right)$ 时，属于第一类 T 形截面；

当 $M > \alpha_1 f_\mathrm{c} b'_\mathrm{f} h'_\mathrm{f} \left(h_0 - \dfrac{h'_\mathrm{f}}{2} \right)$ 时，属于第二类 T 形截面。

2）计算步骤如下：

① 第一类 T 形截面：其计算方法与 $b'_\mathrm{f} \times h$ 的单筋矩形截面完全相同。

A. 公式法

$$x = h_0 - \sqrt{h_0^2 - \frac{2M}{\alpha_1 f_\mathrm{c} b'_\mathrm{f}}}$$

如 $x \leqslant \xi_\mathrm{b} h_0$，则不超筋，一般情况下均能满足，不必验算。

$$A_\mathrm{s} = \frac{\alpha_1 f_\mathrm{c} b'_\mathrm{f} x}{f_\mathrm{y}}$$

如 $A_\mathrm{s} \geqslant \rho_{\min} bh$，则不少筋，应按 A_s 配置纵向钢筋。

如 $A_\mathrm{s} < \rho_{\min} bh$，则属于少筋，按 $A_\mathrm{s} = \rho_{\min} bh$ 配置钢筋。

B. 计算系数法

$$\alpha_\mathrm{s} = \frac{M}{\alpha_1 f_\mathrm{c} b'_\mathrm{f} h_0^2} \rightarrow \gamma_\mathrm{s} = 0.5 (1 + \sqrt{1 - 2\alpha_\mathrm{s}}) \rightarrow A_\mathrm{s} = \frac{M}{\gamma_\mathrm{s} f_\mathrm{y} h_0}$$

验算：

防止超筋：一般不必验算。

防止少筋：$\rho = \dfrac{A_\mathrm{s}}{bh_0} \geqslant \rho_{\min}$

或 $\alpha_\mathrm{s} = \dfrac{M}{\alpha_1 f_\mathrm{c} b'_\mathrm{f} h_0^2} \rightarrow \xi = 1 - \sqrt{1 - 2\alpha_\mathrm{s}} \leqslant \xi_\mathrm{b} \rightarrow A_\mathrm{s} = \dfrac{\alpha_1 f_\mathrm{c} b'_\mathrm{f} h_0 \xi}{f_\mathrm{y}}$

验算：

防止少筋：$\rho = \dfrac{A_\mathrm{s}}{bh_0} \geqslant \rho_{\min}$

② 第二类 T 形截面

A. 公式法：由基本公式推出

$$x = h_0 - \sqrt{h_0^2 - \frac{2\left[M - \alpha_1 f_c(b'_f - b)h'_f\left(h_0 - \frac{h'_f}{2}\right)\right]}{\alpha_1 f_c b}}$$

如 $x \leqslant \xi_b h_0$，则不超筋，

$$A_{s1} = \frac{\alpha_1 f_c b x}{f_y} \qquad A_{s2} = \frac{\alpha_1 f_c(b'_f - b)h'_f}{f_y}$$

$$A_s = A_{s1} + A_{s2}$$

如 $x > \xi_b h_0$，则属于超筋梁，应加大截面重新设计。

一般情况下均能满足 $A_s \geqslant \rho_{min} bh$，不必验算，按 A_s 配置钢筋。

B. 计算系数法

a. 求 M_2 和 A_{s2}。

$$M_2 = \alpha_1 f_c(b'_f - b)h'_f\left(h_0 - \frac{h'_f}{2}\right)$$

$$A_{s2} = \frac{\alpha_1 f_c(b'_f - b)h'_f}{f_y}$$

b. 求 M_1 和 A_{s1}。

$$M_1 = M - M_2$$

$$\alpha_{s1} = \frac{M_1}{\alpha_1 f_c bh_0^2} \rightarrow \gamma_{s1} = 0.5 \times (1 + \sqrt{1 - 2 \times \alpha_{s1}}) \rightarrow A_{s1} = \frac{M_1}{\gamma_{s1} f_y h_0}$$

或 $\qquad \alpha_{s1} = \frac{M_1}{\alpha_1 f_c bh_0^2} \rightarrow \xi_1 = 1 - \sqrt{1 - 2\alpha_{s1}} \rightarrow A_{s1} = \frac{\alpha_1 f_c bh_0 \xi_1}{f_y}$

c. 求 $A_s = A_{s1} + A_{s2}$，一般情况下不必验算。

【课堂练习2-4】 已知：某一肋形楼盖梁如图 2-40 所示，经计算该梁跨中截面的弯矩设计值 $M = 186$kN·m（含梁自重），梁的计算跨度 $l_0 = 5.4$m，钢筋采用 HRB400 级，混凝土采用 C30，试计算该梁跨中截面纵向受力钢筋的面积。

解：

（1）确定翼缘计算宽度 b'_f

按计算跨度取 $\quad b'_f = \dfrac{l_0}{3} = \dfrac{5400}{3} = 1800$mm

按梁肋净距取 $\quad b'_f = b + S_n = 200 + 2000 = 2200$mm

按翼缘高度取 $\quad \dfrac{h'_f}{h_0} = \dfrac{80}{450 - 45} > 0.1$ 不考虑

即该截面的翼缘计算宽度取 $b'_f = 1800$mm

（2）判别 T 形截面类型

$$\alpha_1 f_c b'_f h'_f\left(h_0 - \frac{h'_f}{2}\right) = 1.0 \times 14.3 \times 1800 \times 80 \times (405 - 80/2)$$

$$= 725\text{kN·m} > M = 186 \times 10^6 \text{N·mm}$$

则该截面属于第一类 T 形截面，即相当于一个 $b'_f \times h$ 的矩形截面。

（3）配筋计算

$$x = h_0 - \sqrt{h_0^2 - \frac{2M}{\alpha_1 f_c b'_f}} = 405 - \sqrt{405^2 - \frac{2 \times 186 \times 10^6}{1 \times 14.3 \times 1800}}$$

(a)

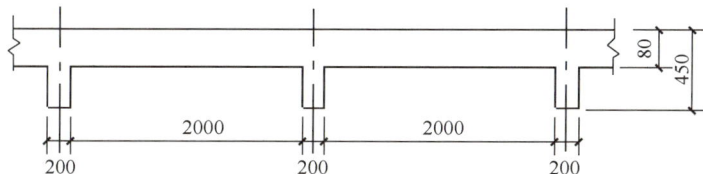

(b)

图 2-40　课堂练习 2-4 楼盖

（a）工程中肋梁楼盖；（b）肋梁楼盖剖面图

$$=18.3\text{mm}<\xi_b h_0=0.518\times405=209.8\text{mm}$$

则不会发生超筋破坏。

$$A_s=\frac{\alpha_1 f_c b'_f x}{f_y}=\frac{1\times14.3\times1800\times18.3}{360}=1308\text{mm}^2$$

$$>\rho_{\min}bh=0.002\times200\times450=180\text{mm}^2，则不会发生少筋破坏。$$

（4）选配钢筋：并完成图 2-41 的标注。

受力筋：_____　　　　架立筋：_____

【课堂练习 2-5】 已知：某 T 形截面梁如图 2-42 所示，其各部尺寸为：$b=300\text{mm}$，$h=800\text{mm}$，$b'_f=600\text{mm}$，$h'_f=100\text{mm}$，截面承受的弯矩设计值 $M=650\text{kN}\cdot\text{m}$，混凝土强度等级为 C30，钢筋为 HRB400 级，一类环境。试设计该截面纵向受力钢筋截面面积。

解：

（1）确定截面的有效高度 h_0。

考虑弯矩较大，钢筋需按两排设置，即 $h_0=h-a_s=800-70=730\text{mm}$

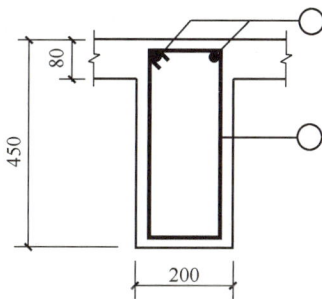

图 2-41　课堂练习 2-4

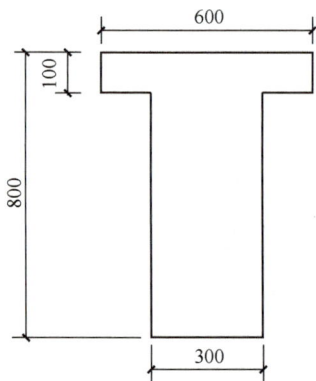

图 2-42 某 T 形截面梁

（2）判别 T 形截面类型

$$\alpha_1 f_c b'_f h'_f \left(h_0 - \frac{h'_f}{2}\right) = 1.0 \times 14.3 \times 600 \times 100 \times (730 - 100/2)$$
$$= 583.4 \text{kN} \cdot \text{m} < M = 650 \text{kN} \cdot \text{m},$$

则该截面属于第二类 T 形截面。

（3）配筋计算

计算受压区高度 x，并验算是否属于超筋梁破坏。

$$M_{u2} = \alpha_1 f_c (b'_f - b) h'_f \left(h_0 - \frac{h'_f}{2}\right)$$
$$= 1 \times 14.3 \times (600 - 300) \times 100 \times \left(730 - \frac{100}{2}\right)$$
$$= 291.72 \text{kN} \cdot \text{m}$$

故 $M_{u1} = M - M_{u2} = 650 - 291.72 = 358.28 \text{kN} \cdot \text{m}$

$$x = h_0 - \sqrt{h_0^2 - \frac{2M_{u1}}{\alpha_1 f_c b}}$$
$$= 730 - \sqrt{730^2 - \frac{2 \times 358.28 \times 10^6}{1 \times 14.3 \times 300}}$$
$$= 125.1 \text{mm} < \xi_b h_0 = 0.518 \times 730 = 378.1 \text{mm}，不会发生超筋破坏。$$

即

$$A_{s1} = \frac{\alpha_1 f_c b x}{f_y} = \frac{1 \times 14.3 \times 300 \times 125.1}{360} = 1490.8 \text{mm}^2$$

$$A_{s2} = \frac{\alpha_1 f_c (b'_f - b) h'_f}{f_y} = \frac{1.0 \times 14.3 \times (600 - 300) \times 100}{360} = 1191.7 \text{mm}^2$$

$$A_s = A_{s1} + A_{s2} = 1490.8 + 1191.7 = 2682.5 \text{mm}^2$$

（4）选配钢筋，并完成图 2-43 的标注。

受力筋：_____   架立筋：_____

构造腰筋：_____   拉筋：_____

2.1.3 受弯构件斜截面承载力计算

1. 斜截面受力特点

受弯构件梁在荷载作用下，同时产生弯矩和剪力，在弯矩区段，产生正截面受弯破坏，梁在剪力较大的剪弯区段内，会产生斜截面受剪破坏，梁在弯矩 M 和剪力 V 共同作用下产生的主应力轨迹线，其中实线为主拉应力轨迹线，虚线为主压应力轨迹线，如图 2-44（b）所

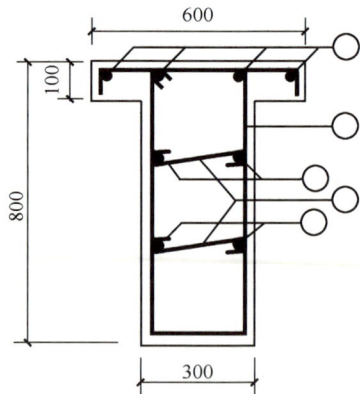

图 2-43 课堂练习 2-5

示。随着荷载的增加，当主拉应力的值超过混凝土复合受力下的抗拉极限强度时，就会在沿主拉应力垂直方向产生斜向裂缝，梁在剪力较大的剪弯区段内，则梁会产生斜截面受剪破坏。

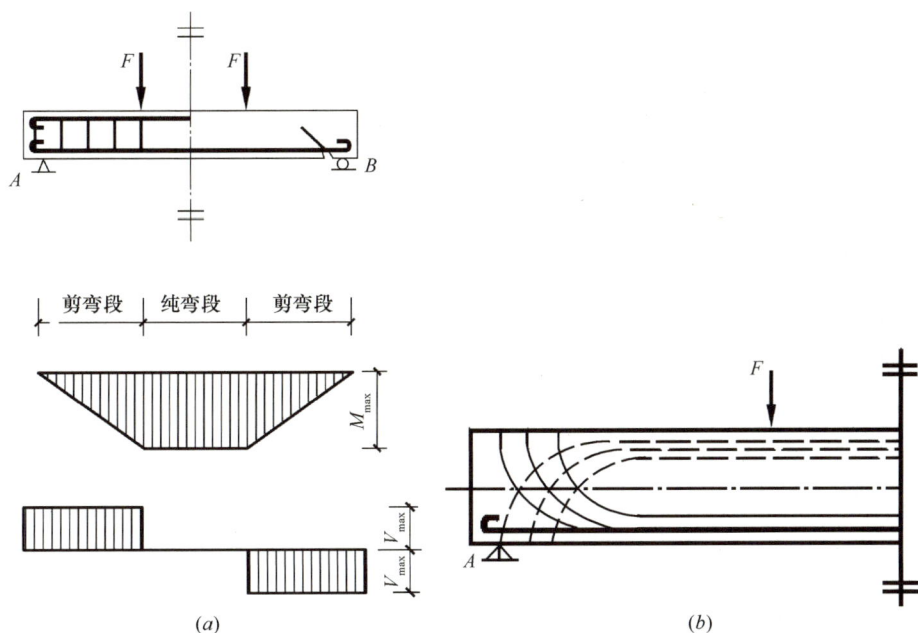

图 2-44 钢筋混凝土简支梁开裂前的主应力轨迹线和内力图

为了防止梁发生斜截面破坏，除了梁的截面尺寸应满足一定的要求外，还需在梁中配置与梁轴线垂直的箍筋（必要时还可采用由纵向钢筋弯起而成的弯起钢筋），以承受梁内产生的主拉应力，箍筋和弯起钢筋统称为腹筋。

斜截面受剪承载力——通过计算配置腹筋（箍筋、弯起钢筋）来保证；

斜截面受弯承载力——通过构造措施（纵筋的截断、弯起钢筋的位置）来保证。

2. 影响斜截面受剪承载力的主要因素

影响斜截面承载力的因素很多，其中剪跨比和配箍率是影响斜截面承载力的两个重要参数。剪跨比是一个无量纲的参数。

广义剪跨比是指计算截面的弯矩 M 与剪力 V 和相应截面的有效高度 h_0 乘积的比值，

即

$$\lambda = \frac{M}{Vh_0} \tag{2-33}$$

对集中荷载作用的简支梁如图 2-44（a）所示，集中荷载作用截面的弯矩 $M = Va$，因此该截面的剪跨比 λ 为：

$$\lambda = \frac{M}{Vh_0} = \frac{Va}{Vh_0} = \frac{a}{h_0} \tag{2-34}$$

式中　a——集中荷载作用点至支座截面或节点边缘之间的距离，称为剪跨。

配箍率是箍筋截面面积与对应的混凝土面积的比值，用 ρ_{sv} 表示，如图 2-45 所示。

即

$$\rho_{sv} = \frac{nA_{sv1}}{bs} \tag{2-35}$$

式中　n——同一截面内箍筋的肢数；

　　A_{sv1}——单肢箍筋的截面面积；

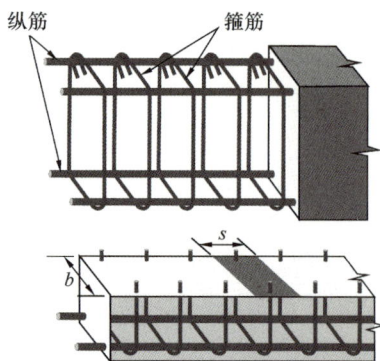

纵筋　　　箍筋

图 2-45　矩形截面梁配箍率示意图

b——截面宽度，如是 T 形截面，b 则是梁腹宽度；

s——箍筋沿梁轴线方向的间距。

3. 梁的斜截面破坏形态

试验表明，在不同的弯矩和剪力组合下，随混凝土的强度、腹筋（箍筋和弯起钢筋）和纵筋含量、截面形状、荷载种类和作用方式，以及剪跨比（集中荷载至支座距离 a 称为剪跨，剪跨 a 与梁的有效高度 h_0 之比称为剪跨比，即 $\lambda = \dfrac{a}{h_0}$）的不同，可能有下列三种破坏形式：

（1）斜压破坏（图 2-46）

破坏前提：剪跨比较小（$\lambda < 1$），箍筋配置过多，配箍率 ρ_{sv} 较大。

破坏特征：首先在梁腹出现若干条较陡的平行斜裂缝，随着荷载的增加，斜裂缝将梁腹分割成若干斜向的混凝土短柱，最后由于混凝土短柱达到极限抗压强度而破坏。"混凝土被压坏，箍筋不屈服"，类似于超筋梁。

破坏性质：属于脆性破坏。

防止斜压破坏：控制梁的最小截面尺寸。

（2）剪压破坏（图 2-47）

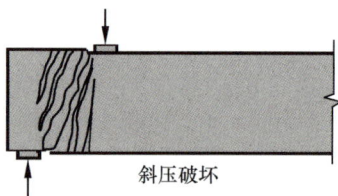

斜压破坏

图 2-46　斜压破坏

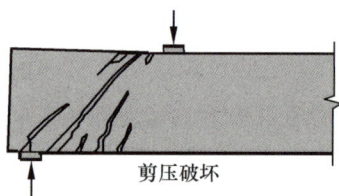

剪压破坏

图 2-47　剪压破坏

破坏前提：剪跨比适中（$\lambda = 1 \sim 3$），箍筋配置适量，配箍率 ρ_{sv} 适中。

破坏特征：截面出现多条斜裂缝，其中一条延伸最长，开展最宽的斜裂缝，称为"临界斜裂缝"，与此裂缝相交的箍筋先达到屈服强度，后剪压区混凝土达到极限强度而破坏。"箍筋先屈服，剪压区混凝土被压碎而破坏"，类似于适筋梁。

破坏性质：属于塑性破坏。

防止剪压破坏：通过斜截面承载力计算，配置适量腹筋。

（3）斜拉破坏（图 2-48）

破坏前提：剪跨比较大（$\lambda > 3$），箍筋配置过少，配箍率 ρ_{sv} 较小。

破坏特征：一旦梁腹出现一条斜裂缝，就很快形成"临界斜裂缝"，与其相交的箍筋随即屈服，梁将沿斜裂缝裂成两部分。即使不裂成两部分，也因临界斜裂缝的宽度过大而不能继续使用。"构件很快达到破坏，承载力很低"，类似于少筋梁。

2–10

斜压破坏

2–11

剪压破坏

破坏性质：属于脆性破坏。

防止斜拉破坏：控制最小配箍率。

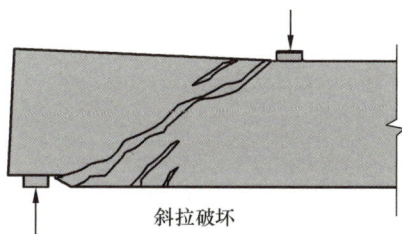

斜拉破坏

图 2-48　斜拉破坏

4. 斜截面受剪承载力计算

（1）基本公式

在梁斜截面的各种破坏形态中，可以通过配置一定数量的箍筋（即控制最小配箍率），且限制箍筋的间距不能太大来防止斜拉破坏；通过限制截面尺寸不能太小（相当于控制最大配箍率）来防止斜压破坏。

对于常见的剪压破坏，因为它们承载能力的变化范围较大，设计时要进行必要的斜截面承载力计算。《混凝土规范》给出的基本计算公式就是根据剪压破坏的受力特征建立的。

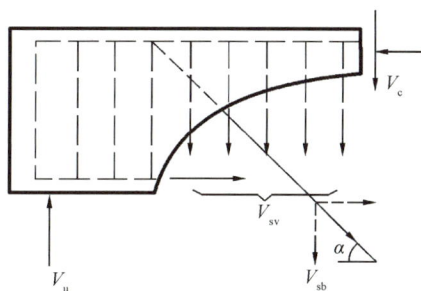

图 2-49　斜截面受剪承载力组成

如图 2-49 所示，其斜截面的受剪承载力是由混凝土、箍筋和弯起钢筋三部分组成的。即：

$$V_u = V_c + V_{sv} + V_{sb} \qquad (2\text{-}36a)$$

式中　V_u——受弯构件斜截面受剪承载力设计值；

$\quad\quad V_c$——剪压区混凝土受剪承载力设计值；

$\quad\quad V_{sv}$——与斜裂缝相交的箍筋受剪承载力设计值；

$\quad\quad V_{sb}$——与斜裂缝相交的弯起钢筋受剪承载力设计值。

以 V_{cs} 表示混凝土和箍筋的总受剪承载力。即斜截面受剪承载力为：

$$V_u = V_{cs} + V_{sb} \qquad (2\text{-}36b)$$

1）只配箍筋（图 2-50）

① 矩形、T 形和 I 字形截面的一般受弯构件，其斜截面的受剪承载力计算公式为：

$$V = V_u \leqslant 0.7 f_t b h_0 + 1.0 f_{yv} \frac{n A_{sv1}}{s} h_0 \qquad (2\text{-}37)$$

式中　V——受弯构件斜截面上的最大剪力设计值；

$\quad\quad f_{yv}$——箍筋的抗拉强度设计值；

$\quad\quad f_t$——混凝土轴心抗拉强度设计值。

图 2-50　梁中配箍筋

② 对集中荷载作用下的矩形截面独立梁

《混凝土规范》规定：对于集中荷载作用下的矩形截面独立梁（包括作用有多种荷载，且其中集中荷载对支座截面或节点边缘所产生的剪力值占总剪力值的 75％以上的情况，即 $\frac{V_{集中荷载}}{V_{总荷载}} \geqslant 75\%$），其斜截面的受剪承载力计算公式为：

$$V = V_u \leqslant \frac{1.75}{\lambda + 1.0} f_t b h_0 + f_{yv} \frac{n A_{sv1}}{s} h_0 \tag{2-38}$$

式中　λ——计算截面的剪跨比，$\lambda = \frac{a}{h_0}$，当 $\lambda < 1.5$ 时，取 $\lambda = 1.5$；当 $\lambda > 3$ 时，取 $\lambda = 3$；

　　　a——集中荷载作用点处的截面（该点处的截面即为计算截面）至支座截面或节点边缘之间的距离，计算截面至支座之间的箍筋应均匀配置。

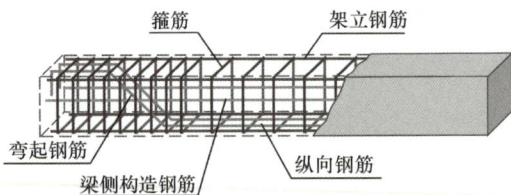

图 2-51　梁中同时配箍筋和弯起钢筋

2）同时配有箍筋和弯起钢筋（图 2-51）

弯起钢筋抵抗的剪力为弯起钢筋所承受的拉力 T_{sb} 在垂直于梁轴方向的分力。因此受剪承载力计算公式如下所示。

① 矩形、T 形和工字形截面的一般受弯构件：

$$V = V_u \leqslant 0.7 f_t b h_0 + f_{yv} \frac{n A_{sv1}}{s} h_0 + 0.8 f_y A_{sb} \sin\alpha \tag{2-39}$$

式中　A_{sb}——同一弯起平面内的弯起钢筋截面面积；

　　　f_y——弯起钢筋的抗拉强度设计值；

　　　α——弯起钢筋与纵向梁轴线的夹角，当 $h \leqslant 800mm$ 时，α 常取为 $45°$；当 $h > 800mm$ 时，α 常取为 $60°$；

　　　0.8——考虑到弯起钢筋与破坏斜截面相交位置的不确定性，其应力可能达不到屈服强度时的应力不均匀系数；

b——矩形截面的宽度，T 形或 I 形截面的腹板宽度。

（注：忽略受压翼缘的有利作用，偏于安全。）

② 对集中荷载作用下的矩形截面独立梁：

$$V = V_u \leqslant \frac{1.75}{\lambda + 1.0} f_t b h_0 + f_{yv} \frac{n A_{sv1}}{s} h_0 + 0.8 f_y A_{sb} \sin\alpha \tag{2-40}$$

（2）适用条件

受弯构件斜截面受剪承载力计算公式是根据剪压破坏的受力状态确定的，因此只能在一定条件下适用，而不适用于斜压破坏和斜拉破坏的情况。对此《混凝土规范》作出了如下规定：

1）上限值——最小截面尺寸限制条件

为了避免斜压破坏的发生，梁的截面尺寸应满足下列要求，否则箍筋配置再多也不能提高斜截面受剪承载力（如不能满足下列要求，则应加大截面尺寸）。

当 $\frac{h_w}{b} \leqslant 4$ 时（一般梁），　　　　$V \leqslant 0.25 \beta_c f_c b h_0$ \hfill (2-41)

当 $\frac{h_w}{b} \geqslant 6$ 时（薄腹梁），　　　　$V \leqslant 0.2 \beta_c f_c b h_0$ \hfill (2-42)

当 $4 < \frac{h_w}{b} < 6$ 时，按线性内插入法取用。

式中　V——截面最大剪力设计值；

　　　b——矩形截面的宽度，T 形、I 字形截面的腹板宽度；

　　　h_w——截面的腹板高度：矩形截面取有效高度 h_0；T 形截面取有效高度减去翼缘高度；I 字形截面取腹板净高；

　　　β_c——混凝土强度影响系数：当混凝土强度等级不超过 C50 时，取 $\beta_c = 1.0$；当混凝土强度等级为 C80 时，取 $\beta_c = 0.8$；其间按线性内插法确定。

2）下限值——最小配箍率

当出现斜裂缝后，斜裂缝上的主拉应力全部转移给箍筋，如果箍筋配置过少，或箍筋的间距过大，斜裂缝一出现，箍筋应力会立即达到屈服强度而发生斜拉破坏。为此，《混凝土规范》规定了箍筋配箍率的下限值（即最小配箍率）为：

$$\rho_{sv} = \frac{n A_{sv1}}{bs} \geqslant \rho_{sv,\ min} = 0.24 \frac{f_t}{f_{yv}} \tag{2-43}$$

（3）斜截面受剪承载力的计算位置：如图 2-52 所示。

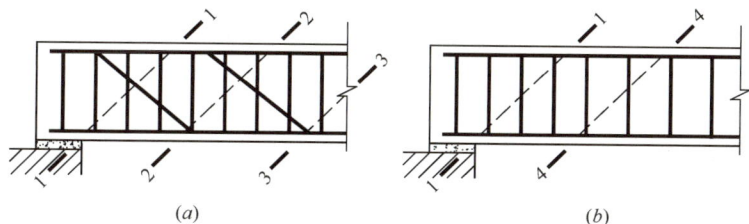

图 2-52　斜截面受剪承载力剪力设计值的计算位置

（a）弯起钢筋；（b）箍筋

在计算斜截面的受剪承载力时，其剪力设计值的计算截面应按下列规定采用：

1）支座边缘处的截面，必须都要验算（图 2-52a、图 2-52b 截面 1-1）；

2）受拉区弯起钢筋下弯起点的截面（图 2-52a 截面 2-2、3-3）；

3）箍筋直径或间距改变处的截面（图 2-52b 截面 4-4）。

5. 受弯构件斜截面受剪承载力计算步骤

已知：剪力设计值 V，截面尺寸 $b \times h$，材料强度 f_c、f_t、f_y、f_{yv}。

求：配置腹筋。

（1）复核截面尺寸

一般梁的截面尺寸应满足式（2-41），即 $V \leqslant 0.25 \beta_c f_c b h_0$ 的要求，否则，应加大截面尺寸或提高混凝土强度等级，直至满足为止。

（2）确定是否需按计算配置箍筋

当满足下式条件时，可按构造配置箍筋，否则，需按计算配置箍筋。构造箍筋应满足箍筋的最大间距和箍筋的最小直径，见表 2-13 及表 2-14。

$$V \leqslant 0.7 f_t b h_0 \quad \text{或} \quad V \leqslant \frac{1.75}{\lambda + 1.0} f_t b h_0$$

梁中箍筋最大间距 S_{max}（mm）　　　　表 2-13

梁高 h	$V > 0.7 f_t b h_0$	$V \leqslant 0.7 f_t b h_0$
$150 < h \leqslant 300$	150	200
$300 < h \leqslant 500$	200	300
$500 < h \leqslant 800$	250	350
$h > 800$	300	400

梁中箍筋最小直径（mm）　　　　表 2-14

梁高 h	箍筋直径	梁高 h	箍筋直径
$h \leqslant 800$	6	$h > 800$	8

（3）确定腹筋数量

仅配箍筋时：求出 $\dfrac{nA_{sv1}}{s}$ 的值后，根据构造要求先选定箍筋肢数 n 和直径 d，然后求出间距 s。

$$\frac{nA_{sv1}}{s} = \frac{V - 0.7 f_t b h_0}{f_{yv} h_0}$$

或

$$\frac{nA_{sv1}}{s} = \frac{V - \dfrac{1.75}{\lambda + 1.0} f_t b h_0}{f_{yv} h_0}$$

（4）验算配箍率

$$\rho_{sv} = \frac{nA_{sv1}}{bs} \geqslant \rho_{sv, min} = 0.24 \frac{f_t}{f_{yv}}$$

6. 连续梁、外伸梁和框架梁的斜截面受剪承载力

由于连续梁、外伸梁和框架梁剪跨段内存在弯矩符号相反的正、负弯矩区段，在反弯点两侧梁端弯矩方向相同，纵向钢筋应力方向相反，纵筋两端受力方向相同，使粘结力易遭到破坏。粘结裂缝的开展，引起纵筋外侧混凝土保护层剥落，混凝土受压区高度减小；并引起纵筋受拉区延伸，使受压区纵筋变为受拉，二者均使得剪压区混凝土的剪应力和压应力增大，梁的受剪承载力降低。

《混凝土规范》规定：

（1）对承受集中荷载为主的连续梁，仍用简支梁的公式计算其受剪承载力，λ 为计算剪跨比（$\lambda = \dfrac{a}{h_0}$）。

（2）对承受均布荷载的连续梁，用与简支梁相同的公式计算其受剪承载力。

（3）公式的上、下限条件与简支梁相同。

【课堂练习 2-6】 已知：某矩形截面简支梁，截面尺寸 $b \times h = 200\text{mm} \times 400\text{mm}$，$a_s = 40\text{mm}$，承受均布荷载，支座边缘剪力设计值 $V = 120\text{kN}$，混凝土强度等级为 C30，箍筋采用 HRB400 级钢筋，采用只配箍筋的方案，求箍筋数量。

解：（1）复核梁截面尺寸

$$\frac{h_w}{b} = \frac{360}{200} = 1.80 < 4$$

$$0.25\beta_c f_c b h_0 = 0.25 \times 1.0 \times 14.3 \times 200 \times 360 = 257.4\text{kN} > V = 120\text{kN}$$

则截面尺寸满足要求。

（2）验算是否需要按计算配置箍筋

$$0.7 f_t b h_0 = 0.7 \times 1.43 \times 200 \times 360 = 72.1\text{kN} < V = 120\text{kN}$$

则应按计算配置箍筋。

（3）仅配箍筋

根据式（2-37）有：

$$V = 0.7 f_t b h_0 + f_{yv} \frac{n A_{sv1}}{s} h_0$$

得　$$\frac{n A_{sv1}}{s} = \frac{V - 0.7 f_t b h_0}{f_{yv} h_0} = \frac{120 \times 10^3 - 0.7 \times 1.43 \times 200 \times 360}{360 \times 360} = 0.369$$

选 6Φ，$n = 2$，则 $A_{sv1} = 28.3\text{mm}^2$

即 $s = \dfrac{2 \times 28.3}{0.369} = 153.4\text{mm}$，取 $s = 150\text{mm}$

（4）验算最小配箍率

$$\rho_{sv} = \frac{n A_{sv1}}{bs} = \frac{2 \times 28.3}{200 \times 150} = 0.189\% > \rho_{sv,\min} = 0.24 \frac{f_t}{f_{yv}} = 0.24 \times \frac{1.43}{360} = 0.095\%$$

则箍筋采用 Φ6@150 沿梁均匀布置，满足构造要求。

【课堂练习 2-7】 已知：钢筋混凝土矩形截面简支梁，梁截面尺寸 $b = 250\text{mm}$，$h = 500\text{mm}$，其跨度及荷载设计值（包括自重）如图 2-53 所示，由正截面强度计算配置了 5Φ22 的下部纵筋，混凝土为 C30，箍筋采用 HRB400 级钢筋，求所需箍筋的数量。

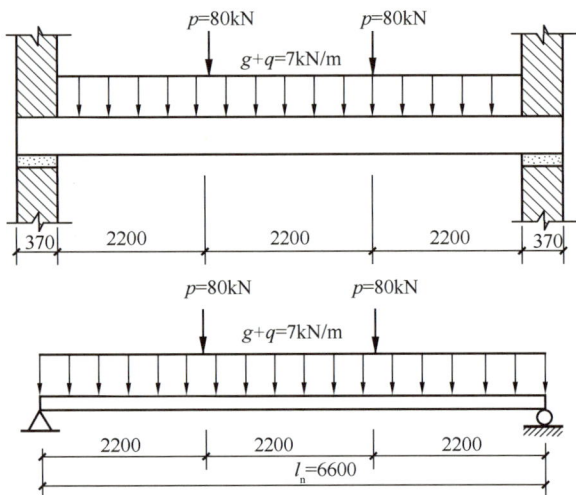

图 2-53 某简支梁跨度荷载设计值

解：（1）计算支座边缘处的剪力设计值

由均布荷载 $g+q$ 在支座边产生的剪力设计值为：

$$V_{(g+q)} = \frac{1}{2} \times 7 \times 6.6 = 23.1\text{kN}$$

由集中荷载 P 在支座边产生的剪力设计值为：

$$V_P = P = 80\text{kN}$$

支座边总剪力设计值为：

$$V = V_{(g+q)} + V_P = 23.1 + 80$$
$$= 103.1\text{kN}$$

集中荷载在支座边产生的剪力占支座边总剪力的百分比为：

$$\frac{V_P}{V} = \frac{80}{103.1} = 78\% > 75\%$$

所以应考虑剪跨比的影响，即计算剪跨比：

$$\lambda = \frac{a}{h_0} = \frac{2200}{430} = 5.12 > 3，则取 \lambda = 3$$

（2）复核截面尺寸

纵向钢筋配置了 $5\Phi22$，则需按两排布置，即：

$$h_0 = h - 70 = 500 - 70 = 430\text{mm}$$

$$\frac{h_w}{b} = \frac{430}{250} = 1.72 < 4$$

$$0.25\beta_c f_c b h_0 = 0.25 \times 1 \times 14.3 \times 250 \times 430 = 384.3\text{kN} > V = 103.1\text{kN}$$

截面尺寸满足要求。

（3）验算是否需按计算配置箍筋

$$\frac{1.75}{\lambda+1} f_t b h_0 = \frac{1.75}{3+1} \times 1.43 \times 250 \times 430 = 67.3\text{kN} < V = 103.1\text{kN}$$

需要按计算配置箍筋。

（4）计算箍筋数量

由式（2-38）得：

$$\frac{n A_{sv1}}{s} = \frac{V - \frac{1.75}{\lambda+1.0} f_t b h_0}{f_{yv} h_0} = \frac{103.1 \times 10^3 - 67.3 \times 10^3}{360 \times 430} = 0.231$$

选用箍筋为双肢箍：$n=2$，6Φ（$A_{sv1} = 28.3\text{mm}^2$）

$$s = \frac{2 \times 28.3}{0.231} = 245\text{mm} \text{ 取 } s = 200\text{mm} < S_{max} = 200\text{mm}$$

（5）验算最小配箍率

$$\rho_{sv} = \frac{nA_{sv1}}{bs} = \frac{2 \times 28.3}{250 \times 200} = 0.113\%$$

$$\rho_{sv, min} = 0.24\frac{f_t}{f_c} = 0.24 \times \frac{1.43}{360} = 0.095\% < \rho_{sv} = 0.113\%，满足要求。$$

即箍筋采用 $\Phi 6@200$，沿梁全长均匀布置，如图 2-54 所示。

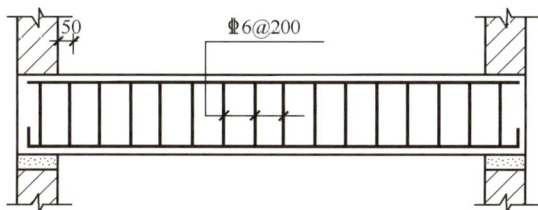

图 2-54　配筋图

2.1.4　受弯构件的构造要求的补充

1. 纵向受力钢筋在支座内的锚固

（1）梁下部纵向受力钢筋伸入简支支座内的锚固长度 l_{as}

应符合下列条件：如图 2-55 所示。

当 $V \leqslant 0.7f_t bh_0$ 时，$l_{as} \geqslant 5d$；

当 $V > 0.7f_t bh_0$ 时，带肋钢筋：$l_{as} \geqslant 12d$；光圆钢筋：$l_{as} \geqslant 15d$。

式中　d——锚固钢筋的直径。

如伸入支座内的锚固长度不符合要求时，应采取如图 2-56 所示措施。

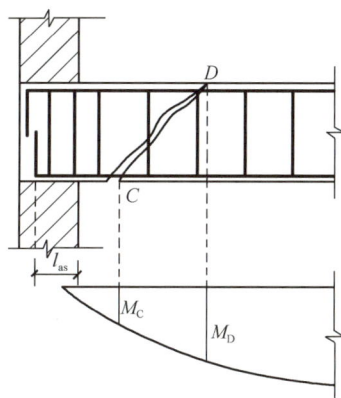

图 2-55　简支支座内锚固长度

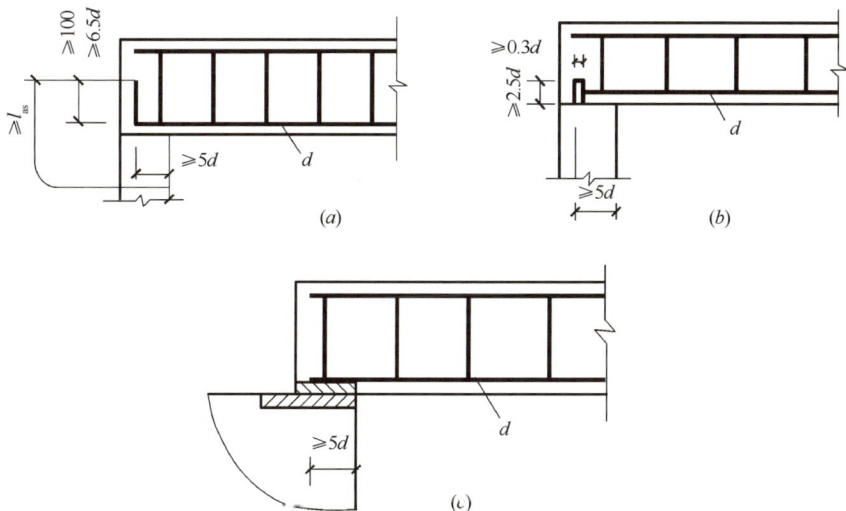

图 2-56　锚固长度不足时的措施

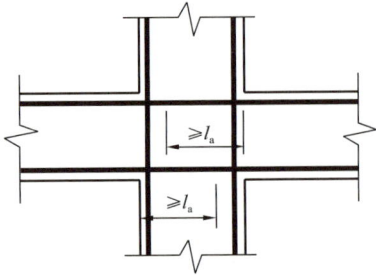

图 2-57　中间支座的锚固长度

（2）板下部纵向受力钢筋伸入简支支座内的锚固长度 l_{as}

$l_{as} \geqslant 5d$，工程中的板一般都能满足。

（3）中间支座

连续梁在中间支座处的锚固长度，如图 2-57 所示。

1）梁上部纵向受力钢筋应贯穿中间支座或中间支座范围。

2）梁下部纵向受力钢筋应伸过中间支座的中心线，并且不小于 l_a，工程中一般是伸满中间支座。

2. 弯起钢筋的构造要求

（1）弯起钢筋的锚固

梁中弯起钢筋的弯起角度一般取 45°，当梁截面高度大于 800mm 时，取 60°，为了防止弯起钢筋因锚固不善而发生滑动，导致斜裂缝开展过大及弯起钢筋本身的强度不能充分发挥，弯起钢筋的弯折终点处的直线段应留有足够的锚固长度，其长度在受拉区不小于 20d，在受压区不小于 10d。对光面钢筋在末端应设置 180°弯钩，如图 2-58 所示。

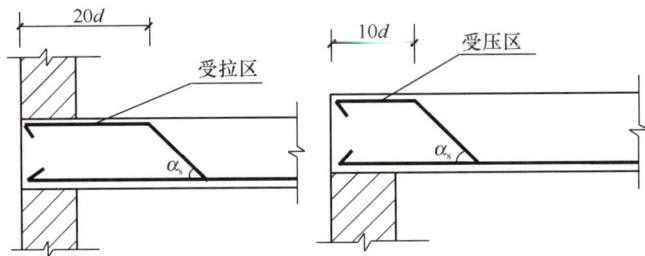

图 2-58　弯起钢筋端部构造

（2）弯起钢筋的间距

为了防止因弯起钢筋间距过大，使得在相邻两排弯起钢筋之间出现的斜裂缝可能与弯起钢筋相交不到，导致弯起钢筋不能发挥抗剪作用。故弯起钢筋之间的间距及箍筋之间的间距均要符合如图 2-59 所示的要求。箍筋最大间距查表 2-13。

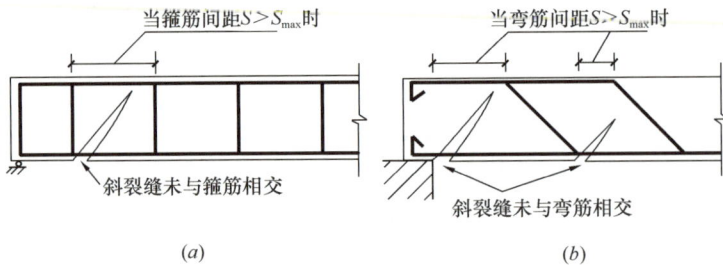

图 2-59　梁端斜裂缝

（3）弯起钢筋应按图 2-60 配置吊筋和鸭筋，而不应采用浮筋

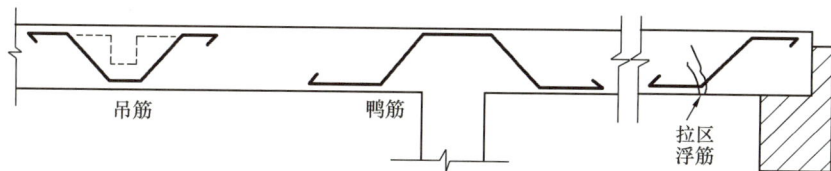

图 2-60　吊筋、鸭筋和浮筋

3. 纵向钢筋的截断和弯起

在进行梁的设计中，纵向钢筋和箍筋通常都是由控制截面的内力根据正截面和斜截面的承载力计算公式确定的。如果按最不利内力计算的纵筋既不被弯起也不被截断，沿梁通长布置，必然会满足任何一截面上的承载力要求。这种纵筋沿梁通长布置的配筋方式，构造虽然简单，但钢筋强度没有得到充分利用，是不够经济的。在实际工程中，常将一部分纵筋弯起，有时也会将多余的钢筋截断。这就需要根据正截面和斜截面的受弯承载力来确定纵筋的弯起点和截断点的位置。

（1）抵抗弯矩图

抵抗弯矩图又称材料图，是按梁实际配置的纵向受力钢筋所确定的各正截面所能抵抗的弯矩图形，代表各截面实际能抵抗的弯矩值，如图 2-61 所示。每根钢筋所抵抗的弯矩是根据面积来分配的。设计简支梁时，不能在跨中将纵筋截断，而是在支座附近将纵筋弯起抗剪。

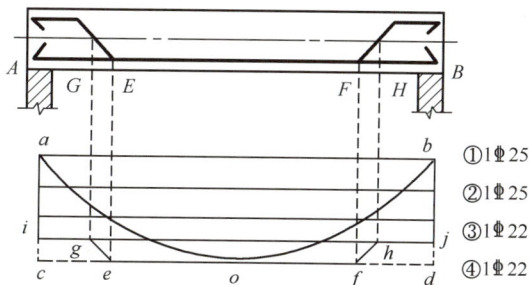

①1Φ25
②1Φ25
③1Φ22
④1Φ22

图 2-61　简支梁的抵抗弯矩图

（2）纵向受拉钢筋的截断和弯起位置

纵向受拉钢筋弯起时，应同时满足下列三种要求：

1）保证正截面受弯承载力→使抵抗弯矩图包在设计弯矩图的外面。

2）保证斜截面受剪承载力→确定弯筋的数量。

3）保证斜截面受弯承载力→纵筋的弯起点与该钢筋"充分利用点"之间的距离不小于 $h_0/2$，如图 2-61 所示。

（3）纵筋的截断

钢筋的实际截断位置应当由充分利用点或理论截断点向外延伸一段距离，该距离称为延伸长度，如图 2-62 所示。

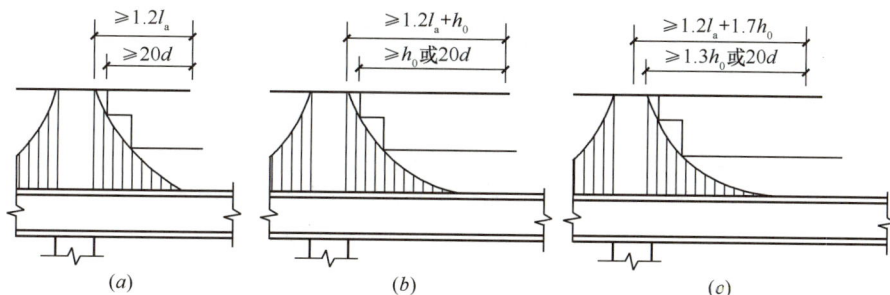

图 2-62　纵筋的截断

（a）$V<0.7f_tbh_0$；（b）$V\geqslant0.7f_tbh_0$；（c）$V\geqslant0.7f_tbh_0$ 负弯矩区段较长

延伸长度（纵筋截断位置）的规定：

1）当 $V<0.7f_tbh_0$ 时：由不需要点延伸 $l\geqslant20d$；由充分利用点延伸 $l\geqslant1.2l_a$；

2）当 $V\geqslant0.7f_tbh_0$ 时：由不需要点延伸 $l\geqslant20d$ 或 h_0；由充分利用点延伸 $l\geqslant1.2l_a+h_0$；

3）负弯矩区段较长：应保证钢筋截断点不在负弯矩受拉区。由不需要点延伸 $l\geqslant20d$ 或 $1.3h_0$；由充分利用点延伸 $l\geqslant1.2l_a+1.7h_0$。

2.2　钢筋混凝土受压构件

学习目标

（1）了解受压构件柱的构造要求。

（2）掌握受压构件柱正截面、斜截面的配筋计算。

2.2.1　受压构件的分类

（1）基本概念

受压构件：主要承受以轴向压力为主，通常还有弯矩和剪力作用，柱子是其代表，如图 2-63 所示，按照纵向压力在截面上作用位置的不同可分为：

(a)

(b)

(c)

图 2-63　受压构件工程实例

1）轴心受压构件：纵向压力作用线与构件轴线重合的构件称为轴心受压构件，实际工程中，几乎没有真正意义上的轴心受力构件，但设计时，桁架中受拉、受压腹杆等可简化为轴心受力构件计算，如框架结构中的中柱等。

2）偏心受压构件：纵向压力作用线与构件轴线不重合的构件称为偏心受压构件，偏心受压构件又可分为单向偏心受压构件和双向偏心受压构件，如框架结构中的边柱和角柱等。

建筑工程中，受压构件是最重要最常见的承重构件之一，如图 2-64 所示。本节只介绍轴心受压构件和单向偏心受压构件。

（2）钢筋混凝土柱的分类

按配置箍筋形式不同可分为以下两类，如图 2-65 所示：

1）普通箍筋柱：纵筋＋普通箍筋（矩形箍筋），实际工程中常用。

2）螺旋箍筋柱：纵筋＋螺旋式或焊环式箍筋，实际工程中很少用。

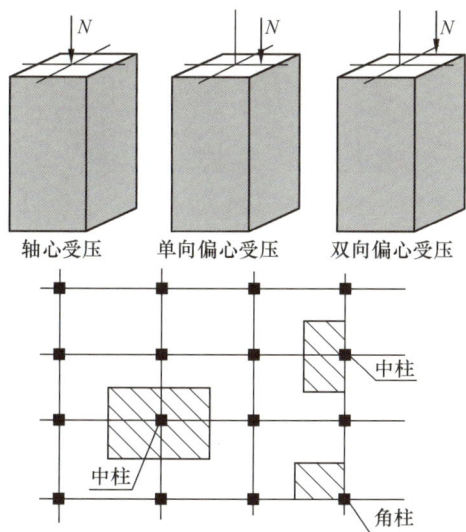

图 2-64 受压构件的类型

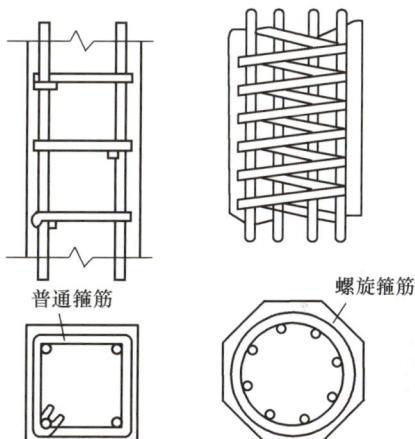

图 2-65 钢筋混凝土柱的分类

（3）受压构件（柱）往往在结构中具有重要作用，一旦产生破坏，会导致整个结构的损坏，甚至倒塌，如图 2-66 所示。

图 2-66 受压构件（柱）破坏实例

2.2.2 受压构件的构造要求

1. 材料强度等级

受压构件的承载力主要取决于混凝土强度，采用较高强度等级的混凝土可以减小构件截面尺寸，节省钢材，因而柱一般宜采用较高强度等级的混凝土，但不宜选用高强度钢筋。其原因是受压钢筋要与混凝土共同工作，钢筋应变受到混凝土极限压应变的限制，而混凝土极限压应变很小，所以高强度钢筋的受压强度不能充分利用。《混凝土规范》规定受压钢筋的最大抗压强度为 $400N/mm^2$。一般柱中采用 C25 及以上等级的混凝土，对于高层建筑的底层柱可采用更高强度等级的混凝土，例如采用 C40 或以上等级；纵向钢筋一般采用 HRB400 级和 HRB335 级热轧钢筋。

2. 截面形式和尺寸

（1）截面形式

钢筋混凝土受压构件通常采用方形或矩形截面，如图 2-67 所示，以便制作模板。一般轴心压柱以正方形为主，偏心受压柱以矩形为主。当有特殊要求时，也可采用其他形式的截面。

图 2-67 柱截面

轴压：一般采用正方形、矩形、圆形和正多边形截面。

偏压：一般采用矩形、梯形、工字形和环形截面。

（2）截面尺寸

为了充分利用材料强度，避免构件长细比太大而过多降低构件承载力，柱截面尺寸不宜过小。一般应符合 $\dfrac{l_0}{h} \leqslant 25$ 及 $\dfrac{l_0}{b} \leqslant 30$（其中 l_0 为柱的计算长度，h 和 b 分别为截面的高度和宽度）。对于正方形和矩形截面，其尺寸不宜小于 $300mm \times 300mm$。为了便于模板尺寸模数化，柱截面边长在 800mm 以下者，宜取 50mm 的倍数；在 800mm 以上者，取 100mm 的倍数。

钢筋混凝土结构中的框架柱：一般取，截面高度 $h = \left(\dfrac{1}{20} \sim \dfrac{1}{15}\right) H_i$（$H_i$ 为层高）；

$$截面宽度 \, b = \left(\dfrac{2}{3} \sim 1\right) h 。$$

2-14

柱的钢筋的绑扎

3. 纵向受力钢筋

（1）设置纵向受力钢筋的作用

协助混凝土承受压力；承受可能的弯矩以及混凝土收缩和温度变形引起的拉应力；防止构件突然的脆性破坏，如图 2-68 所示。

（2）布置方式（图 2-69）

轴心受压柱的纵向受力钢筋应沿截面四周均匀对称布置；

偏心受压柱的纵向受力钢筋放置在弯矩作用方向的两对边；

圆柱中纵向受力钢筋宜沿周边均匀布置。

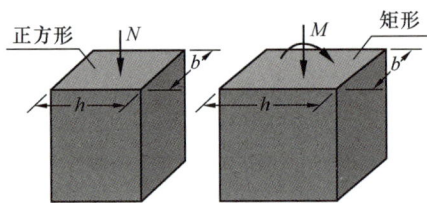

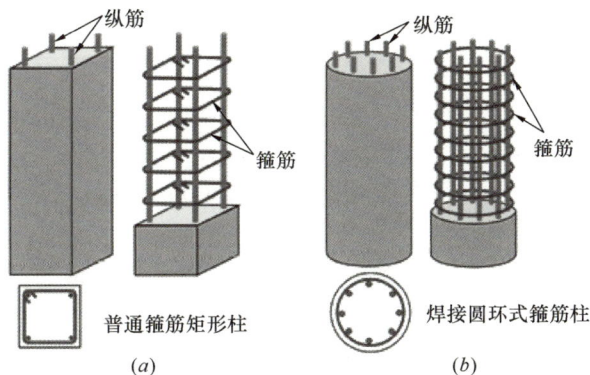

图 2-68　柱中钢筋

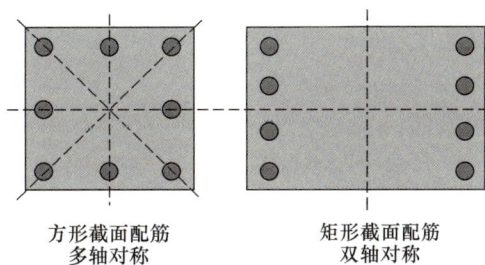

图 2-69　纵向受力钢筋布置方式

（3）构造要求

纵向受力钢筋直径 d 不宜小于 12mm，通常采用 12～32mm。一般宜采用根数较少、直径较粗的钢筋，以保证骨架的刚度。

正方形和矩形截面柱中纵向受力钢筋不少于 4 根，圆柱中不宜少于 8 根且不应少于 6 根。纵向受力钢筋的净距不应小于 50mm，偏心受压柱中垂直于弯矩作用平面的侧面上的纵向受力钢筋及轴心受压柱中各边的纵向受力钢筋的中距不宜大于 300mm。对水平浇筑的预制柱，其纵向钢筋的最小净距可按梁的有关规定采用。

受压构件全部纵向钢筋的配筋率不应小于表 2-15 中的规定，不宜超过 5％。工程中受压构件的配筋率一般不超过 3％，也不宜小于 0.6％，配筋率通常在 0.5％～2％之间比较经济。

2-15

柱的混凝土浇筑

钢筋混凝土结构构件中纵向受力钢筋的最小配筋率 ρ_{min}　表 2-15

受力类型			最小配筋百分率
受压构件	全部纵向钢筋	强度级别 500N/mm²	0.50
		强度级别 400N/mm²	0.55
		强度级别 300N/mm²、335N/mm²	0.60
	一侧纵向钢筋		0.20
受弯构件、偏心受拉、轴心受拉构件一侧的受拉钢筋			0.20 和 $45f_t/f_y$ 中的较大值

4. 箍筋

（1）设置箍筋的作用

保证纵向钢筋的位置正确；防止纵向钢筋压屈，从而提高柱的承载能力。

（2）构造要求（普通箍筋柱中的箍筋一般是由构造确定的）

受压构件中的周边箍筋应做成封闭式，箍筋末端应做成 135°弯钩且弯钩末端平直段长度不应小于直径的 $10d$。箍筋直径不应小于 $d/4$（d 为纵向钢筋的最大直径），且不应小于 6mm，即箍筋直径不小于 max $\{d/4，6\}$。箍筋间距不应大于 400mm 及构件截面的短边尺寸，且不应

2-16

柱模板的支设

大于 15d（d 为纵向受力钢筋的最小直径），即箍筋间距不大于 min｛6，400，15d｝。在纵筋搭接长度范围内，箍筋的直径不宜小于搭接钢筋直径的 0.25 倍。箍筋间距，当搭接钢筋为受拉时，不应大于 5d（d 为受力钢筋中最小直径），且不应大于 100mm；当搭接钢筋为受压时，不应大于 10d，且不应大于 200mm。

当搭接受压钢筋直径大于 25mm 时，应在搭接接头两个端面外 50mm 范围内各设置 2 根箍筋。

普通箍筋柱中的箍筋是构造钢筋，由构造确定；螺旋箍筋柱中的箍筋既是构造钢筋又是受力钢筋。

（3）箍筋的形式（图 2-70）

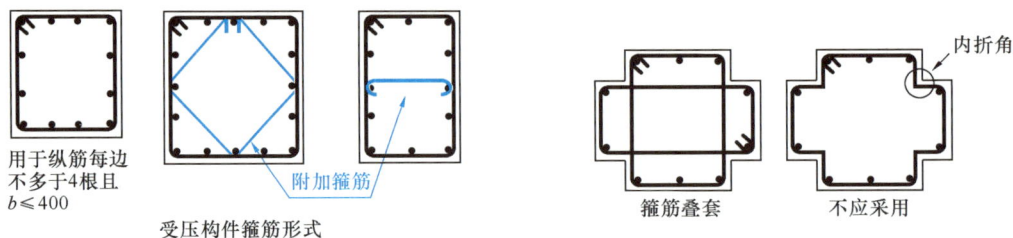

图 2-70　箍筋的形式

5. 偏压柱构造纵筋的设置

当偏心受压柱的截面高度 h≥600mm 时，在柱的侧面应设置直径为 10～16mm 的纵向构造钢筋，其间距不大于 500mm，并相应设置拉筋或复合箍筋，如图 2-71 所示，拉筋的直径和间距可与箍筋基本相同。

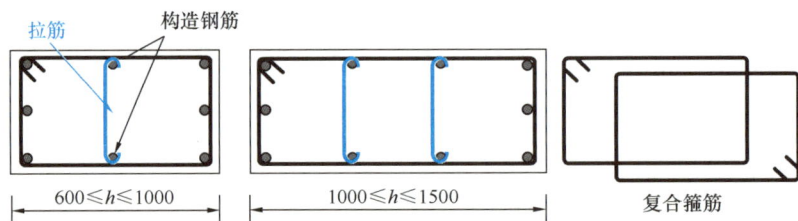

图 2-71　偏压柱构造纵筋的设置

6. 建筑工程实例（图 2-72）

图 2-72　钢筋混凝土柱现场施工（一）

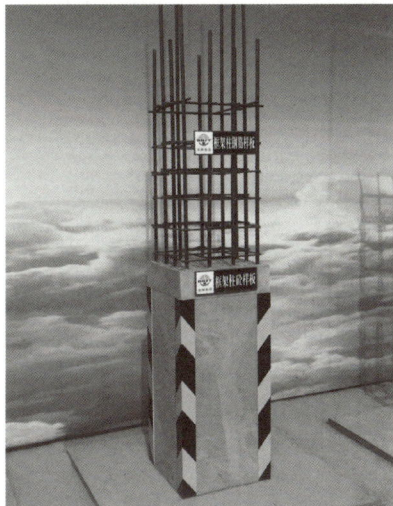

(c)

图 2-72　钢筋混凝土柱现场施工（二）

2.2.3　轴心受压构件正截面承载力计算

1. 试验分析

根据长细比 l_0/b 的大小，轴心受压柱可分为短柱和长柱两类。对正方形和矩形柱，当 $l_0/b \leqslant 8$ 时属于短柱，反之，则为长柱。其中 l_0 为柱的计算长度，查表 2-17，b 为矩形截面的宽度。

（1）轴心受压短柱

临近破坏时，柱子表面出现纵向裂缝，箍筋之间的纵筋压屈外凸，混凝土被压碎崩裂而破坏。混凝土达到 f_c，钢筋达到 f'_y。

（2）轴心受压长柱

临近破坏时，首先在凹边出现纵向裂缝，接着混凝土压碎，纵筋压弯外凸，侧向挠度急速发展，最终柱子失去平衡，凸边混凝土拉裂而破坏。

在同等条件下（即截面相同、配筋相同、材料相同），长柱受压承载能力低于短柱受压承载能力。柱的长细比愈大，其承载力愈低，对于长细比很大的长柱，还有可能发生"失稳破坏"的现象，如图 2-73 所示。《混凝土规范》采用稳定系数 φ 来表示长柱承载力的降低程度。

2. 基本公式

钢筋混凝土轴心受压柱的正截面承载力由混凝

2-17

轴心受压构件

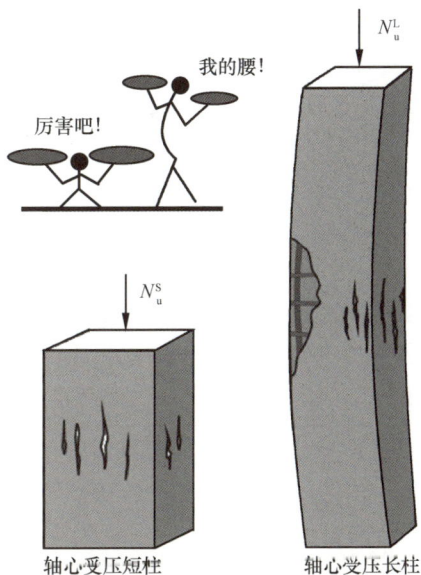

图 2-73　"失稳破坏"现象

土承载力及钢筋承载力两部分组成，《混凝土规范》将钢筋混凝土短柱和长柱的轴心受压承载力写成统一的公式。

由图 2-74 中纵向力平衡条件可得：

$$N \leqslant N_u = 0.9\varphi(f_c A + f'_y A'_s) \tag{2-44}$$

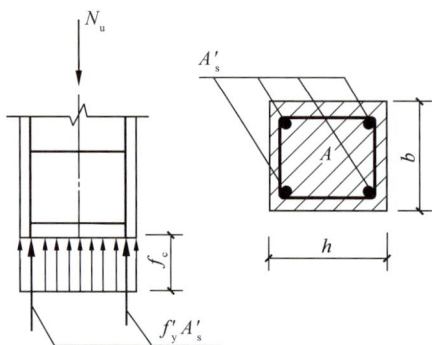

图 2-74　纵向力平衡条件

式中　N——轴心压力设计值；

0.9——为保持与偏心受压构件正截面承载力计算有相近的可靠度而取的调整系数；

φ——稳定系数，查表 2-16；

f_c——混凝土轴心抗压强度设计值；

f'_y——纵向钢筋抗压强度设计值；

A——构件截面面积，当纵向钢筋配筋率 $\rho' \geqslant 3\%$ 时，A 应改为 A_c，$A_c = A - A'_s$；

A'_s——纵向受压钢筋截面面积；

ρ'——纵向受压钢筋配筋率，$\rho' = \dfrac{A'_s}{A}$。

钢筋混凝土受压构件的稳定系数 φ　　　　表 2-16

l_0/b	$\leqslant 8$	10	12	14	16	18	20	22	24	26	28
l_0/d	$\leqslant 7$	8.5	10.5	12	14	15.5	17	19	21	22.5	24
l_0/i	$\leqslant 28$	35	42	48	55	62	69	76	83	90	97
φ	1.0	0.98	0.95	0.92	0.87	0.81	0.75	0.70	0.65	0.60	0.56
l_0/b	30	32	34	36	38	40	42	44	46	48	50
l_0/d	26	28	29.5	31	33	34.5	36.5	38	40	41.5	43
l_0/i	104	111	118	125	132	139	146	153	160	167	174
φ	0.52	0.48	0.44	0.40	0.36	0.32	0.29	0.26	0.23	0.21	0.19

柱的计算长度 l_0 取值　　　　表 2-17

楼盖类型	柱类别	计算长度
现浇楼盖	底层柱	$1.0H$
	其余各层柱	$1.25H$
装配式楼盖	底层柱	$1.25H$
	其余各层柱	$1.5H$

注：表中 H 对底层柱为从基础顶面到一层楼盖顶面的高度或取一层层高加室内地面下 500mm；对其余各层柱为上下两层楼盖顶面之间的高度，如图 2-75 所示。

【课堂练习 2-8】 已知：有一钢筋混凝土轴心受压普通箍筋柱，截面尺寸为 400mm×400mm，柱的计算长度 $l_0 = 5.0$m，轴心压力设计值 $N = 2500$kN，采用混凝土强度等级为 C30，钢筋采用 HRB400，箍筋采用 HRB400。试求该柱所需钢筋截面面积，并作截面配筋图。

解：（1）确定稳定系数 φ

由 $l_0/b=5000/400=12.5$，查表 2-16 得，$\varphi=0.942$

（2）求柱中钢筋截面面积 A'_s

由 $N=0.9\varphi(f_cA+f'_yA'_s)$ 得：

$$A'_s=\frac{\left(\dfrac{N}{0.9\varphi}-f_cA\right)}{f'_y}=\frac{\left(\dfrac{2500\times10^3}{0.9\times0.942}-14.3\times400\times400\right)}{360}=1835.6\mathrm{mm}^2$$

（3）验算配筋率

$$\rho'=\frac{A'_s}{A}=\frac{1835.6}{400\times400}=1.15\%>\rho_{\min}=0.55\%，满足要求。$$

（4）选配钢筋

受力筋：＿＿＿＿＿＿＿＿＿＿＿＿＿＿＿＿＿＿＿＿

箍筋：＿＿＿＿＿＿＿＿＿＿＿＿＿＿＿＿＿＿＿＿

（5）完成图 2-76 的配筋标注。

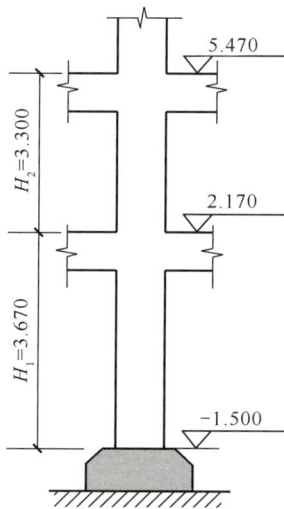

图 2-75　柱长的取值

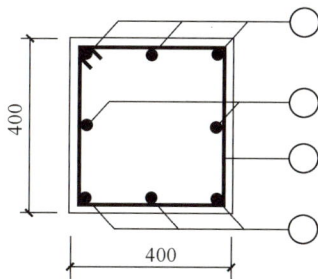

图 2-76　课堂练习 2-8

【课堂练习 2-9】 已知：某四层四跨现浇楼盖结构的第二层内柱，轴向力设计值 $N=1400\mathrm{kN}$，楼层高 $H=3.9\mathrm{m}$，混凝土强度等级为 C40，钢筋用 HRB400 级的钢筋。求：柱截面尺寸及纵筋面积。

解：（1）根据构造要求，先假定柱截面尺寸为 350mm×350mm。

（2）确定稳定系数 φ

由表 2-17 得，$l_0=1.25H=1.25\times3.9=4.875\mathrm{m}$

由 $l_0/b=4875/350=13.93$，查表 2-16 得，$\varphi=0.921$

（3）求 A'_s

由 $N=0.9\varphi(f_cA+f'_yA'_s)$ 得：

$$A'_s = \frac{\left(\dfrac{N}{0.9\varphi} - f_c A\right)}{f'_y} = \frac{\dfrac{1400 \times 10^3}{0.9 \times 0.921} - 19.1 \times 350 \times 350}{360}$$ 为负数，说明按最小配筋率即

可，查表 2-8 得，$\rho_{\min} = 0.0055$

则 $A'_s = \rho_{\min} \times bh = 0.0055 \times 350 \times 350 = 674 \text{mm}^2$

（4）选配钢筋

受力筋选用 4 ⏀ 16（$A'_s = 804 \text{mm}^2$），箍筋为 ⏀ 8@250

（5）验算配筋率

截面每一侧配筋率为 $\rho' = \dfrac{A'_s}{A} = \dfrac{0.5 \times 804}{350 \times 350} = 0.328\% > 0.2\%$

故受压纵筋配筋率满足要求。

（6）由学生画出柱截面的剖面图，并完成钢筋标注。

2.2.4 偏心受压构件正截面承载力计算

1. 偏心受压构件破坏特征

同时承受轴向压力 N 和弯矩 M 作用的构件称为偏心受压构件，它等效于承受一个偏心距为 $e_0 = M/N$ 的偏心压力 N 的作用，当 e_0 很小时，构件接近于轴心受压；当 e_0 很大时，构件接近于受弯。因此，随着 e_0 的改变，偏心受压构件的受力性能和破坏形态介于轴心受压和受弯之间。按照轴向力的偏心距和配筋情况的不同，偏心受压构件的破坏可分为受拉破坏（习惯上称为大偏心受压破坏）和受压破坏（习惯上称为小偏心受压破坏）两种情况，如图 2-77 所示。

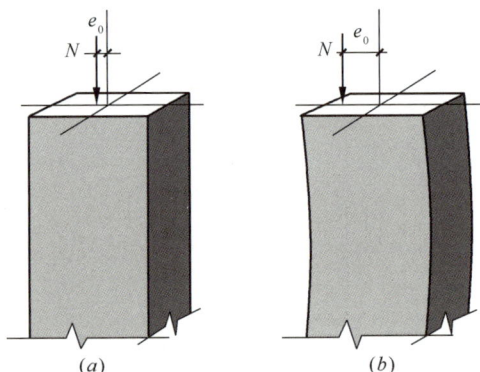

图 2-77　两种偏心受压
（a）小偏压；（b）大偏压

当偏心距 e_0 较大，且受拉钢筋不太多时，发生受拉破坏；当偏心距 e_0 较小，且受拉钢筋配置过多时，均发生受压破坏。

（1）受拉破坏（大偏心受压破坏）

破坏特征：加载后首先在受拉区出现横向裂缝，裂缝不断发展，裂缝处的拉力转由钢筋承担，受拉钢筋首先达到屈服，并形成一条明显的主裂缝，主裂缝延伸，受压区高度减小，最后受压区出现纵向裂缝，混凝土被压碎导致构件破坏。

类似于正截面破坏中的适筋梁。

属于延性破坏，如图 2-78 所示。

（2）受压破坏（小偏心受压破坏）

破坏特征：加荷后全截面受压或大部分受压，离力近侧混凝土压应力较高，离力远侧压应力较小甚至受拉。随着荷载增加，近侧混凝土出现纵向裂缝被压碎，受压钢筋屈服，远侧钢筋可能受压，也可能受拉，但都未屈服。

类似于正截面破坏中的超筋梁。

属于脆性破坏，如图 2-79 所示。

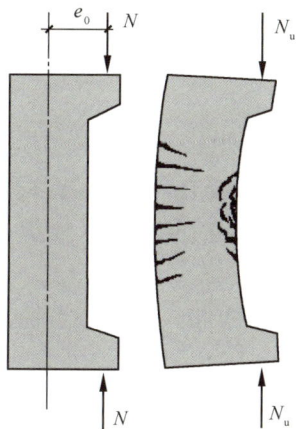

图 2-78 大偏心受压破坏　　　　图 2-79 小偏心受压破坏

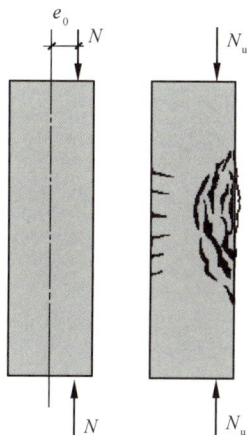

（3）受拉破坏与受压破坏的界限

1）破坏的起因不同

受拉破坏（大偏心受压）：是受拉钢筋先屈服而后受压混凝土被压碎；

受压破坏（小偏心受压）：是受压部分先发生破坏。

2）与正截面破坏类似处

受拉破坏（大偏心受压）：与受弯构件正截面适筋破坏类似；

受压破坏（小偏心受压）：与受弯构件正截面超筋破坏类似。

3）用相对受压区高度 ξ_b 作为界限

当 $\xi \leqslant \xi_b$ 时，则为大偏心受压破坏（受拉破坏）；当 $\xi > \xi_b$ 时，则为小偏心受压破坏（受压破坏）。

4）大小偏心受压构件的近似判别

如上所述，当 $\xi \leqslant \xi_b$ 时为大偏心受压破坏，当 $\xi > \xi_b$ 时为小偏心受

压破坏，其中 $\xi = \dfrac{x}{h_0}$，对于设计计算问题，由于 x 未知故不能用 ξ 和 ξ_b 的关系来事先判定大小偏心，需要采用另外的方法来判别大小偏心受压。综合考虑不同强度的钢筋和混凝土强度等级，设计计算时采用如下近似方法判别：

当 $e_i = e_0 + e_a = M/N + e_a \leqslant 0.3 h_0$ 时，按小偏心受压计算。

当 $e_i = e_0 + e_a = M/N + e_a > 0.3 h_0$ 时，按大偏心受压计算。

式中　　e_a——附加偏心距；

　　　　e_i——初始偏心距。

2. 附加偏心距 e_a

由于施工误差、计算偏差及材料的不均匀等原因，实际工程中不存在理想的轴心受压构件。为考虑这些因素的不利影响，引入附加偏心距 e_a，即在正截面压弯承载力计算中，轴向力对截面重心的偏心距 $e_0 = \dfrac{M}{N}$ 与附加偏心距 e_a 之和称为初始偏心距 e_i。

2-18

偏心受压构件

$$e_i = e_0 + e_a \tag{2-45}$$

参考以往工程经验和相关规范，附加偏心距 e_a 取 20mm 与 $h/30$ 两者中的较大值，此处 h 是指偏心方向的截面尺寸。

式中　M——控制截面弯矩设计值，M 由式（2-47）计算而得；

　　　N——纵向力设计值。

3. 弯矩增大系数 η_{ns}

（1）P-δ 效应：对于有侧移和无侧移结构的偏心受压构件，若杆件的长细比比较大时，在轴力作用下，单曲率变形，由于杆件自身挠曲变形的影响，通常会增大杆件中间区段截面的弯矩，即产生 P-δ 效应。

（2）考虑条件：弯矩作用内截面对称的偏心受压构件，当同一主轴方向的杆端弯矩比 $\dfrac{M_1}{M_2}$ 不大于 0.9 且设计轴压比不大于 0.9 时，若构件的长细比满足式（2-46）的要求，可不考虑该方向构件自身挠曲产生的附加弯矩影响（即不考虑 P-δ 效应）；否则需要考虑杆件自身挠曲产生的附加弯矩。

$$\frac{l_c}{i} \leqslant 34 - 12(M_1/M_2) \tag{2-46}$$

式中　M_1、M_2——同一主轴方向的弯矩设计值，绝对值较大端为 M_2，绝对值较小端为 M_1，当构件按单曲率弯曲时，M_1/M_2 为正，否则 M_1/M_2 为负；

　　　l_c——构件的计算长度，可近似取偏心受压构件相应主轴方向两支点之间的距离；

　　　i——偏心方向的截面回转半径，由 $i = \sqrt{\dfrac{I}{A}} = \sqrt{\dfrac{1}{12}bh^3/bh} = 0.289h$。

（3）弯矩增大系数 η_{ns}

《混凝土规范》偏于安全地规定除排架结构柱以外的偏心受压构件，在其偏心方向上考虑杆件自身挠曲影响的控制截面弯矩设计值可按下列公式计算：

$$M = C_m \eta_{ns} M_2 \tag{2-47}$$

$$C_m = 0.7 + 0.3 \frac{M_1}{M_2} \tag{2-48}$$

$$\eta_{ns} = 1 + \frac{1}{1300(M_2/N + e_a)}\left(\frac{l_c}{h}\right)^2 \xi_c \tag{2-49}$$

当 $C_m \eta_{ns}$ 小于 1.0 时，取 $C_m \eta_{ns} = 1.0$；对于剪力墙类构件，可取 $C_m \eta_{ns} = 1.0$。

式中　C_m——柱端截面偏心距调节系数，当 C_m 小于 0.7 时取 0.7；

　　　N——与弯矩设计值 M_2 相应的轴向力设计值；

　　　ξ_c——截面修正系数，当 $\xi_c > 1$ 时，取 $\xi_c = 1$；

$$\xi_c = \frac{N_b}{N} = \frac{0.5 f_c A}{N} \tag{2-50}$$

　　　N_b——界限状态时构件受压承载力；

　　　A——构件截面面积；

f_c——混凝土轴心抗压强度设计值。

由式（2-46）得出，对于单曲率的杆件 $l_c/h \leqslant 6$ 和双曲率的杆件 $l_c/h \leqslant 13$ 时，可忽略杆件自身挠曲产生的附加弯矩，取 $C_m \eta_{ns} = 1$。

4. 对称配筋矩形截面偏心受压构件正截面承载力计算

实际工程中，受压构件经常承受变号弯矩的作用，对于装配式柱来讲，采用对称配筋比较方便，吊装时不容易出错，设计和施工都比较简便。从实际工程来看，对称配筋的应用更为广泛。

对称配筋就是截面两侧的钢筋数量和钢筋种类都相同，即 $A_s = A'_s$，$f_y = f'_y$。

（1）基本假定（仿照受弯构件正截面承载力计算的基本假定）

1）截面应变符合平面假定；

2）不考虑混凝土的受拉作用，拉力全部由钢筋承担；

3）受压区混凝土采用等效矩形应力图，等效矩形应力图的强度为 $\alpha_1 f_c$。

（2）基本公式

1）大偏心受压（$\xi \leqslant \xi_b$）

由图 2-80 所示，根据平衡条件得：

$$N = \alpha_1 f_c bx + f'_y A'_s - f_y A_s \tag{2-51}$$

$$Ne = \alpha_1 f_c bx \left(h_0 - \frac{x}{2}\right) + f'_y A'_s (h_0 - a'_s) \tag{2-52}$$

$$e = e_i + h/2 - \alpha_s \tag{2-53}$$

$$e' = e_i - h/2 + \alpha'_s \tag{2-54}$$

式中　e——轴向压力作用点至纵向受拉钢筋合力点的距离；

　　　e'——轴向压力作用点至纵向受压钢筋合力点的距离。

2）小偏心受压（$\xi > \xi_b$）

矩形截面小偏心受压构件的基本公式可按大偏心受压构件的方法建立。但应注意，小偏心受压构件在破坏时，远离纵向力一侧的钢筋 A_s 未达到屈服，其应力用 σ_s 来表示。

由图 2-81 所示，根据平衡条件得：

$$N = \alpha_1 f_c bx + f'_y A'_s - \sigma_s A_s \tag{2-55}$$

$$Ne = \alpha_1 f_c bx \left(h_0 - \frac{x}{2}\right) + f'_y A'_s (h_0 - a'_s) \tag{2-56}$$

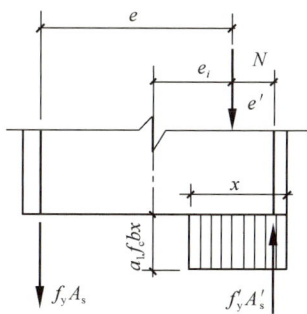

图 2-80　大偏心受压计算简图

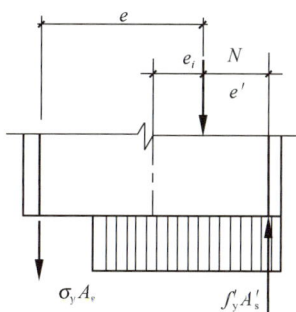

图 2-81　小偏心受压计算简图

3）垂直于弯矩作用平面的承载力验算

纵向压力 N 较大且弯矩平面内的偏心距 e_i 较小，若垂直弯矩平面的长细比 l_0/b 较大时，则可能产生侧向失稳破坏，《混凝土规范》规定，偏心受压构件除应计算弯矩平面内的偏心受压承载力外，尚应按轴心受压构件验算垂直于弯矩作用平面的轴心受压承载力，其公式为：

$$N = 0.9\varphi\left[f'_y(A'_s + A_s) + f_c A\right] \tag{2-57}$$

（3）公式的适用条件

① 大偏心受压：

为了保证受压钢筋和受拉钢筋在构件破坏时能达到相应的屈服强度 f_y、f'_y，必须满足：$\xi \leqslant \xi_b$；$x \geqslant 2a'_s$。

② 小偏心受压：

必须满足 $\xi > \xi_b$ 且 $x \leqslant h$。

（4）解题步骤

工程中由于荷载的变化及弯矩的变向，同时也考虑到施工的方便，对偏心受压柱一般都设计成对称配筋柱。

1）求弯矩增大系数

$$\eta_{ns} = 1 + \frac{1}{\dfrac{1300(M_2/N + e_a)}{h_0}}\left(\frac{l_c}{h}\right)^2 \zeta_c$$

2）求偏心距 e_i

$$e_0 = \frac{M}{N}$$

$$e_a = \frac{h}{30} \leqslant 20\text{mm}$$

$$e_i = e_0 + e_a$$

3）求 x，并判别大、小偏心受压将对称配筋条件 $A_s = A'_s$，$f_y = f'_y$，$a_s = a'_s$ 代入式（2-51）得：

$$N = \alpha_1 f_c bx \quad 即 \quad x = \frac{N}{\alpha_1 f_c b}$$

当 $x \leqslant \xi_b h_0$ 时，则为大偏心受压；

当 $x > \xi_b h_0$ 时，则为小偏心受压。

4）求 A_s、A'_s

① 如 $2a'_s \leqslant x \leqslant \xi_b h_0$（大偏心受压）

即　$A_s = A'_s = \dfrac{Ne - \alpha_1 f_c bx\left(h_0 - \dfrac{x}{2}\right)}{f'_y(h_0 - a'_s)}$

$$e = e_i + h/2 - a_s$$

② 如 $x < 2a'_s$，则取 $x = 2a'_s$（大偏心受压）

即　$A_s = A'_s = \dfrac{Ne'}{f_y(h_0 - a'_s)}$

$$e' = e_i - \frac{h}{2} + a'_s$$

③ 如 $x > \xi_b h_0$（小偏心受压）则首先求出真实的 ξ。

$$\xi = \frac{N - \xi_b \alpha_1 f_c b h_0}{Ne - 0.43\alpha_1 f_c b h_0^2} + \xi_b$$
$$\overline{(\beta_1 - \xi_b)(h_0 - a_s')}$$

然后求出 A_s 及 A_s' 的钢筋面积。

即　$A_s = A_s' = \dfrac{Ne - \alpha_1 f_c b h_0^2 \xi(1 - 0.5\xi)}{f_y'(h_0 - a_s')}$

$$e = e_i + \frac{h}{2} - a_s$$

5）验算配筋率

$$\rho = \rho' = \frac{A_s}{bh} \geqslant 0.2\%$$

$\rho + \rho' \leqslant 5\%$（工程中一般为 $\leqslant 3\%$）

当 $A_s + A_s' > 5\% bh$ 时，则说明截面尺寸过小，宜加大柱的截面尺寸。

6）选配钢筋

7）验算垂直于弯矩平面的轴心受压承载力

即　$N = 0.9\varphi[f_y'(A_s' + A_s) + f_c A]$

【课堂练习 2-10】　某矩形截面钢筋混凝土柱，构件环境类别为一类，$b = 400$mm，$h = 600$mm，柱的计算长度 $l_0 = 7.2$m。承受轴向压力设计值 $N = 1000$kN，柱两端弯矩设计值分别为 $M_1 = 410$kN·m、$M_2 = 450$kN·m。该柱采用 HRB400 级钢筋，混凝土强度等级为 C25。$a_s = a_s' = 45$mm，若采用对称配筋，试求纵向钢筋截面面积。

解：（1）判断是否考虑二阶效应，并求 η_{ns}

因为 $M_1/M_2 = 410/450 = 0.91 > 0.9$，所以需要考虑 $P-\delta$ 效应。

$$C_m = 0.7 + 0.3\frac{M_1}{M_2} = 0.7 + 0.3 \times \frac{410}{450} = 0.97$$

$$e_a = \max\{20, h/30\} = \max\{20, 600/30\} = 20\text{mm}$$

$$\zeta_c = \frac{0.5 f_c A}{N} = \frac{0.5 \times 11.9 \times 400 \times 600}{1000 \times 10^3} = 1.428 > 1.0，故取 \zeta_c = 1.0。$$

所以，$\eta_{ns} = 1 + \dfrac{1}{1300(M_2/N + e_a)/h_0}\left(\dfrac{l_0}{h}\right)^2 \zeta_c$

$$= 1 + \frac{1}{1300 \times (450 \times 10^6/1000 \times 10^3 + 20)/555} \times \left(\frac{7200}{600}\right)^2 \times 1.0$$

$$= 1.13$$

因此，考虑 $P-\delta$ 效应以后的弯矩设计值为：

$M = C_m \eta_{ns} M_2 = 0.97 \times 1.13 \times 450 = 493$kN·m

（2）初步判断构件的偏心类型

$$e_0 = \frac{M}{N} = \frac{493 \times 10^6}{1000 \times 10^3} = 493\text{mm}$$

$$e_i = e_0 + e_a = 493 + 20 = 513\text{mm} > 0.3h_0 = 0.3 \times 555 = 166.5\text{mm}$$

故按照大偏心受压构件计算。其中，$e = e_i + \dfrac{h}{2} - a_s = 513 + 300 - 45 = 768mm$

（3）计算 x，判别取值范围，再计算 A'_s

$$x = \frac{N}{\alpha_1 f_c b} = \frac{1000 \times 10^3}{1.0 \times 11.9 \times 400} = 210mm$$

$2a'_s = 2 \times 45 = 90mm$，$\xi_b h_0 = 0.518 \times 555 = 287.49mm$

所以 $2a'_s < x < \xi_b h_0$

$$A_s = A'_s = \frac{Ne - \alpha_1 f_c bx\left(h_0 - \dfrac{x}{2}\right)}{f'_y(h_0 - a_s)}$$

$$= \frac{1000 \times 10^3 \times 768 - 1.0 \times 11.9 \times 400 \times 210 \times (555 - 0.5 \times 210)}{360 \times (555 - 45)}$$

$$= 1728mm^2 > 0.002bh = 0.002 \times 400 \times 600 = 480mm^2$$

$A_s + A'_s = 1728 \times 2 = 3456mm^2 > 0.0055bh = 0.0055 \times 400 \times 600 = 1320mm^2$

每边选用纵筋 $3 \underline{\Phi} 28 (A_s = A'_s = 1847mm^2)$。

（4）验算垂直于弯矩作用平面的轴心受压承载力

$l_0/b = 7200/400 = 18$

查表 2-16 得 $\varphi = 0.81$，则：

$$N_u = 0.9\varphi[f_c A + f'_y(A_s + A'_s)]$$

$$= 0.9 \times 0.81 \times [11.9 \times 400 \times 600 + 360 \times (1847 + 1847)]$$

$$= 3051kN > N = 1000kN$$

故按照偏压配置的钢筋能够满足轴向承载力要求。

【课堂练习 2-11】 某矩形截面受压构件 $b \times h = 300mm \times 500mm$，荷载作用下产生的截面轴向力设计值 $N = 130kN$，弯矩设计值 $M_1 = M_2 = 210kN \cdot m$，混凝土强度等级为 C30，纵向受力钢筋为 HRB400 级（$f_y = f'_y = 360N/mm^2$，$\xi_b = 0.518$）。环境类别为一类，构件的计算长度 $l_0 = 6m$，采用对称配筋，求受力钢筋 A'_s 和 A_s 截面面积。

解： 设 $a_s = a'_s = 40mm$，$h_0 = h - 40 = 500 - 40 = 460mm$。

（1）判断是否考虑二阶效应，并求 η_{ns}

因为 $M_1/M_2 = 1 > 0.9$，所以需要考虑 $P - \delta$ 效应。

$$C_m = 0.7 + 0.3\frac{M_1}{M_2} = 0.7 + 0.3 \times \frac{210}{210} = 1$$

$$e_a = \max\{20, \ h/30\} = \max\{20, \ 500/30\} = 20mm$$

$$\zeta_c = \frac{0.5f_c A}{N} = \frac{0.5 \times 14.3N/mm^2 \times 300mm \times 500mm}{130000N} = 8.25 > 1.0，故取 \zeta_c = 1.0。$$

所以，$\eta_{ns} = 1 + \dfrac{1}{1300(M_2/N + e_a)/h_0}\left(\dfrac{l_0}{h}\right)^2 \zeta_c$

$$= 1 + \frac{1}{1300 \times (210 \times 10^6/130 \times 10^3 + 20)/460} \times \left(\frac{6000}{500}\right)^2 \times 1.0$$

$$= 1.03$$

因此，考虑 $P-\delta$ 效应以后的弯矩设计值为：

$M = C_m \eta_{ns} M_2 = 1 \times 1.03 \times 210 = 216.3 \text{kN} \cdot \text{m}$

（2）初步判断构件的偏心类型

$$e_0 = M/N = \frac{210 \times 10^6}{130 \times 10^3} = 1615.4 \text{mm}$$

$$e_i = e_0 + e_a = 1615.4 + 20 = 1635.4 \text{mm} > 0.3h_0 = 0.3 \times 460 = 138 \text{mm}$$

故按照大偏心受压构件计算。其中，$e = e_i + \dfrac{h}{2} - a_s = 1635.4 + 250 - 40 = 1845.4 \text{mm}$

（3）计算 x，判别取值范围，再计算 A'_s

由于是对称配筋 $A_s = A'_s$，$f_y = f'_y$，所以

$$x = \frac{N}{\alpha_1 f_c b} = \frac{130 \times 10^3}{1.0 \times 14.3 \times 300} = 30.3 \text{mm}$$

故 $x < 2a'_s = 2 \times 40 = 80 \text{mm}$，近似取 $x = 2a'_s$，则：

$$e' = e_i - \frac{h}{2} + a'_s = 1635.4 - 250 + 40 = 1425.4 \text{mm}$$

$$A'_s = A_s = \frac{Ne'}{f_y(h_0 - a'_s)} = \frac{130000 \times 1425.4}{360 \times (460 - 40)} = 1226 \text{mm}^2$$

最后每边选用 $4 \Phi 20 (A_s = 1256 \text{mm}^2$，$\dfrac{1256 - 1226}{1226} = 2.5\% < 5\%)$。

（4）验算垂直于弯矩作用平面的轴心受压承载力

$l_0/b = 6000/500 = 12$

查表 2-16 得 $\varphi = 0.95$，则：

$$
\begin{aligned}
N_u &= 0.9\varphi[f_c A + f'_y(A_s + A'_s)] \\
&= 0.9 \times 0.95 \times [14.3 \times 300 \times 500 + 360 \times (1256 + 1256)] \\
&= 2607 \text{kN} > N = 130 \text{kN}
\end{aligned}
$$

故按照偏压配置的钢筋能够满足轴向承载力要求。

2.2.5　偏心受压构件斜截面受剪承载力计算

偏心受压构件除受有轴力 N 和弯矩 M 作用外，还有剪力 V 的作用，一般情况下剪力相对较小，可不进行斜截面受剪承载力的计算，但对于有较大水平力作用的框架柱，则尚须进行斜截面受剪承载力的计算。

轴向压力 N 对斜截面受剪强度的影响：与受弯构件的受剪性能相比，偏心受压构件还有轴向压力的作用。试验表明，轴向压力对斜截面的受剪承载力起有利作用。试验还表明，轴向压力对构件斜截面的受剪承载力的有利作用是有限的。《混凝土规范》规定，矩形截面钢筋混凝土偏心受压构件的斜截面承载力按下式计算：

$$V = \frac{1.75}{\lambda + 1} f_t b h_0 + f_{yv} \frac{n A_{sv}}{s} h_0 + 0.07N \tag{2-58}$$

式中　λ——偏心受压构件计算截面的剪跨比，取 $\lambda = \dfrac{M}{Vh_0}$，对框架结构中的框架柱，当反

弯点在层高范围内时，可取 $\lambda = \dfrac{H_n}{(2h_0)}$（$H_n$ 为柱的净高）；当 $\lambda < 1$ 时，取 $\lambda = 1$；当 $\lambda > 3$ 时，取 $\lambda = 3$。对其他偏心受压构件，当承受均布荷载时，取 $\lambda = 1.5$；当承受集中荷载时（包括作用有多种荷载，且集中荷载对支座截面或节点边缘所产生的剪力值占总剪力值的 75% 以上的情况），取 $\lambda = a/h_0$，当 $\lambda < 1.5$ 时，取 $\lambda = 1.5$；当 $\lambda > 3$ 时，取 $\lambda = 3$；

N ——与剪力设计值相应的轴向压力设计值；当 $N > 0.3f_cA$ 时，取 $N = 0.3f_cA$，A 为构件截面面积。

当符合下列要求时：

$$V \leqslant \frac{1.75}{\lambda + 1}f_tbh_0 + 0.07N \tag{2-59}$$

可不进行斜截面受剪承载力的计算，仅需根据构造要求配置箍筋。

应当指出，本单元所述内容是针对非抗震设防区的构件设计。对于有抗震设防要求的混凝土结构构件，还应根据现行国家标准《建筑抗震设计规范》GB 50011—2010 规定的抗震设计原则，按《混凝土结构设计规范》GB 50010—2010 关于构件抗震设计的规定进行结构构件的抗震设计。

思政拓展

习近平总书记强调，要激励更多劳动者特别是青年一代走技能成才、技能报国之路，培养更多高技能人才和大国工匠。我们在构件计算过程中力求准确，精益求精，不放过任何一个错误；在构件配筋过程中严格按照规范规程要求实施，不采用任何一个不合理方案；在施工实施阶段，严格按照图纸指导施工，不出现任何失误。

2.3 钢筋混凝土受扭构件

学习目标

(1) 了解受扭构件的破坏特征。

(2) 掌握受扭构件配筋的构造要求。

(3) 明确弯、剪、扭共同作用下的承载力计算方法——叠加法。

2.3.1 概述

凡是在构件截面中有扭矩作用的构件，都称为受扭构件。扭转是构件受力的基本形式之一，也是钢筋混凝土结构中常见的构件形式，工程中如钢筋混凝土雨篷梁、平面曲梁或折梁、现浇框架边梁、吊车梁、螺旋楼梯等结构构件都是受扭构件（图 2-82）。受扭构件根据截面上存在的内力情况可分为纯扭、剪扭、弯扭、弯剪扭等多种受力情况。在实际工程中弯、剪、扭的受力构件较普遍，钢筋混凝土受扭构件大多是矩形截面。

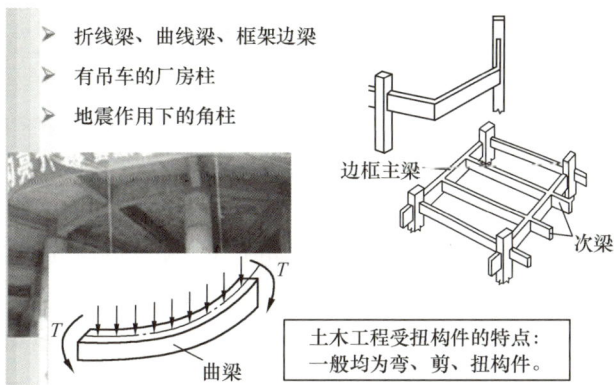

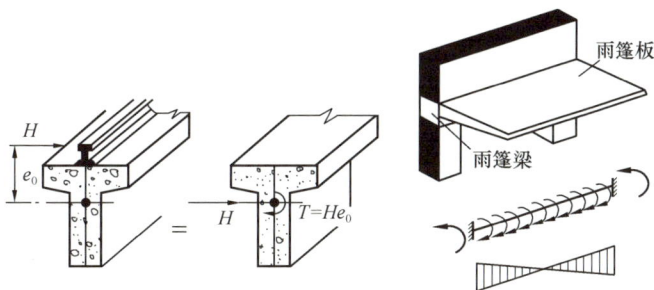

图 2-82　工程中常见的受扭构件

2.3.2　钢筋混凝土纯扭构件的破坏特征

开裂前：主拉应力最大值在长边中间，主拉应力与轴线成 45°。

开裂后：钢筋混凝土构件三面开裂，一面受压，如图 2-83 所示。

扭矩在匀质弹性材料构件中引起的主拉应力方向与构件轴线成 45°。最合理的配筋方式为 45°螺旋形配筋，但不便于施工。

在实际工程中，采用构件表面设置的横向箍筋和构件周边均匀对称设置纵向钢筋，共同形成抗扭钢筋骨架。

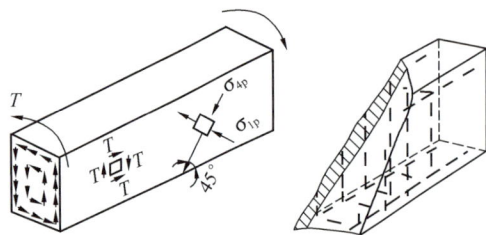

图 2-83 纯扭构件的破坏特征

当受扭箍筋和纵筋配置过少时，构件的受扭承载力与素混凝土没有实质差别，破坏过程迅速而突然，类似于受弯构件的少筋破坏，称为少筋受扭构件。如果箍筋和纵筋配置过多，钢筋未达到屈服强度，构件即由于斜裂缝间混凝土被压碎而破坏，这种破坏与受弯构件的超筋梁类似，称为超筋受扭构件。少筋受扭构件和超筋受扭构件均属脆性破坏，设计中应予避免。当受扭箍筋和纵筋配置合适，混凝土开裂后不立即破坏，混凝土的拉应力由钢筋来承担，随扭矩增大纵筋和箍筋屈服，侧压面上混凝土被压碎，与受弯适筋梁的破坏类似，称为适筋受扭构件，属于延性破坏，在工程设计中采用。

2.3.3 配筋的构造要求

1. 受扭箍筋

受扭箍筋除满足强度要求和最小配箍率的要求外，其形状还应满足图 2-84 所述的要求：即箍筋必须做成封闭式，箍筋的末端必须做成 $135°$ 的弯钩，弯钩的端头平直端长度不小于 $10d$，箍筋的间距 s 及直径 d 均应满足受弯构件的最大箍筋间距 s_{max} 及最小箍筋直径的要求。

2. 受扭纵筋

受扭纵筋除满足强度要求和最小配筋率的要求外，在截面的四角必须设置受扭纵筋，其余的受扭纵筋则沿截面的周边均匀对称布置，如图 2-85 所示。工程中常采用如下分配方法设置受扭纵筋：当 $h \leq b$ 时，则受扭纵筋按受扭纵筋面积 A_{stl} 的上、下各 $\frac{1}{2}$ 设置；当 $h > b$ 时，则受扭纵筋按受扭纵筋面积 A_{stl} 的上、中、下各 $\frac{1}{3}$ 设置，同时还要求受扭纵筋的

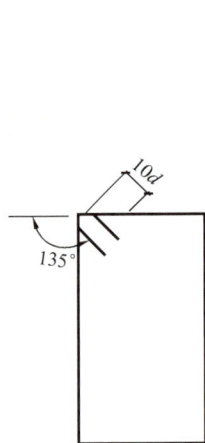

图 2-84 受扭箍筋

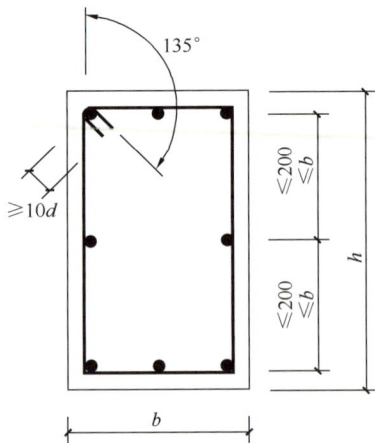

图 2-85 受扭纵筋

2-19

受扭构件

间距不大于 200mm 和梁的截面宽度。如梁的截面尺寸为 $b \times h = 250\text{mm} \times 600\text{mm}$，则受扭纵筋按受扭纵筋面积 A_{stl} 的上、中、下各 $\frac{1}{4}$ 设置。配置钢筋时，可将相重叠部位的受弯纵筋和受扭纵筋面积进行叠加。

2.3.4　在弯、剪、扭共同作用下的承载力计算方法

在弯矩、剪力和扭矩的共同作用下，各项承载力是相互关联的，其相互影响十分复杂。为了简化，《混凝土规范》规定，构件在弯矩、剪力和扭矩共同作用下的承载力可按下述叠加方法进行计算，如图 2-86 所示。

（1）按受弯构件计算在弯矩作用下所需的纵向钢筋的截面面积 A_s 与按受扭构件计算在扭矩作用下所需的受扭纵向分配的面积叠加后设置在构件的受拉区。

（2）按剪扭构件计算在承受剪力作用下所需的箍筋截面面积与承受扭矩作用下所需的箍筋截面面积叠加后重新设置箍筋。

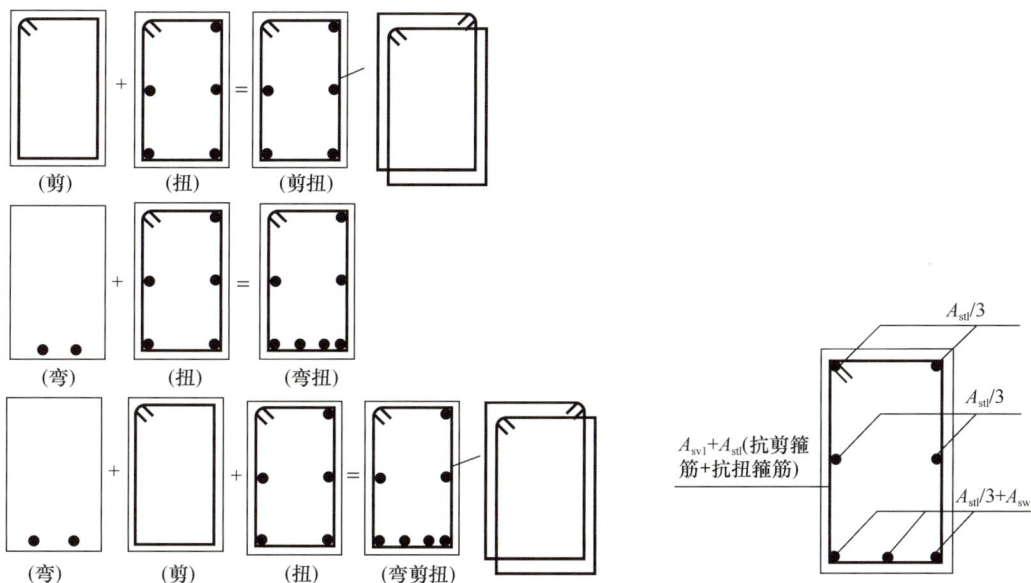

图 2-86　受扭构件钢筋叠加

2.3.5　矩形截面弯剪扭构件的承载力计算步骤

《混凝土规范》规定：矩形截面弯剪扭构件，可按下面步骤进行承载力计算：

（1）验算截面尺寸：为了避免超筋破坏，构件截面尺寸应满足下式要求：

$$\frac{V}{bh_0} + \frac{T}{W_t} \leqslant 0.25\beta_c f_c$$

（2）验算构造配筋条件

构造配筋的界限：当满足下式要求时，箍筋和抗扭纵筋可采用构造配筋。

$$\frac{V}{bh_0}+\frac{T}{W_t}\leqslant 0.7f_t$$

即配箍率必须满足以下最小配箍率要求：

$$\rho_{sv}=\frac{A_{sv}}{bs}\geqslant \rho_{sv,\ min}=0.28\frac{f_t}{f_{yv}}$$

抗扭纵筋最小配筋率为：

$$\rho_{stl}=\frac{A_{stl}}{bh}\geqslant \rho_{stl,\ min}=0.6\sqrt{\frac{T}{Vb}}\frac{f_t}{f_v}$$

（3）验算是否能进行简化计算

1）当一般构件，$V\leqslant 0.35f_tbh_0$ 或受集中荷载作用（或以集中荷载为主）的矩形截面独立构件 $V\leqslant \frac{0.875}{\lambda+1}f_tbh_0$ 时，可不进行抗剪承载力计算，只按受弯构件的正截面受弯承载力和纯扭构件的受扭承载力分别进行计算。

2）当 $T\leqslant 0.175f_tW_t$ 时，可不进行抗扭承载力计算，只按受弯构件的正截面受弯承载力和斜截面的受剪承载力分别进行计算。

3）其他情况按弯剪扭构件进行承载力计算。

（4）计算箍筋（取 $\zeta=1.2$）

1）计算抗剪箍筋

$$\beta_t=\frac{1.5}{1+0.5\frac{V}{T}\cdot\frac{W_t}{bh_0}}$$

或

$$\beta_t=\frac{1.5}{1+0.2(\lambda+1.5)\frac{V}{T}\cdot\frac{W_t}{bh_0}}$$

$$V=0.7(1.5-\beta_t)f_tbh_0+f_{yv}\frac{A_{sv}}{s}h_0$$

或

$$V=\frac{1.75}{1+\lambda}(1.5-\beta_t)f_tbh_0+f_{yv}\frac{A_{sv}}{s}h_0$$

2）计算抗扭箍筋

$$T=0.35f_tW_t+1.2\sqrt{\zeta}\frac{f_{yv}A_{stl}A_{cor}}{s}$$

即，箍筋为抗剪与抗扭箍筋的叠加得到。

（5）计算抗扭纵筋：

$$A_{stl}=\frac{\zeta\cdot f_{yv}\cdot A_{stl}\cdot u_{cor}}{s\cdot f_y}$$

（6）计算抗弯纵筋。

（7）按照叠加原则计算抗弯剪扭总的纵筋和箍筋用量。

【课堂练习 2-12】 指出图 2-87 受扭、受弯构件工程图中的受扭构件和受弯构件。

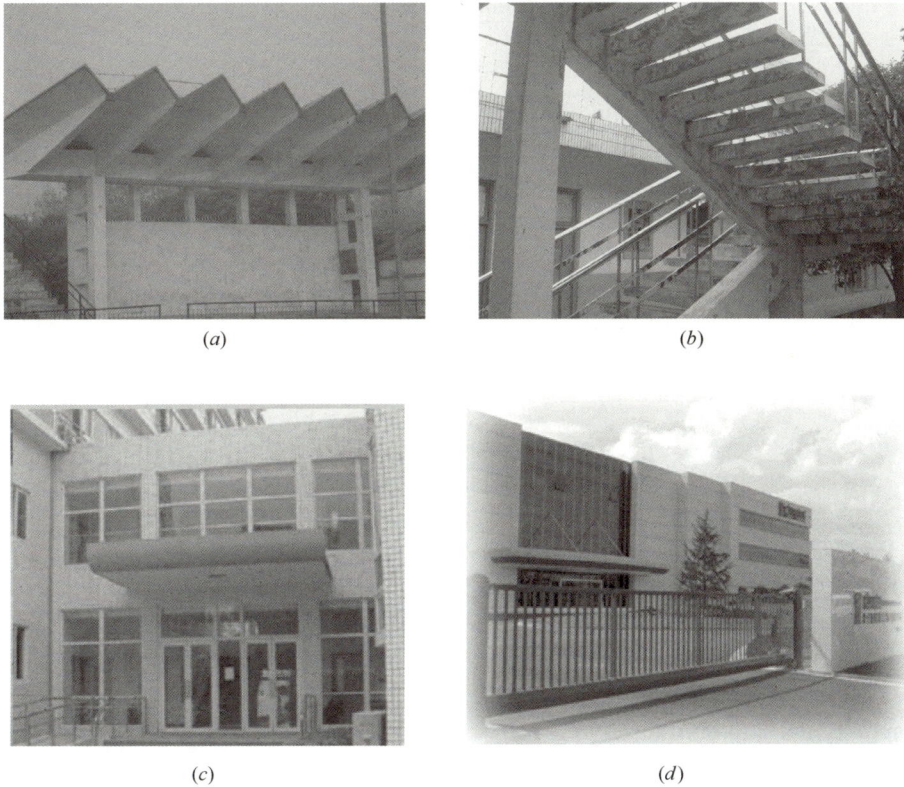

(a)

(b)

(c)

(d)

图 2-87 受扭、受弯构件工程图

【实训 2-1】 根据图 2-88 中所示的雨篷剖面图中的配筋情况和钢筋的标注，各小组分析讨论老师提出的问题，并由小组代表回答相关问题的知识点，并解释钢筋为什么这样配置的理由。

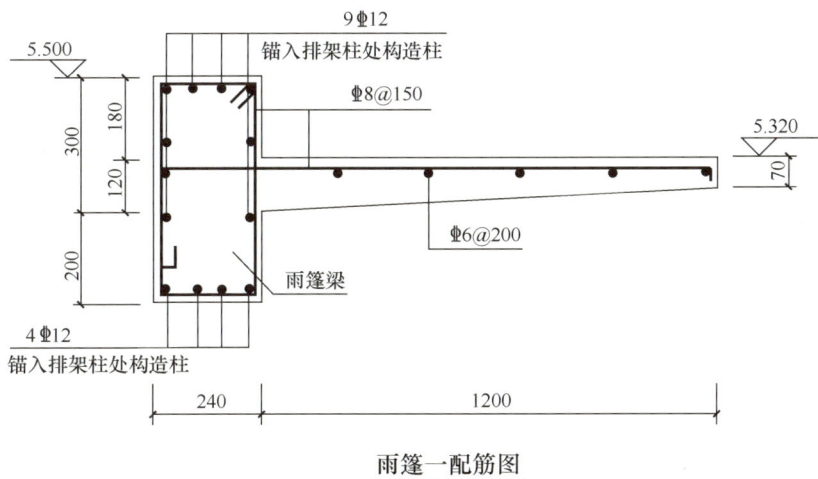

雨篷一配筋图

图 2-88 实训 2-1（一）

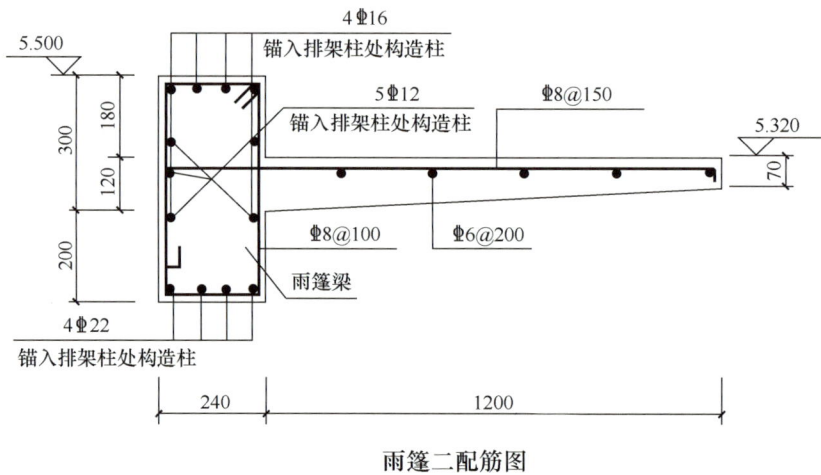

雨篷二配筋图

图 2-88　实训 2-1（二）

2.4　钢筋混凝土构件的裂缝和变形

学习目标

（1）明确允许挠度和允许裂缝宽度。

（2）掌握挠度和裂缝宽度的验算。

（3）了解减少挠度和裂缝宽度的措施。

2.4.1　概述

（1）《混凝土规范》中将极限状态分为两类：

1）承载能力的极限状态（主要的）：为满足安全性的功能要求；

2）正常使用极限状态（次要的）：为满足适用性、耐久性的功能要求。

钢筋混凝土结构构件，除应进行承载力计算外，还应根据结构构件的工作条件或使用要求进行正常使用极限状态的验算。

（2）受弯构件的变形及裂缝宽度验算的原因（图 2-89）

因为构件过大的挠度和裂缝会影响结构的正常使用。例如，楼盖构件挠度过大，将造成楼层地面不平，或使用中发生有感觉的振颤；屋面构件挠度过大会妨碍屋面排水；吊车梁挠度过大会影响吊车的正常运行等。

而构件裂缝过大时，会使钢筋锈蚀，从而降低结构的耐久性，并且裂缝的出现和扩展还会降低构件的刚度，从而使变形增大，甚至影响正常使用。

（3）挠度控制与裂缝宽度的控制

1）挠度控制：（受弯构件挠度 f）应满足《混凝土规范》规定的要求：

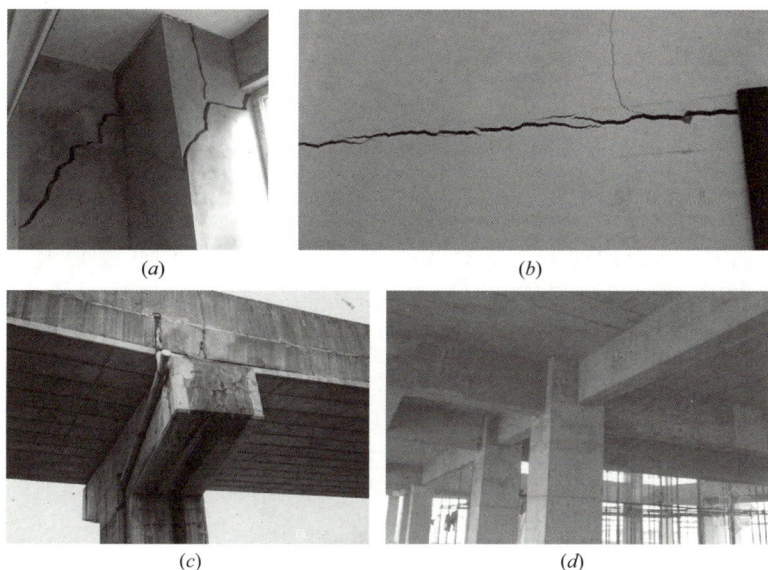

2-20

大体积混凝土
的浇筑方案

图 2-89 受弯构件挠度和裂缝的工程实例

(a) 地基不均匀沉降引起的裂缝；(b) 受力引起的裂缝；

(c) 环境污染引起的裂缝；(d) 受弯构件产生的挠度

即 $$f_{max} \leqslant [f] \tag{2-60}$$

式中 f_{max}——按荷载短期效应组合并考虑荷载长期效应组合的影响，受弯构件的最大挠度；

$[f]$——受弯构件的允许挠度，见表 2-18。

受弯构件的挠度限值 表 2-18

构件类型	挠度限值
吊车梁：手动吊车 电动吊车	$l_0/500$ $l_0/600$
屋盖、楼盖及楼梯构件： 　当 $l_0 < 7$m 时 　当 7m$\leqslant l_0 \leqslant 9$m 时 　当 $l_0 > 9$m 时	 $l_0/200$（$l_0/250$） $l_0/250$（$l_0/300$） $l_0/300$（$l_0/400$）

注：1. 表中 l_0 为构件的计算跨度；

2. 表中括号内的数值适用于使用上对挠度有较高要求的构件；

3. 如果构件制作时预先起拱，且使用上也允许，则在验算挠度时，可将计算所得的挠度值减去起拱值；对预应力混凝土构件，尚可减去预加力所产生的反拱值；

4. 计算悬臂构件的挠度限值时，其计算跨度 l_0 按实际悬臂长度的 2 倍取用。

2）裂缝宽度控制：《混凝土规范》将裂缝控制等级划分为三级：

① 一级：严格要求不出现裂缝的构件，按荷载效应标准组合计算时，构件受拉边缘混凝土不应产生拉应力。

② 二级：一般要求不出现裂缝的构件，按荷载效应标准组合计算时，构件受拉边缘混凝土拉应力不应大于混凝土抗拉强度标准值；而按荷载效应永久组合计算时，构件受拉边缘混凝土不宜产生拉应力，当有可靠经验时可适当放松。

③ 三级：允许出现裂缝的构件，按荷载效应标准组合，并考虑长期作用影响计算时构件的最大裂缝宽度 w_{max} 不应超过表 2-19 规定的最大裂缝宽度限值 $[w_{max}]$。即：

$$w_{max} \leqslant [w_{max}] \qquad (2\text{-}61)$$

上述一级、二级裂缝控制属于构件的抗裂能力控制，对于一般的钢筋混凝土构件来说，在使用阶段一般都是带裂缝工作的，故按三级标准来控制裂缝宽度。

结构构件的裂缝控制等级和最大裂缝宽度限值 $[w_{max}]$ （mm）　　　表 2-19

环境类别	钢筋混凝土结构		预应力混凝土结构	
	裂缝控制等级	w_{lim}	裂缝控制等级	w_{lim}
一	三级	0.30 (0.40)	三级	0.20
二 a			三级	0.10
二 b		0.20	二级	—
三 a、三 b			一级	—

2.4.2　钢筋混凝土受弯构件的变形验算

1. 钢筋混凝土受弯构件的截面刚度

（1）钢筋混凝土受弯构件截面刚度的特点

钢筋混凝土构件的截面刚度为一变量，其特点可归纳为：

1）随弯矩的增大而减小。这意味着，某一根梁的某一截面，当荷载变化而导致弯矩不同时，其弯曲刚度会随之变化。

2）随纵向受拉钢筋配筋率的减小而减小。

影响受弯构件刚度的因素有弯矩、纵筋配筋率与弹性模量、截面形状和尺寸、混凝土强度等级等，在长期荷载作用下刚度还随时间而降低。在上述因素中，梁的截面高度 h 影响最大。

（2）刚度计算公式

1）短期刚度 B_s

① 定义：钢筋混凝土受弯构件出现裂缝后，在荷载效应的标准组合作用下的截面弯曲刚度。

② 计算公式

对矩形、T 形、倒 T 形、I 形截面钢筋混凝土受弯构件：

$$B_s = \frac{E_s A_s h_0^2}{1.15\psi + 0.2 + \dfrac{6\alpha_E \rho}{1 + 3.5\gamma'_f}} \qquad (2\text{-}62)$$

式中　E_s——受拉纵筋的弹性模量；

A_s——受拉纵筋的截面面积；

h_0——受弯构件截面有效高度；

α_E——钢筋弹性模量 E_s 与混凝土弹性模量 E_c 的比值，即 $\alpha_E = E_s/E_c$；

ρ——纵向受拉钢筋配筋率；

γ'_f——受压翼缘截面面积与腹板有效截面面积的比值：

$$\gamma'_f = \frac{(b'_f - b)h'_f}{bh_0} \tag{2-63}$$

当 $h'_f > 0.2h_0$ 时，取 $h'_f = 0.2h_0$。当截面受压区为矩形时，$\gamma'_f = 0$。

ψ——裂缝间纵向受拉钢筋应变不均匀系数；

$$\psi = 1.1 - \frac{0.65 f_{tk}}{\rho_{te}\sigma_{SQ}} \tag{2-64}$$

当计算出的 $\psi < 0.2$ 时，取 $\psi = 0.2$；当 $\psi > 1.0$ 时，取 $\psi = 1.0$。

f_{tk}——混凝土轴心抗拉强度标准值；

ρ_{te}——按有效受拉混凝土截面计算的纵向受拉钢筋配筋率：

即

$$\rho_{te} = \frac{A_s}{A_{te}} \tag{2-65}$$

对受弯构件：

$$A_{te} = 0.5bh + (b'_f - b)h_f \tag{2-66}$$

A_{te} 的取值如图 2-90 所示。

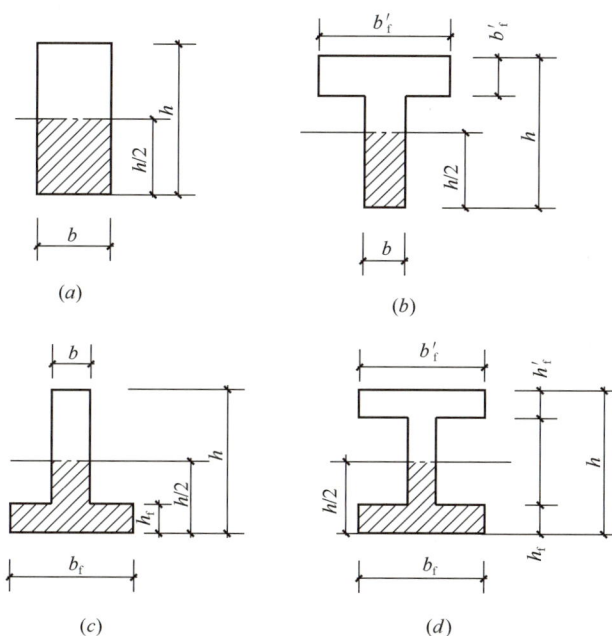

图 2-90 受拉区有效受拉混凝土截面面积 A_{te} 的取值

当计算出的 $\rho_{te} < 0.01$ 时，取 $\rho_{te} = 0.01$。

$$\sigma_{SQ} = \frac{M_Q}{0.87 h_0 A_s} \tag{2-67}$$

式中 σ_{SQ}——按荷载准永久组合计算的钢筋混凝土构件纵向受拉钢筋的应力；

M_Q——按荷载准永久组合计算的弯矩值，取计算区段内的最大弯矩值。

2）长期刚度 B

① 定义：考虑荷载效应的标准组合作用，并考虑荷载效应的长期作用影响的弯曲刚度。

② 计算公式

采用荷载标准组合时

$$B = \frac{M_k}{M_k + (\theta - 1)M_q} B_s \tag{2-68}$$

采用荷载准永久组合时

$$B = \frac{B_s}{\theta} \tag{2-69}$$

式中　M_k——按荷载标准组合计算的弯矩值，取计算区段内的最大弯矩值；

M_q——按荷载的准永久组合计算的弯矩，取计算区段内的最大弯矩值；

θ——考虑荷载长期作用对挠度增大的影响系数，对钢筋混凝土受弯构件，当 $\rho' = 0$ 时，取 $\theta = 2$；当 $\rho' = \rho$ 时，取 $\theta = 1.6$；当 ρ' 为中间值时，按线性内插法取用。此处 ρ 为纵向受拉钢筋的配筋率；ρ' 为纵向受压钢筋的配筋率。

$\rho' = \dfrac{A'_s}{b h_0}$，$\rho = \dfrac{A_s}{b h_0}$ 对于翼缘位于受拉区的倒 T 形截面，θ 值应增大 20%。

长期刚度实质上是考虑荷载长期作用部分使刚度降低的因素后，对短期刚度 B_s 进行的修正。

2. 钢筋混凝土受弯构件的挠度计算

（1）最小刚度原则取同号弯矩区段内弯矩最大截面的弯曲刚度作为该区段的弯曲刚度，即在简支梁中取最大正弯矩截面的刚度为全梁的弯曲刚度，而在外伸梁、连续梁或框架梁中，则分别取最大正弯矩截面和最大负弯矩截面的刚度作为相应正、负弯矩区段的弯曲刚度。

（2）挠度计算公式

$$f = s \frac{M_k l^2}{B} \leqslant [f] \tag{2-70}$$

式中　f——按"最小刚度原则"计算的挠度计算值；

s——与荷载形式和支承条件有关的系数。例如，简支梁承受均布荷载作用时 $s = 5/48$，简支梁承受跨中集中荷载作用时 $s = 1/12$，悬臂梁受杆端集中荷载作用时 $s = 1/3$。

3. 变形验算的步骤

已知：构件的截面尺寸、跨度、荷载、材料强度以及钢筋配置情况。进行挠度验算。

解：（1）计算荷载效应标准组合及准永久组合下的弯矩值 M_k、M_q；

（2）计算短期刚度 B_s；

（3）计算长期刚度 B；

（4）计算最大挠度 f，并判断挠度是否符合要求。

钢筋混凝土受弯构件的挠度应满足：

$$f \leqslant [f]$$

式中　$[f]$——钢筋混凝土受弯构件的挠度限值，按表 2-18 采用。

4. 提高受弯构件的弯曲刚度的措施

（1）提高混凝土强度等级；

（2）增加纵向钢筋的数量；

（3）选用合理的截面形状（如 T 形、I 形等）；

（4）增加梁的截面高度，此为最有效的措施。

【课堂练习2-13】 已知：某办公楼矩形截面简支楼面梁，计算跨度 $l_0=6.0\text{m}$，截面尺寸 $b\times h=250\text{mm}\times600\text{mm}$，承受均布荷载，按荷载准永久组合计算跨中弯矩 $M_Q=158\text{kN}\cdot\text{m}$，纵向受拉钢筋为 3$\Phi$25，混凝土强度等级为 C30，允许挠度限值为 $l_0/200$，试验算其挠度是否符合要求。

解：（1）查表得：$A_s=1473\text{mm}^2$，$f_{tk}=2.01\text{N/mm}^2$，$E_c=3.0\times10^4\text{N/mm}^2$，$E_s=2\times10^5\text{N/mm}^2$，$h_0=555\text{mm}$（纵筋放一排）

（2）计算短期刚度 B_s

$$A_{te}=0.5b\times h=0.5\times250\times600=75000\text{mm}^2$$

$$\rho_{te}=\frac{A_s}{0.5bh}=\frac{1473}{0.5\times250\times600}=0.0196$$

$$\sigma_{SQ}=\frac{M_Q}{0.87h_0A_s}=\frac{158\times10^6}{0.87\times555\times1473}=222.1\text{N/mm}^2$$

$$\psi=1.1-\frac{0.65f_{tk}}{\rho_{te}\sigma_{SQ}}=1.1-\frac{0.65\times2.01}{0.0196\times222.1}=0.806$$

因为是矩形截面，所以 $\gamma'_f=0$。

$$\alpha_E=\frac{E_s}{E_c}=\frac{20\times10^4}{3\times10^4}=6.7$$

$$\rho=\frac{A_s}{bh_0}=\frac{1473}{250\times555}=1.06\%$$

$$B_s=\frac{E_sA_sh_0^2}{1.15\psi+0.2+\frac{6\alpha_E\rho}{1+3.5\gamma'_f}}=\frac{2\times10^5\times1473\times555^2}{1.15\times0.8+0.2+\frac{6\times6.7\times0.0106}{1+3.5\times0}}$$

$$=5.85\times10^{13}\text{N}\cdot\text{mm}^2$$

（3）计算长期刚度

采用荷载准永久组合计算的长期刚度，由于 $\rho'=0$，故 $\theta=2$。

$$B=\frac{B_s}{\theta}=\frac{5.85\times10^{13}}{2}=2.93\times10^{13}\text{N}\cdot\text{mm}^2$$

（4）计算最大挠度 f，并判断挠度是否符合要求

梁的跨中最大挠度

$$f=\frac{5}{48}\times\frac{M_Ql_0^2}{B}=\frac{5}{48}\times\frac{158\times10^6\times6000^2}{2.93\times10^{13}}$$

$$=20.2\text{mm}<[f]=l_0/200=6000/200=30\text{mm}$$

故该梁满足刚度要求。

注意：受弯构件变形验算的关键在于求长期刚度 B，然后以 B 代替材料力学挠度公式

中的 EI（挠度公式完全采用材料力学中的公式），即计算出构件的变形。

2.4.3 钢筋混凝土构件的裂缝宽度验算

1. 钢筋混凝土构件裂缝的类型

（1）荷载裂缝：受弯、受拉等由于荷载而产生的裂缝，占裂缝的 20%，通过配置钢筋控制裂缝宽度。

（2）变形裂缝：由于沉降、混凝土收缩、温差水化热、钢筋碳化等引起的裂缝，占裂缝的 80%，通过构造措施进行处理。

2. 裂缝的产生和开展（图 2-91）

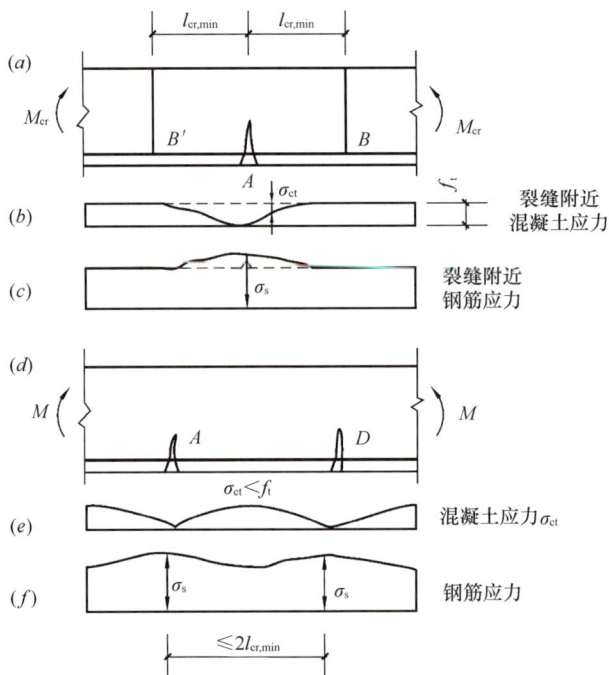

图 2-91　裂缝的形成和开展机理

注意：沿裂缝深度，裂缝的宽度是不相同的。钢筋表面处的裂缝宽度大约只有构件混凝土表面裂缝宽度的 $1/5 \sim 1/3$。我们所要验算的裂缝宽度是指受拉钢筋重心水平处构件侧表面上混凝土的裂缝宽度。

3. 裂缝宽度计算的实用方法

（1）影响裂缝宽度的主要因素

1）纵向钢筋的应力：裂缝宽度与钢筋应力近似呈线性关系。

2）纵筋的直径：当构件内受拉纵筋截面相同时，采用细而密的钢筋，则会增大钢筋表面积，因而使粘结力增大，裂缝宽度变小。

3）纵筋表面形状：带肋钢筋的粘结强度较光面钢筋大得多，可减小裂度宽度。

4）纵筋配筋率：构件受拉区的纵筋配筋率越大，裂缝宽度越小。

（2）裂缝宽度计算公式

钢筋混凝土构件的最大裂缝宽度可按荷载的标准组合或荷载准永久组合并考虑长期作用影响的效应计算，其计算公式为：

$$\omega_{\max} = \alpha_{\mathrm{cr}} \psi \frac{\sigma_{\mathrm{SQ}}}{E_{\mathrm{s}}} \left(1.9 C_{\mathrm{s}} + 0.08 \frac{d_{\mathrm{eq}}}{\rho_{\mathrm{te}}} \right) \tag{2-71}$$

$$d_{\mathrm{eq}} = \frac{\sum n_i d_i^2}{\sum n_i \nu_i d_i} \tag{2-72}$$

式中　C_{s}——最外层纵向受拉钢筋的混凝土保护层厚度，当 $C_{\mathrm{s}} < 20\mathrm{mm}$ 时，取 $C_{\mathrm{s}} = 20\mathrm{mm}$；当 $C_{\mathrm{s}} > 65\mathrm{mm}$ 时，取 $C_{\mathrm{s}} = 65\mathrm{mm}$；

　　　　d_{eq}——受拉区纵向钢筋的等效直径；

　　　　ν_i——受拉区第 i 种钢筋的相对粘结特性系数，对带肋钢筋，取 $\nu_i = 1.0$；对光圆钢筋，取 $\nu_i = 0.7$；对环氧树脂涂层的钢筋，ν_i 按前述数值的 0.8 倍采用；

　　　　n_i——受拉区第 i 种钢筋的根数；

　　　　d_i——受拉区第 i 种钢筋的公称直径；

　　　　α_{cr}——构件受力特征系数，对轴心受拉构件，$\alpha_{\mathrm{cr}} = 2.7$；偏心受拉构件 $\alpha_{\mathrm{cr}} = 2.4$；受弯和偏心受压构件 $\alpha_{\mathrm{cr}} = 1.9$；

　　　　σ_{SQ}——按荷载准永久组合计算的钢筋混凝土构件纵向受拉钢筋应力，对受弯构件：$\sigma_{\mathrm{SQ}} = \dfrac{M_{\mathrm{a}}}{0.87 h_0 A_{\mathrm{s}}}$；对轴心受拉构件：$\sigma_{\mathrm{SQ}} = \dfrac{N_{\mathrm{Q}}}{A_{\mathrm{s}}}$。

对于直接承受吊车荷载但不需做疲劳验算的吊车梁，计算出的最大裂缝宽度可乘以系数 0.85。

（3）裂缝宽度验算步骤

1）计算 d_{eq}；

2）计算 ρ_{te}、σ_{SQ}、ψ；

3）计算 $\omega_{\max}$，并判断裂缝是否满足要求。

当 $\omega_{\max} \leqslant [\omega_{\max}]$ 时，裂缝宽度满足要求。否则，不满足要求，应采取措施后重新验算。其中 $[\omega_{\max}]$ 为最大裂缝宽度限值，见表2-19。

（4）减小裂缝宽度的措施

1）增大钢筋截面面积；

2）在钢筋截面面积不变的情况下，采用较小直径的钢筋；

3）采用变形钢筋；

4）提高混凝土强度等级；

5）增大构件截面尺寸；

6）减小混凝土保护层厚度。

其中，采用较小直径的变形钢筋是减小裂缝宽度最有效的措施。需要注意的是，混凝土保护层厚度应同时考虑耐久性和减小裂缝宽度的要求。除结构对耐久性没有要求，而对表面裂缝造成的观瞻有严格要求外，不得为满足裂缝控制要求而减小混凝土保护层厚度。

【课堂练习 2-14】 已知：某简支梁条件同［课堂练习 2-13］，裂缝宽度限值为 0.3mm，试验算裂缝宽度。

解： 混凝土保护层厚 $C_s = 28mm$，$\nu_i = 1.0$。

（1）计算 d_{eq}

因为受力钢筋为同一种直径，所以：

$$d_{eq} = \frac{\sum n_i d_i^2}{\sum n_i \nu_i d_i} = \frac{25}{1.0} = 25mm$$

（2）计算 ρ_{te}、σ_{sk}、ψ

由［课堂练习 2-13］中已求得：

$$\rho_{te} = 0.0196，\sigma_{SQ} = 222.1N/mm^2，\psi = 0.799$$

（3）计算 ω_{max}，并判断裂缝是否符合要求

$$\omega_{max} = 1.9\psi \frac{\sigma_{SQ}}{E_s}\left(1.9C_s + 0.08\frac{d_{eq}}{\rho_{te}}\right)$$

$$= 1.9 \times 0.799 \times \frac{222.1}{2 \times 10^5} \times \left(1.9 \times 28 + 0.08 \times \frac{25}{0.0196}\right)$$

$$= 0.262mm < [\omega_{max}] = 0.3mm$$

裂缝宽度满足要求。

2.5 预应力混凝土构件

学习目标

（1）了解预加应力的方法，工程中会运用后张法。

（2）了解预应力混凝土构件对材料的要求。

2.5.1 预应力混凝土构件的基本概念

1. 概述

（1）普通钢筋混凝土存在的问题

1）混凝土抗拉性能很差，使得钢筋混凝土受拉、受弯构件带裂缝工作；

2）不能充分利用高强度钢筋与高强度混凝土；

3）为满足变形和裂缝要求，截面尺寸加大，自重过大，不经济且受大跨度结构的限制；

4）在防渗、抗腐蚀时易出现问题。

（2）解决问题首先想到的方法

1）加大截面尺寸——自重过大；

2）采用高强度钢筋——裂缝过宽，无法满足使用要求；

3）提高混凝土强度等级——抗裂性能提高不明显。

上述方法都不能很好地解决大跨度结构（图 2-92），以及承受动载结构中裂缝宽度过大、变形严重的问题。

（3）继续思考

能否借助混凝土较高的抗压能力来弥补其抗拉能力的不足？

2. 预应力构件基本原理

（1）定义：在构件受荷之前，给混凝土的受拉区预先施加压应力的结构，称为"预应力混凝土结构"。

（2）基本原理：预先在混凝土受拉区施加压应力，使其减小或抵消荷载引起的拉应力，将构件受到的拉应力控制在较小范围，甚至处于受压状态，即可控制构件裂缝宽度，甚至可以使构件不产生裂缝，如图 2-93 所示。

图 2-92 大跨度结构

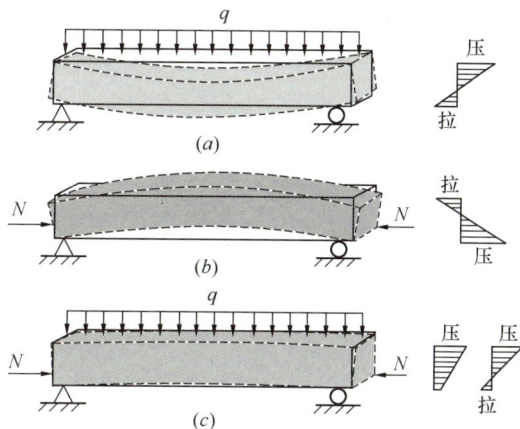

图 2-93 预应力混凝土的原理

（3）生活实例（图 2-94、图 2-95）

木桶在制作过程中，用竹箍把木板箍紧，目的是使木板间产生环向预压力，装水或装汤后，由水产生环向拉力，预压力抵消掉全部拉力，就不会漏水。

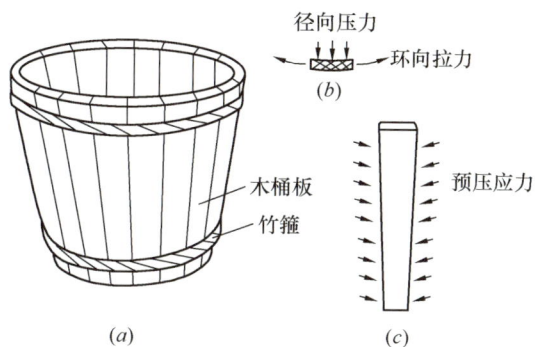

图 2-94 预应力与木桶

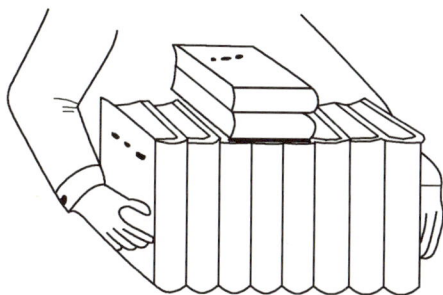

图 2-95 实际应用

2.5.2　预应力混凝土的分类

（1）根据预加应力值大小对构件截面裂缝控制程度的不同，预应力混凝土构件分为全预应力混凝土和部分预应力混凝土两类。

在使用荷载作用下，不允许截面上混凝土出现拉应力的构件，称为全预应力混凝土，属严格要求不出现裂缝的构件；允许出现裂缝，但最大裂缝宽度不超过允许值的构件，则称为部分预应力混凝土，属允许出现裂缝的构件。

（2）按照粘结方式的不同，预应力混凝土构件还可分为有粘结预应力混凝土和无粘结预应力混凝土两类，如图 2-96 所示。

无粘结预应力混凝土，是指配置无粘结预应力钢筋的后张法预应力混凝土。无粘结预应力钢筋是将预应力钢筋的外表面涂以沥青、油脂或其他润滑防锈材料，以减小摩擦力并防锈蚀，并用塑料套管或以纸袋、塑料袋包裹，以防止施工中碰坏涂层，并使之与周围混凝土隔离，而在张拉时可以纵向发生相对滑移的后张预应力钢筋。无粘结预应力钢筋在施工时，可直接按配置的位置放入模板中，并浇灌混凝土，待混凝土达到规定强度后即可进行张拉。无粘结预应力混凝土不需要预留孔道，也不必灌浆，因此施工简便、快速，造价较低，易于推广应用。目前已在建筑工程中广泛应用此项技术。

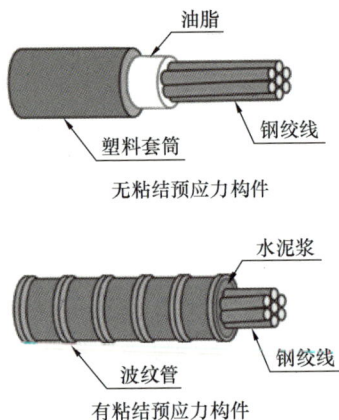

图 2-96　预应力混凝土分类

2.5.3　预应力混凝土的特点

与钢筋混凝土相比，预应力混凝土具有以下特点：
（1）增强结构抗裂性和抗渗性；
（2）改善结构耐久性；
（3）提高结构与构件的刚度，减少变形；
（4）提高结构的抗疲劳能力；
（5）提高构件的跨越能力；
（6）合理利用高强材料；
（7）工序较多，施工较复杂，且需张拉设备和锚具等。

注意：预应力混凝土不能提高构件的承载能力。也就是说，当截面和材料相同时，预应力混凝土与普通钢筋混凝土受弯构件承载能力相同。

2.5.4　预加应力的方法

通过张拉钢筋，利用钢筋回弹，对混凝土施加压力来实现。按照张拉钢筋与浇筑混凝土的先后关系，施加预应力的方法可分为先张法和后张法。

1. 先张法

（1）定义：先张拉预应力钢筋，后浇筑混凝土的方法称为先张法。

（2）施工工艺（图2-97）

1）固定台座，放上预应力筋；

2）用千斤顶张拉钢筋，用夹具将预应力筋固定；

3）浇筑混凝土、养护（特定的养护，缩短施工周期）；

4）待混凝土达到一定强度（75％以上设计强度）切断（或放松）钢筋，钢筋回缩，通过钢筋与混凝土之间的粘结力，对混凝土产生挤压力。

（3）所用预应力筋

通常为高强钢丝、较小直径的钢绞线、冷拉钢筋等。

（4）优点

1）张拉工序简单；

2）不需放置永久性锚具；

3）批量生产，质量稳定。

（5）缺点

1）需成批钢模和养护室，一次性投资大；

2）适用于直线型配筋，对于曲线布置较困难。

2. 后张法

（1）定义：先浇筑混凝土，待混凝土硬化后，在构件上直接张拉预应力钢筋，这种施工方法称为后张法。

（2）施工工艺（图2-98）

1）浇筑混凝土，预留钢筋孔道和灌浆孔；

2）混凝土达到强度之后，钢筋穿过孔道并张拉钢筋，同时混凝土受压，达到一定的拉应力后，用锚具锚固钢筋，不再取下；

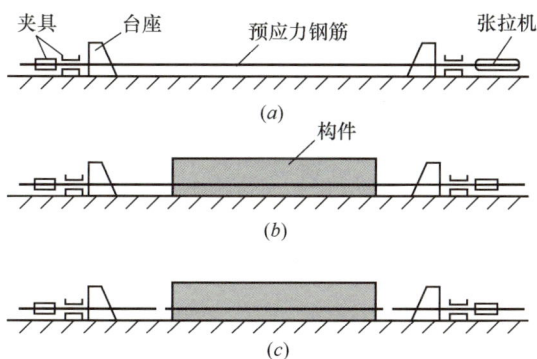

2-21
先张法施工工艺

2-22
先张法张拉及锚固钢筋

2-23
后张法施工工艺

图2-97　先张法施工工艺

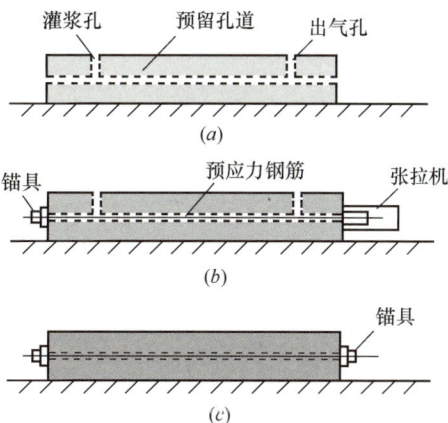

图2-98　后张法施工工艺

3）孔道内灌浆，为有粘结力的预应力构件；或不灌浆，为无粘结力的预应力构件。

（3）所用预应力筋

通常为钢绞线、热处理钢筋等。

（4）优点

后张法直接在构件上张拉，可布置钢筋的形状多样；

适用于现场制作，块体拼接，特殊结构。

（5）缺点

1）永久性锚具量大；

2）工序复杂，施工周期长。

3. 无粘结力的预应力钢筋构件的制作（图 2-99）

（1）在预应力钢筋外表面涂以涂层，用油脂包裹，套以塑料套管；

（2）一端安置固定端锚具，另一端为张拉端；

（3）绑扎钢筋；

（4）浇筑混凝土，待混凝土达到一定强度后，在张拉端以结构为支座，张拉预应力筋。

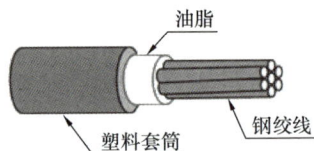

图 2-99　无粘结预应力构件

4. 电热法

通过电流加热使钢筋伸长（后张法）。

5. 自应力混凝土

膨胀水泥，使混凝土硬结后，体积膨胀而受到钢筋的约束，产生预压应力（先张法）。

2.5.5　先张法与后张法的比较

1. 张拉顺序

先张法——先张拉钢筋，后浇筑混凝土；

后张法——先浇筑混凝土，后张拉钢筋。

2. 工艺过程

先张法——穿钢筋→拉钢筋→浇混凝土→养护至 75%→断钢筋；

后张法——留孔道→浇混凝土→养护至 75%→穿钢筋→拉钢筋→锚钢筋→压力灌浆。

3. 预压应力的传递

先张法——传递主要靠钢筋和混凝土间的粘结力，因此，必须待混凝土达到设计强度 75% 以上，方可切断钢筋；

后张法——主要通过工作锚具传递，因此，张拉钢筋时，混凝土强度必须达到设计强度 75% 以上。

4. 优点

先张法——工艺简单，工序少，效率高，质量易保证，由于省去了锚具和预埋件，成本较低；

后张法——预应力钢筋直接在构件上张拉，无需台座，可在预制厂生产，也可在施工现场生产。

5. 缺点

先张法——需要台座，不适合现场施工；

后张法——生产周期较长，需工作锚具，钢材消耗多，成本较高；工序多，操作复杂，造价高于先张法。

6. 适用的构件

先张法——适于工厂化生产，适宜长线法生产中、小型构件；

后张法——适于大型预应力混凝土构件。

2.5.6 预应力混凝土构件对材料的要求

1. 对混凝土的要求

（1）预应力混凝土构件的混凝土强度等级不应小于 C30。

（2）采用碳素钢丝、钢绞线、热处理钢筋作为预应力钢筋时，混凝土强度等级不宜低于 C40。

（3）无粘结预应力混凝土结构的混凝土强度等级，板不低于 C30，梁及其他构件不低于 C40。

2. 对钢筋的要求

预应力钢筋宜采用冷轧带肋钢筋、消除应力钢丝、钢绞线和热处理钢筋，以及冷拉 Ⅱ、Ⅲ、Ⅳ级钢筋。

【**实训 2-2**】 分组到施工现场调查，每组要调查两种后张法的工程。调查信息：工程名称，结构形式，预应力构件，叙述后张法的具体操作过程，采用的施工机械设备，施工方法的创新点和知识点。

思 考 题

1. 钢筋混凝土梁的正截面破坏形态有几种？破坏特征是什么？钢筋混凝土适筋梁正截面受弯破坏的标志是什么？

2. 在实际工程中为什么应避免采用少筋梁和超筋梁？

3. 受弯构件正截面承载力计算有哪些基本假定？画出单筋矩形截面梁正截面承载力计算时的实际图式、理论图式及计算图式，并说明确定等效矩形应力图形的原则。

4. 在截面设计时如何判别两类 T 形截面？在截面复核时如何判别两类 T 形截面？

5. 如图 2-100 所示 4 种截面，当材料强度、截面宽度 b 和高度、承受的设计弯矩（忽略自重影响）均相同时，试确定各截面的配筋大小次序。

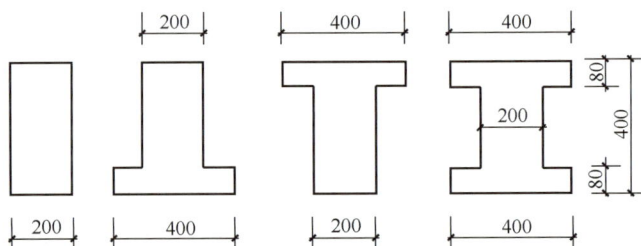

图 2-100　思考题 5

6. 钢筋混凝土梁的斜截面破坏形态有哪几种？设计中如何防止发生？

7. 影响钢筋混凝土梁斜截面受剪承载力的主要因素有哪些？

8. 钢筋伸入支座的锚固长度有哪些要求？

9. 箍筋和弯筋间距为什么要加以限制而不能过大？

10. 试画出如图 2-101 所示梁斜裂缝的大致位置和方向，如需设置弯起钢筋抗剪时，弯起钢筋应怎样布置？

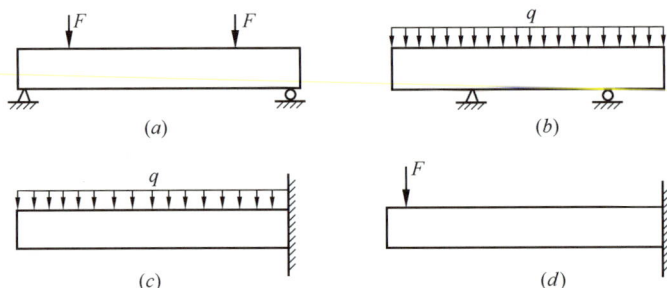

图 2-101　思考题 10 图

（a）简支梁；（b）双伸臂梁；（c）、（d）伸臂梁

11. 在受压构件中配置箍筋的作用是什么？什么情况下需设置复合箍筋？

12. 轴心受压短柱、长柱的破坏特征各是什么？为什么轴心受压长柱的受压承载力低于短柱？承载力计算时如何考虑纵向弯曲的影响？

13. 如何计算偏心受压构件的斜截面受剪承载力？

14. 验算钢筋混凝土受弯构件变形和裂缝宽度的目的是什么？防止和控制构件变形、裂缝的措施有哪些？

15. 什么是受扭构件？列举工程中的受扭构件。简述钢筋混凝土受扭构件受力特点。抗扭箍筋和抗扭纵筋各有什么构造要求？

16. 为何钢筋混凝土构件采用高强度钢筋不合理，而预应力混凝土构件必须采用高强度材料？

17. 简述预应力混凝土的基本原理和特点。施加预应力的方法有哪几种？各有何优、缺点？

习　题

1. 某楼面大梁计算跨度为 $6.6m$，承受均布荷载设计值 $30kN/m$（包括自重），弯矩设计值 $M＝163.4kN \cdot m$，试计算下面 5 种情况的 A_s，见表 2-20，并进行讨论。

习题 1　　　　　　　　　　　　　　　　　　　　　　　　　　　　　　　表 2-20

项目	梁宽 b （mm）	梁高 h （mm）	混凝土 强度等级	钢筋级别	钢筋面积 A_s（mm²）
1	200	550	C25	HRB335	
2	200	550	C30	HRB335	
3	200	550	C25	HRB400	
4	200	650	C25	HRB335	
5	250	550	C25	HRB335	

（1）提高混凝土的强度等级对配筋量的影响；

（2）提高钢筋级别对配筋量的影响；

（3）加大截面高度对配筋量的影响；

（4）加大截面宽度对配筋量的影响。

2. 计算表 2-21 所列的钢筋混凝土矩形梁能承受的最大弯矩设计值，并对计算结果进行讨论。

习题 2　　　　　　　　　　　　　　　　　　　　　　　　　　　　　　　表 2-21

项目	截面尺寸 $b×h$（mm）	混凝土 强度等级	钢筋级别	钢筋面积 A_s（mm²）	最大弯矩设计值 M（kN·m）
1	200×500	C20	HRB335	4Φ18	
2	200×500	C20	HRB335	6Φ20	
3	200×500	C20	HRB400	4Φ18	
4	200×500	C25	HRB335	4Φ18	
5	200×600	C20	HRB335	4Φ18	
6	300×500	C20	HRB335	4Φ18	

（1）提高混凝土的强度等级对承载力的影响；

（2）提高钢筋级别对承载力的影响；

（3）加大截面高度对承载力的影响；

（4）加大截面宽度对承载力的影响。

3. 某教学楼中间走廊单跨简支板如图 2-102 所示，计算跨度 $l_0＝2.12m$，承受均布荷载设计值 $g＋q＝6kN/m$（包括自重），已知环境类别为一类，结构的安全等级为二级，混凝土强度等级为 C25，纵向受拉钢筋采用 HRB400 级。试确定现浇板的厚度 h 和所需的受拉钢筋截面面积 A_s，选配钢筋并画截面配筋图。

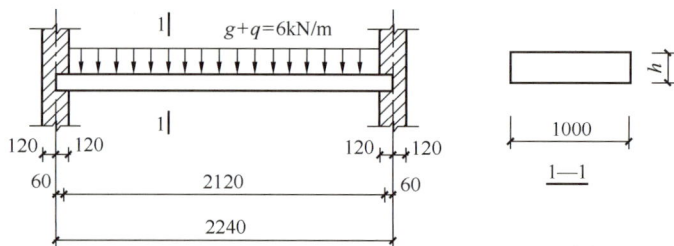

图 2-102　习题 3

4. 现浇混凝土肋梁楼盖的 T 形截面次梁，如图 2-103 所示。跨度 6m，次梁间距 2.4m，现浇板厚 80mm，梁高 500mm，肋宽 200mm。混凝土强度等级为 C30，采用 HRB400 级钢筋，跨中截面承受弯矩设计值 $M=300kN \cdot m$。试确定该梁跨中截面受拉钢筋截面面积 A_s，选配钢筋，并绘制截面配筋图。

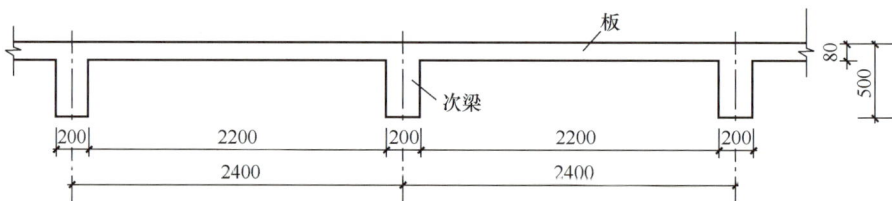

图 2-103　习题 4

5. 已知 T 形梁截面尺寸 $b=300mm$，$h=700mm$，$b'_f=600mm$，$h'_f=120mm$，弯矩设计值 $M=700kN \cdot m$，混凝土强度等级为 C30，钢筋采用 HRB400 级，求受拉钢筋截面面积 A_s，并绘制截面配筋图。

6. 某承受均布荷载的钢筋混凝土矩形截面的简支梁，截面尺寸、混凝土强度等级、箍筋直径和间距见表 2-22，试确定该梁能够承担的最大的剪力 V_u。并讨论截面尺寸、混凝土强度等级对梁斜截面受剪力承载力的影响。

习题 6　　　　　　　　　　　　　　　　　　　　表 2-22

序号	$b \times h$（mm）	混凝土强度等级	箍筋直径（mm）	箍筋间距（mm）	箍筋强度等级	最大剪力设计值 V（kN）
1	250×500	C20	8	200	HRB400 级	
2	250×500	C30	8	200	HRB400 级	
3	300×500	C20	8	200	HRB400 级	
4	250×600	C20	8	200	HRB400 级	

7. 已知某钢筋混凝土矩形截面的简支梁，环境类别一类，截面尺寸为 $b \times h=200mm \times 500mm$，承受均布荷载，箍筋采用 HRB400 级，混凝土采用 C30，当支座处剪力设计值为 $V=180kN$，试确定箍筋的直径和间距。

8. 已知某钢筋混凝土矩形截面简支梁如图 2-104 所示，截面尺寸为 $b \times h=250mm \times 500mm$，承受均布荷载设计值为 $g+q=8kN/m$，集中荷载设计值 $P=100kN$，箍筋采用

HRB400 级，混凝土采用 C30，试确定箍筋的直径和间距，并画出配筋示意图。

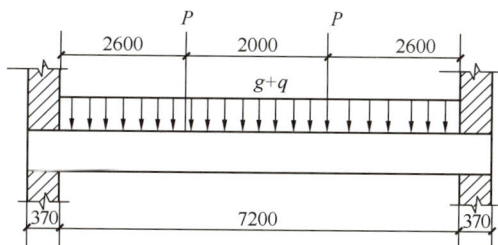

图 2-104　习题 8

9. 根据图 2-105 中的外伸梁所示的内力图（弯矩图和剪力图），分小组进行外伸梁（正截面和斜截面）的设计，画出外伸梁的配筋施工图（立面图和剖面图），并由小组代表回答相关的问题。

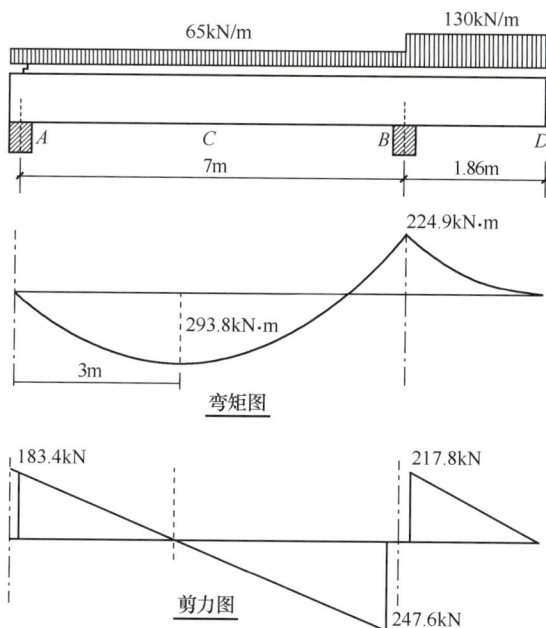

图 2-105　习题 9

10. 已知某多层现浇钢筋混凝土框架结构，首层柱高 $H=5.6m$，中柱承受的轴向力设计值 $N=3000kN$，截面尺寸 $b=h=400mm$，混凝土强度等级为 C30，钢筋为 HRB400 级钢筋。求所需纵向钢筋面积 A_s。

11. 已知现浇钢筋混凝土轴心受压柱，截面尺寸为 $b=h=300mm$，计算长度 $l_0=4.8m$，混凝土强度等级为 C30，配有 4Φ20 的纵向受力钢筋。求该柱所能承受的最大轴向力设计值。

12. 已知矩形截面偏心受压构件，$b\times h=400mm\times600mm$，$a_s=a'_s=45mm$，$l_c/h=5.6$，采用 C30 的混凝土，采用 HRB400 级的钢筋，承受轴力设计值 $N=1200kN$，弯矩设计值 $M_1=M_2=500kN\cdot m$。求对称配筋时的 A_s 及 A'_s。

13. 已知矩形截面偏心受压构件，截面尺寸为 $b \times h = 300\text{mm} \times 500\text{mm}$，$a_s = a'_s = 45\text{mm}$，计算长度 $l_0 = 3.0\text{m}$，采用 C30 的混凝土，采用 HRB400 级的钢筋，承受轴力设计值 $N = 2500\text{kN}$，弯矩设计值 $M_1 = M_2 = 50\text{kN} \cdot \text{m}$。求对称配筋时的 A_s 及 A'_s。

单元 3　建筑结构设计基本知识

引言

在建筑结构构件的设计和施工中，学生如何掌握荷载的类型和特点？如何根据建筑物的功能确定其相应的荷载？本单元将一一叙述，教你运用。

思维导图

建筑结构设计基本知识
- 建筑结构荷载
  - 荷载的作用与作用效应
  - 荷载的分类
  - 荷载的代表值
- 建筑结构的设计方法
  - 建筑结构的功能要求
    - 安全性
    - 适用性
    - 耐久性
  - 安全等级及设计使用年限
  - 结构的可靠性
  - 建筑结构的极限状态
    - 承载能力极限状态
    - 正常使用极限状态
  - 极限状态方程
  - 承载能力极限状态实用表达式

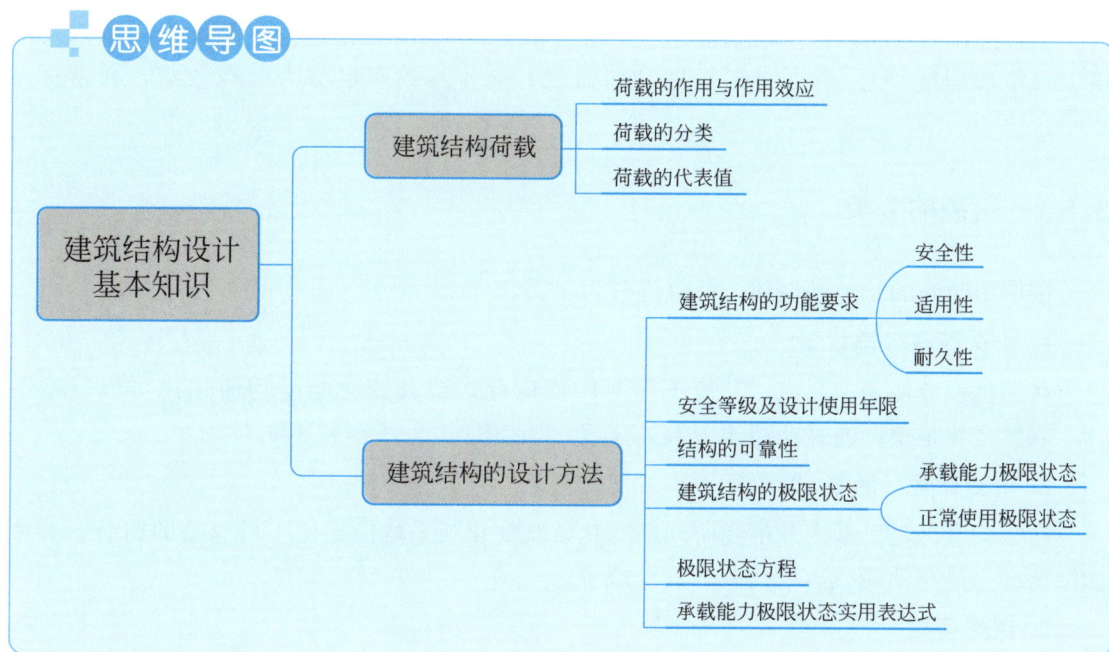

3.1　建筑结构荷载

学习目标

（1）确定荷载。

（2）计算荷载。

3.1.1　荷载的作用与作用效应

结构上的作用：使结构产生内力或变形的原因称为"作用"。作用分为直接作用和间接作用。

1. 直接作用

以力的形式表现出来，习惯上称为荷载。

（1）永久作用：通常称为永久荷载或恒荷载。

（2）可变作用：通常称为可变荷载或活荷载。

（3）偶然作用：通常称为偶然荷载。

2. 间接作用

以变形的形式表现出来，如收缩、温度变化、基础沉降、地震等。

3. 作用效应

由直接作用或间接作用在结构内产生内力和变形（如轴力、剪力、弯矩、扭矩以及挠度、转角和裂缝等）。当为直接作用（即荷载）时，其效应也称为荷载效应，通常用 S 表示。

3-1

荷载的作用与效应

3.1.2 荷载的分类

按作用时间的长短和性质，荷载可分为三类：

1. 永久荷载（恒载 g）

在结构设计使用年限内，其值不随时间而变化，或其变化与平均值相比可以忽略不计，或其变化是单调的并能趋于限值的荷载，如结构自重、土压力等。

2. 可变荷载（活载 q）

在结构设计基准期内其值随时间而变化，其变化与平均值相比不可忽略的荷载，如楼面活荷载、吊车活荷载、风荷载、雪荷载等。

3. 偶然荷载

在结构设计基准期内不一定出现，但一旦出现其值会很大，且作用时间很短的荷载，如爆炸力、撞击力、龙卷风等。

3.1.3 荷载的代表值

荷载的代表值：进行结构设计时，根据各种极限状态的设计要求所采用的荷载数值。

1. 荷载标准值

将荷载视为随机变量，采用数理统计的方法加以处理而得到的在设计基准期（50 年）内可能出现的具有一定概率的最大荷载值。

荷载标准值是结构设计时采用的荷载基本代表值，其他代表值都可由标准值乘以相应的系数后得出。

（1）永久荷载（恒载）标准值

永久荷载主要是结构自重及粉刷、装修、固定设备的重量。由于结构或非承重构件的自重的变异性不大，一般以其平均值作为荷载标准值，即可按结构构件的设计尺寸和材料或结构构件单位体积（或面积）的自重标准值确定。

常用材料和构件的单位自重见《建筑结构荷载规范》GB 50009—2012（以下简称《荷载规范》）。现将几种常用材料单位体积的自重（单位 kN/m^3）摘录如下：混凝土 $20kN/m^3$，钢筋混凝土 $25kN/m^3$，水泥砂浆 $20kN/m^3$，石灰砂浆、混合砂浆 $17kN/m^3$，普通砖（机器制）$19kN/m^3$。例如，取钢筋混凝土单位体积自重标准值为 $25kN/m^3$，则截面尺寸为 $200mm×500mm$ 的钢筋混凝土矩形截面梁的自重标准值为 $0.2×0.5×25＝2.5kN/m$。

（2）可变荷载（活载）标准值

民用建筑楼（屋）面均布活荷载标准值及其组合值、频偶值和永久值系数应按表 3-1、表 3-2 采用。

民用建筑楼面均布活荷载标准值及其组合值、频偶值和永久值系数　　　表 3-1

项次	类　别	标准值 (kN/m^2)	组合值系数 ψ_c	频偶值系数 ψ_f	准永久值系数 ψ_q
1	(1)住宅、宿舍、旅馆、办公楼、医院病房、托儿所、幼儿园	2.0	0.7	0.5	0.4
	(2)试验室、阅览室、会议室、医院门诊室	2.0	0.7	0.6	0.5
2	教室、食堂、餐厅、一般资料档案室	2.5	0.7	0.6	0.5
3	(1)礼堂、剧场、影院、有固定座位的看台	3.0	0.7	0.5	0.3
	(2)公共洗衣房	3.0	0.7	0.6	0.5
4	(1)商店、展览厅、车站、港口、机场大厅及其旅客等候室	3.5	0.7	0.6	0.5
	(2)无固定座位的看台	3.5	0.7	0.5	0.3
5	(1)健身房、演出舞台	4.0	0.7	0.6	0.5
	(2)舞厅	4.0	0.7	0.6	0.3
6	(1)书库、档案库、储藏室	5.0	0.9	0.9	0.8
	(2)密集柜书库	12.0			
7	通风机房、电梯机房	7.0	0.9	0.9	0.8
8	汽车通道及停车库： (1)单向板楼盖（板跨不小于2m） 客车 消防车	4.0 35.0	0.7 0.7	0.7 0.5	0.6 0.0
	(2)双向板楼盖和无梁楼盖（柱网尺寸不小于6m×6m） 客车 消防车	2.5 20.0	0.7 0.7	0.7 0.5	0.6 0.0
9	厨房： (1)餐厅 (2)其他	4.0 2.0	0.7 0.7	0.7 0.6	0.7 0.5
10	浴室、厕所、盥洗室	2.5	0.7	0.6	0.5

续表

项次	类　别	标准值 (kN/m²)	组合值系数 ψ_c	频偶值系数 ψ_f	准永久值系数 ψ_q
11	走廊、门厅： (1)窗舍、旅馆、医院病房、托儿所、幼儿园、住宅 (2)办公楼、餐厅、医院门诊部 (3)教学楼及其他可能出现人员密集的情况	2.0 2.5 3.5	0.7 0.7 0.7	0.5 0.6 0.5	0.4 0.5 0.3
12	楼梯： (1)多层住宅 (2)其他	2.0 3.5	0.7 0.7	0.5 0.5	0.4 0.3
13	阳台： (1)可能出现人员密集的情况 (2)一般情况	3.5 2.5	0.7 0.7	0.6 0.6	0.5 0.5

注：1. 本表所列各项活荷载适用于一般使用条件，当使用荷载大时，应按实际情况采用；
　　2. 本表各项荷载不包括隔墙自重和二次装修荷载。

屋面均布活荷载　　　　　　　　　　　　　　　　　表 3-2

项次	类别	标准值 (kN/m²)	组合值系数 ψ_c	频偶值系数 ψ_f	准永久值系数 ψ_q
1	不上人的屋面	0.5	0.7	0.5	0.0
2	上人的屋面	2.0	0.7	0.5	0.4
3	屋顶花园	3.0	0.7	0.5	0.5
4	屋顶运动场地	3.0	0.7	0.6	0.4

注：1. 不上人的屋面，当施工荷载较大时，应按实际情况采用；
　　2. 上人的屋面，当兼做其他用途时，应按相应楼面活荷载采用；
　　3. 对于因屋面排水不畅、堵塞引起积水荷载，应采取构造措施加以防止。必要时应按积水的可能深度确定屋面活荷载；
　　4. 屋顶花园活荷载不包括花圃土石等材料自重。

2. 可变荷载（活载）准永久值

可变荷载在设计基准期内会随时间而发生变化，并且不同可变荷载在结构上的变化情况不一样。如住宅楼面活荷载，人群荷载的流动性较大，而家具荷载的流动性则相对较小。在设计基准期内经常达到或超过的那部分荷载值（总的持续时间不低于 25 年），称为可变荷载准永久值。它对结构的影响类似于永久荷载。

可变荷载准永久值可表示为 $\psi_q Q_k$，其中 Q_k 为可变荷载标准值，ψ_q 为可变荷载准永久值系数。ψ_q 的值查表 3-1、表 3-2。

例如住宅的楼面活荷载标准值为 2.0kN/m^2，准永久值系数 $\psi_q = 0.4$，则活荷载准永久值为 $2 \times 0.4 = 0.8\text{kN/m}^2$。

3. 可变荷载组合值

两种或两种以上可变荷载同时作用于结构上时，所有可变荷载同时达到其单独出现时可能达到的最大值的概率极小，因此，除主导荷载（产生最大效应的荷载）仍可以其标准值为代表值外，其他伴随荷载均应乘以一个小于 1 的组合系数作为可变荷载的组合值。

可变荷载组合值可表示为 $\psi_c Q_k$。其中 ψ_c 为可变荷载组合值系数，其值按表 3-1、表 3-2 查取。

4. 荷载设计值

荷载标准值与荷载分项系数的乘积称为荷载设计值，一般情况下，永久荷载设计值等于永久荷载标准值乘以 1.3；可变荷载设计值等于可变荷载标准值乘以 1.5，用于承载能力计算，即 $g = 1.3 g_k$　　$q = 1.5 q_k$。

【实训 3-1】　画出学校图书馆第三层的平面图，然后根据现在房间的功能要求确定其可变荷载标准值。

3-2

荷载的代表值

3.2　建筑结构的设计方法

学习目标

（1）了解建筑结构的功能要求。
（2）了解建筑结构的安全等级和设计年限。
（3）明确承载能力极限状态实用表达式。

3.2.1　建筑结构的功能要求

建筑结构在规定的设计使用年限内应满足的功能要求包括三个方面：安全性、适用性和耐久性。

1. 安全性

建筑结构在预定的使用年限内（一般为 50 年），应能承受在正常施工、正常使用条件下可能出现的各种荷载、外加变形（如超静定结构的支座不均匀沉降）、约束变形（如温度和收缩变形受到约束时）等的作用。

在偶然事件（如地震、爆炸）发生时和发生后，结构应能保持整体稳定性，不应发生倒塌或连续破坏而造成生命财产的严重损失。

2. 适用性

建筑结构在正常使用期间，具有良好的工作性能。如不发生影响正常使用的过大的变形（挠度、侧移）、振动（频率、振幅），或产生让使用者感到不安的过大的裂缝宽度。

3. 耐久性

建筑结构在正常使用和正常维护条件下，应具有足够的耐久性。即在各种因素的影响下（混凝土碳化、钢筋锈蚀），结构的承载力和刚度不应随时间有过大的降低，而导致结构在其预定使用期间内丧失安全性和适用性，降低使用寿命。

3.2.2 安全等级及设计使用年限

1. 安全等级

建筑结构设计时，应根据结构破坏可能产生的后果（危及人的生命、造成经济损失、产生社会影响等）的严重性，采用不同的安全等级。《建筑结构可靠性设计统一标准》GB 50068—2018 将建筑结构分为三个安全等级（表 3-3）。

建筑结构的安全等级　　　　　　　　　　　　　　　表 3-3

安全等级	破坏后的影响程度	建筑物的类型
一级	很严重	重要的建筑物
二级	严重	一般的建筑物
三级	不严重	次要的建筑物

注：一般建筑物中的结构和构件的安全等级与整个建筑物安全等级一致，但也可以根据对建筑物的重要程度作适当调整。

2. 设计使用年限

设计使用年限是指设计规定的结构或结构构件不需进行大修即可按其预定目的使用的时期，即结构在规定的条件下所应达到的使用年限（表 3-4）。

结构的设计使用年限分类　　　　　　　　　　　　表 3-4

类别	结构类型	结构的设计使用年限（年）
1	临时性结构	5
2	易于替换的结构构件	25
3	普通房屋和构筑物	50
4	纪念性建筑和特别重要的建筑结构	100

3.2.3 结构的可靠性

可靠性是安全性、适用性和耐久性的总称。

结构的可靠性是指结构在规定的使用期限内（即设计使用年限），在规定的条件下（结构的正常设计、正常施工、正常使用和维护），完成预定结构功能（如承载力、刚度、稳定性、抗裂性、耐久性和动力性能等）的能力。

一般而言，结构可靠性越高，建设造价投资越大。显然这种可靠与经济的均衡受到多方面的影响，如国家经济实力、设计使用年限、维护和修复等。如何在结构可靠与经济之间取得均衡，就是设计方法要解决的问题。

规范的规定，是这种均衡的最低限度，也是国家的技术法规。

设计人员可以根据具体工程的重要程度、使用环境和情况，以及业主的要求，提高设计水准，增加结构的可靠度。

经济的概念不仅包括第一次建设费用，还应考虑维修、损失及修复的费用。

结构可靠度是指结构在规定的时间内，在规定的条件下，完成预定功能的概率，即结构可靠度是结构可靠性的概率度量。

3.2.4 建筑结构的极限状态

建筑结构能够满足功能要求而良好地工作，则称结构是"可靠"的或"有效"的。反之，则结构为"不可靠"或"失效"（表3-5）。

区分结构"可靠"与"失效"的临界工作状态称为"极限状态"。整个结构或结构的一部分超过某一特定状态就不能满足设计规定的某一功能要求，此特定状态为该功能的极限状态。

"可靠""失效"和"极限状态"的判定条件　　　　　　　　　　表 3-5

结构功能		可靠	极限状态	失效
安全性	受弯承载力	$M<M_u$	$M=M_u$	$M>M_u$
适用性	挠度变形	$f<[f]$	$f=[f]$	$f>[f]$
耐久性	裂缝宽度	$w_{max}<[w_{max}]$	$w_{max}=[w_{max}]$	$w_{max}>[w_{max}]$

建筑结构的极限状态分为两类：

1. 承载能力极限状态

超过该极限状态，结构就不能满足预定的安全性功能要求。

2. 正常使用极限状态

超过该极限状态，结构就不能满足预定的适用性和耐久性的功能要求。

3-3

建筑结构的设计方法

3.2.5 极限状态方程

结构的极限状态可用下面的极限状态函数表示：

$$Z=R-S \tag{3-1}$$

对应的：

$Z=R-S>0$ 时（即 $S<R$ 时），结构处于可靠状态；

$Z=R-S=0$ 时（即 $S=R$ 时），结构达到极限状态；

$Z=R-S<0$ 时（即 $S>R$ 时），结构处于失效（破坏）状态。

S——荷载效应：结构上的各种作用（如荷载、不均匀沉降、温度变形、收缩变形、地震等）产生的效应总和（如弯矩 M、轴力 N、剪力 V、扭矩 T、挠度 f、裂缝宽度 w 等）。

$$S=S(Q) \qquad 建筑力学的主要内容$$

R——结构抗力：结构抵抗作用效应的能力，如受弯承载力 M_u、受剪承载力 V_u、容许挠度 $[f]$、容许裂缝宽度 $[w]$。

$$R=R(f_c, f_y, A, h_0, A_s, \cdots) \qquad 结构设计原理的主要内容$$

在结构设计中，不仅只考虑结构的承载能力，还要考虑结构的适用性和耐久性。

3.2.6 承载能力极限状态实用表达式

承载能力极限状态实用设计表达式为：

$$\gamma_0 S \leqslant R \tag{3-2}$$

式中　γ_0——结构重要性系数；

S——承载能力极限状态下作用组合的设计值；

R——结构构件的承载力设计值。

下面对结构重要性系数 γ_0 作进一步的说明：

按照我国《建筑结构可靠性设计统一标准》GB 50068—2018，根据建筑结构破坏后果的严重程度，将建筑结构划分为三个安全等级：影剧院、体育馆和高层建筑等重要工业与民用建筑的安全等级为一级，大量一般性工业与民用建筑的安全等级为二级，次要建筑的安全等级为三级。各结构构件的安全等级一般与整个结构相同，各安全等级相应的结构重要性系数的取法为：一级，$\gamma_0 = 1.1$；二级，$\gamma_0 = 1.0$；三级，$\gamma_0 = 0.9$；对地震设计状况作用下 γ_0 不应小于 1.0。

思 考 题

1. 结构设计应使结构满足哪些功能要求？

2. 何谓极限状态？极限状态分哪几类？包括哪些内容？悬挑结构的抗倾覆验算、受弯构件的抗裂计算和挠度验算分别属于哪类极限状态？

习 题

1. 已知某楼板如图 3-1 所示，净重 5.4kN/m^2，活荷载标准值为 2.0kN/m^2，试进行荷载组合，确定荷载设计值。

图 3-1　楼板

2. 已知某屋面板如图 3-2 所示，自重为 $2.7kN/m^2$，屋面活荷载为 $0.8kN/m^2$，雪荷载为 $0.4kN/m^2$，积灰荷载为 $0.5kN/m^2$，试进行荷载组合，确定荷载设计值。

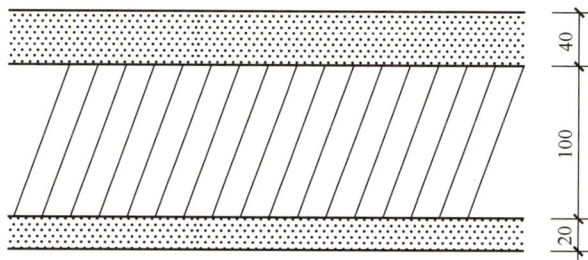

图 3-2　屋面板

3. 已知某楼板钢筋混凝土结构层厚度为 100mm，表面抹 40mm 厚水泥砂浆，底面抹 20mm 厚水泥砂浆，楼面活荷载标准值为 $2.5kN/m^2$，试进行荷载组合，确定荷载设计值。

单元 4 钢筋混凝土梁板结构

引言

目前，在钢筋混凝土楼屋盖的结构设计、施工中，绝大多数采用现浇的单向板、双向板肋形的梁板结构，学生如何运用建筑力学的基本知识去确定梁板结构的近似计算简图？如何进行单向板、双向板及其梁的内力计算？如何正确选择要验算的截面和熟练掌握其相应的配筋计算？如何掌握梁板结构的构造要求？如何结合建筑力学、建筑结构和建筑施工去分析、处理建筑工程中的实际问题？本单元将一一叙述，教你掌握和运用。

思维导图

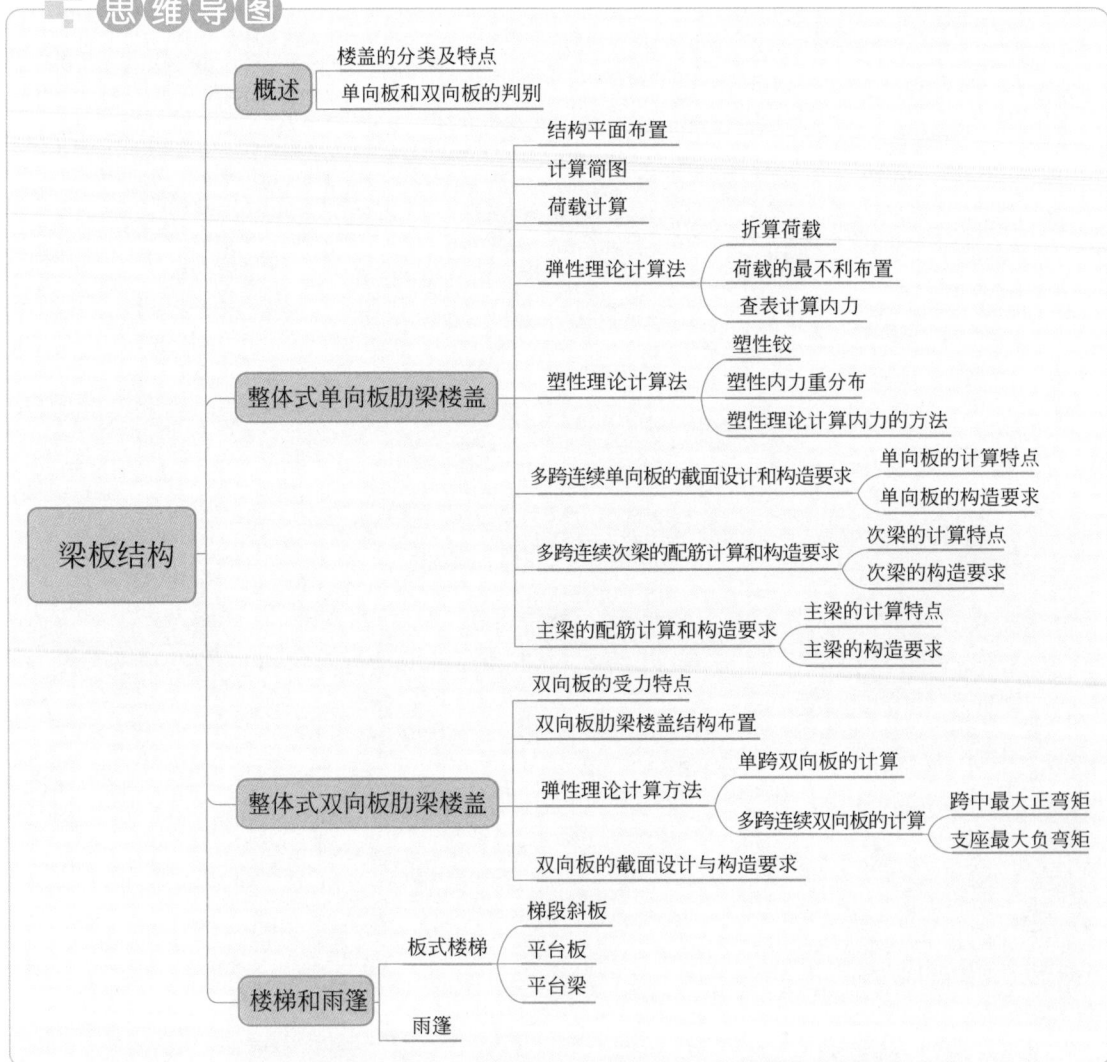

4.1　概述

学习目标

（1）单向板和双向板的划分。

（2）了解单向板和双向板的受力特点。

4.1.1　梁板结构的分类及特点

前面介绍了钢筋混凝土单个梁、板的设计计算及构造。在实际工程中，还会遇到连续多跨的钢筋混凝土梁、板及由它们组成的整体梁板结构，如整体现浇的肋形楼盖。

楼盖是建筑结构中的水平结构体系，它与竖向构件、抗侧力构件一起组成建筑结构的整体空间结构体系。

楼盖将楼面竖向荷载传递至竖向构件，并将水平荷载（风力、地震作用）传到抗侧力构件，根据不同的分类方法，可将楼盖分为不同的类别。

楼盖是建筑结构重要的组成部分，混凝土楼盖造价占到整个土建总造价的近30%，其自重约占到总重量的一半。选择合适的楼盖设计方案，并采用正确的方法，合理地进行设计计算，对于整个建筑结构都具有十分重要的作用。

钢筋混凝土梁板结构是土建工程中应用最广泛的一种结构。例如房屋中的楼盖和屋盖、筏式基础、贮液池的底板和顶盖、扶壁式挡土墙，桥的桥面以及楼梯、阳台、雨篷等，其中楼盖（屋盖）是最典型的梁板结构。

（1）按施工方法的不同可分为：现浇整体式、预制装配式、装配整体式。

1）现浇整体式→全部构件均为现场浇筑，工程中最常见。

优点：整体性好、适应性强、灵活。

缺点：耗模量大、劳动强度高、工期长。

2）预制装配式→多采用预制板、梁或现浇梁。

优点：节省模板、缩短工期。

缺点：整体性、适应性较差，不适合有防水和开洞要求的楼面。

3）装配整体式→叠合式，采用叠合构件，在节点处进行二次浇筑。

优点：节省模板、整体性较好。

缺点：费工、费料。需要进行混凝土二次浇灌，有时还需增加焊接工作量。

（2）现浇整体式楼盖按楼板受力和支承条件的不同可分为：单向板肋梁楼盖、双向板肋梁楼盖、无梁楼盖、井字楼盖，如图 4-1 所示。

1）单向板和双向板的受力特点（图 4-2）

单向板：仅仅在一个方向或主要在一个方向受弯的板，如图 4-3（a）（b）所示。

4-1

钢筋混凝土梁板结构概述及分类

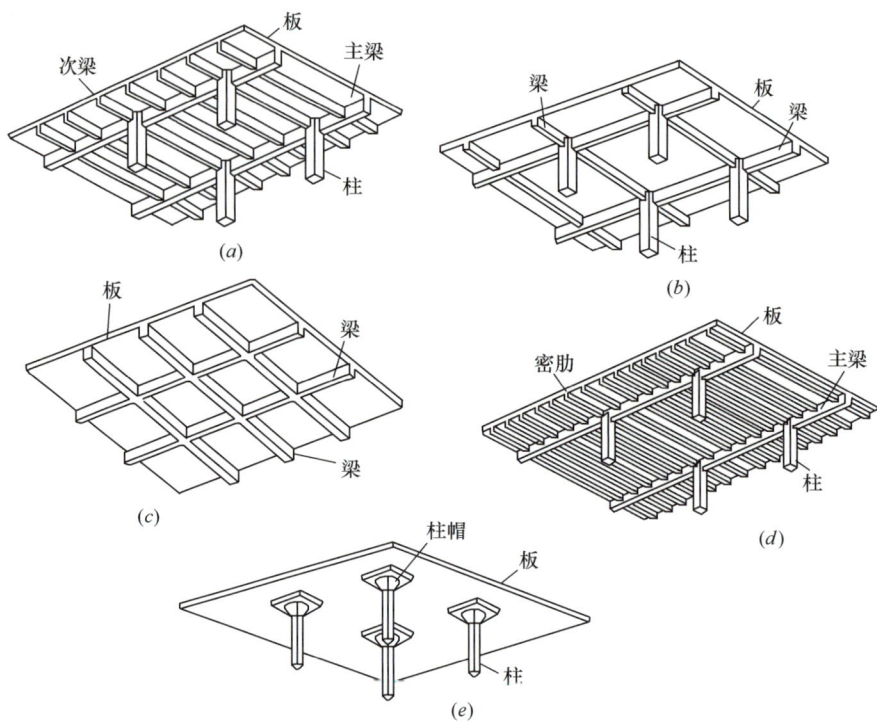

图 4-1　现浇整体式楼盖结构类型

（a）单向板肋梁楼盖；（b）双向板肋梁楼盖；（c）井式楼盖；（d）密肋楼盖；（e）无梁楼盖

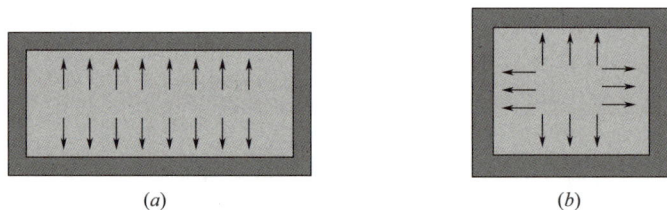

图 4-2　单、双向板的受力特点

（a）单向板；（b）双向板

双向板：两个方向均受弯的板，如图 4-3（c）所示。

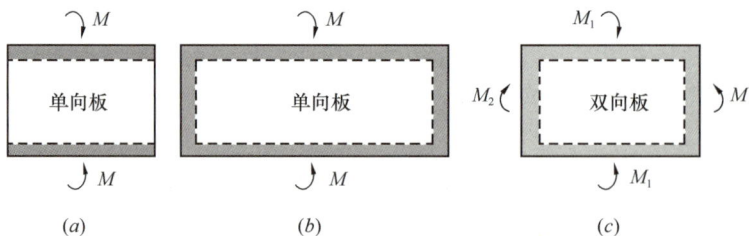

图 4-3　单、双向板的判别

（a）单向支承板；（b）、（c）四边支承板

2）楼盖的传力路线

单向板楼盖传力路线：荷载→板→（沿短边）→次梁→主梁→柱或墙。

双向板楼盖传力路线：荷载→板→（沿短边和长边）→次梁和主梁→柱或墙。

无梁楼盖传力路线：荷载→板→柱帽→柱。

4.1.2 单、双向板的设计判断

整体现浇钢筋混凝土楼盖，按板的支承和受力条件不同，可分为单向板和双向板两类，如图 4-4 所示。设板上承受均布荷载为 q，l_1 为短边方向的计算跨度，l_2 为长边方向的计算跨度。板上的荷载将分别由两个方向的板带传递到各自的支座，取出跨度中点上两个相互垂直单位宽度的板带，设沿短边方向传递荷载为 q_1，沿长边方向传递的荷载为 q_2。当忽略相邻边对它们的影响，近似将这两条板带视为简支梁，由跨度中点处挠度相等的条件可求出：当 $l_2/l_1=2$ 时，$q_1=0.94q$ 和 $q_2=0.06q$。可以证明，当 $l_2/l_1>2$（弹性理论）和当 $l_2/l_1>3$（塑性理论）时，荷载主要沿短跨方向传递，故可以偏于安全地忽略荷载沿长跨方向的传递，而称之为"单向板"。当 $l_2/l_1\leqslant2$ 时，在两个跨度方向弯曲相差不多，故荷载沿两个方向传递，称之为"双向板"。

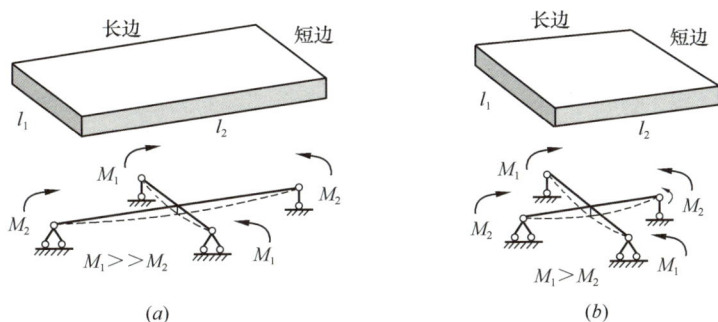

图 4-4 单、双向板分类

（a）四边支承单向板；（b）四边支承双向板

单、双向板的划分：

为了设计上的方便，《混凝土结构设计规范》GB 50010—2010 规定：

（1）两对边支承的板应按单向板设计如图 4-3（a）所示。

（2）四边支承的板应按下列规定设计如图 4-3（b）～（c）所示：

1）当 $l_2/l_1\geqslant3$ 时，按单向板设计。

2）当 $2<l_2/l_1<3$ 时，宜按双向板设计；若按短边方向受力的单向板设计时，则应沿长边方向布置足够数量的构造钢筋。

3）当 $l_2/l_1\leqslant2$ 时，应按双向板设计。

4-2

单向板与
双向板

4.2　整体式单向板肋梁楼盖

学习目标

（1）了解单向板肋梁楼盖的结构布置。
（2）掌握板、次梁、主梁的内力计算及其配筋计算。
（3）掌握板、次梁、主梁的构造要求。

4.2.1　结构平面布置

钢筋混凝土单向板肋梁楼盖的结构布置主要是主梁和次梁的布置。一般在建筑设计中已经确定了建筑物的柱网尺寸或承重墙的布置，柱网和承重墙的间距决定了主梁的跨度，主梁的间距决定了次梁的跨度，次梁的间距又决定了板跨度。因此进行结构平面布置时，应综合考虑建筑功能、造价及施工条件等因素，合理地进行主、次梁的布置，对楼盖设计和它的适用性、经济效果都有十分重要的意义。

1. 主梁的布置方案

（1）当主梁沿横向布置，而次梁沿纵向布置时，主梁与柱形成横向框架受力体系。各榀横向框架通过纵向次梁联系，形成整体，房屋的横向刚度较大。由于主梁与外纵墙垂直，外纵墙的窗洞高度可较大，有利于室内采光。

（2）当横向柱距大于纵向柱距较多时，或房屋有集中通风的要求时，显然沿纵向布置主梁比较有利，由于主梁截面高度减小，可使房屋层高得以降低。但房屋横向刚度较差，而且常由于次梁支承在窗过梁上，而限制了窗洞高度（图4-5）。

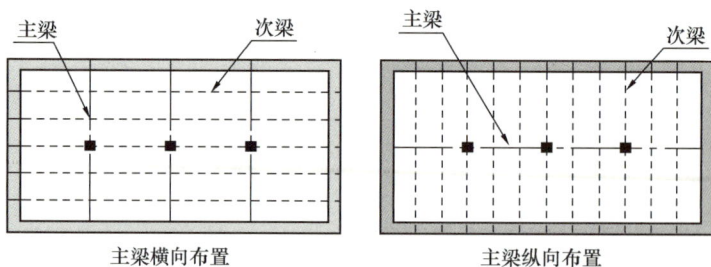

图 4-5　主梁布置

2. 结构布置原则

（1）选择适宜的主、次梁布置方向

1）主梁沿纵向布置：有利采光；横向刚度差。

2）主梁沿横向布置：有利通风；横向刚度好。

梁格布置时，应注意尽量避免将梁搁置在门窗洞上，对于楼盖上有承重墙、隔断墙时应在楼盖相应位置设梁。在楼板上开设较大洞口时，在洞口周边应设置小梁。

（2）梁格布置应尽可能布置得规整、统一，荷载传递直接。减少梁板跨度的变化，尽量统一梁、板截面尺寸，以简化设计、方便施工、获得好的经济效果和建筑效果。

（3）选择经济合理的梁格、柱网尺寸、跨度。楼盖中板的混凝土用量占整个楼盖混凝土用量的50%～70%，因此板厚宜取较小值，根据工程实践，板的跨度一般为2～3m，通常为2.5m左右，荷载较大时宜取较小值；次梁跨度一般为4.0～6.0m；主梁的跨度一般为5.0～8.0m。梁、板尽量布置成等跨度，由于边跨内力要比中间跨内力大，因此，板、次梁及主梁的边跨一般比中间跨的跨长小10%以内。

4-3

结构平面布置

4.2.2 计算简图

1. 支座特点

梁、板支承在砖墙或砖柱上时，可视为不动铰支座；板和次梁，分别由次梁和主梁支承，计算时，一般不考虑板、次梁和主梁的整体连接。将连续板和次梁的支座均视为可动铰支座，梁板能自由转动，支座处有负弯矩，且支座无沉降；主梁支承在砖墙（砖柱）上时，简化为不动铰支座，当主梁与钢筋混凝柱现浇在一起时，应根据梁和柱的线刚度比值而定。当梁与柱的线刚度比值大于5时，可将主梁视为铰支于钢筋混凝土柱上的多跨连续梁。否则应按框架梁进行内力分析，如图4-6所示。

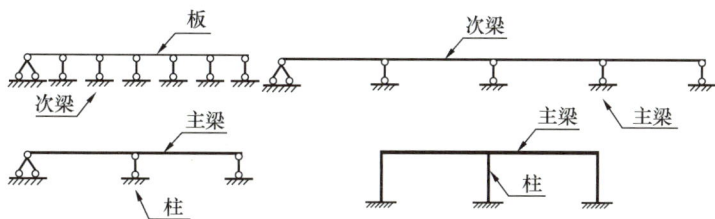

图4-6 梁、板、柱支承条件

2. 计算跨数

（1）对于各跨荷载相同，且跨数超过五跨的等跨等截面连续梁（板），除两边各两跨外的所有中间跨内力十分接近，因此工程上为简化计算，将所有中间跨均以第三跨来代表，故实际跨数超过五跨时，可按五跨来计算内力，如图4-7所示。

（2）当梁（板）的实际跨数少于五跨时，按实际跨数计算。

3. 计算跨度

当连续梁（板）各跨跨度不相等时，如各跨计算跨度相差不超过10%，则可按等跨度连续梁（板）考虑。连续梁、板的计算跨度，在实际工程中，按弹性理论方法计算内力时，板、次梁、主梁（或单跨梁、板）的计算跨度均可取支座中心线之间的距离；按塑性理论方法计算内力时，板、次梁、主梁的计算跨度，对于整浇支座，可取支座边缘之间的

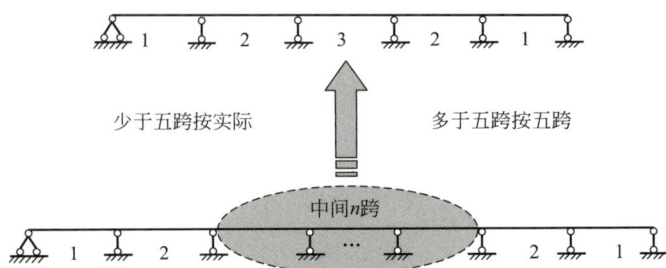

图 4-7　确定计算跨数

距离即净跨长度，对于非整浇支座，按弹性理论方法取值（一般取至支座中心线）。连续梁、板的计算跨度如图 4-8 及表 4-1 所示。

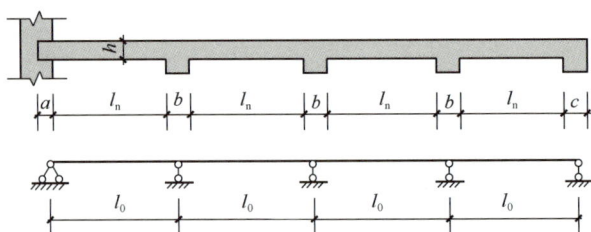

图 4-8　连续板、梁的计算跨度

4-4

计算简图

梁、板的计算跨度 l_0 　　　　　　　　　　　　表 4-1

按弹性理论计算	单跨	两端简支	$l_0 = l_n + a \leqslant l_n + h$（板） $l_0 = l_n + a \leqslant 1.05 l_n$（梁）
		一端简支、一端与梁整体连接	$l_0 = l_n + a/2 \leqslant l_n + h/2$（板） $l_0 = l_n + a/2 + b/2 \leqslant 1.025 l_n + b/2$（梁）
		两端与梁整体连接	$l_0 = l_n$（板） $l_0 = l_c$（梁）
	多跨	两端简支	$l_0 = l_n + a \leqslant l_n + h$（板） $l_0 = l_n + a \leqslant 1.05 l_n$（梁）
		一端简支、一端与梁整体连接	$l_0 = l_n + b/2 + a/2 \leqslant l_n + b/2 + h/2$（板） $l_0 = l_n + b/2 + a/2 \leqslant 1.025 l_n + b/2$（梁）
		两端与梁整体连接	$l_0 = l_c$（板和梁）
按塑性理论计算	多跨	两端简支	$l_0 = l_n + a \leqslant l_n + h$（板） $l_0 = l_n + a \leqslant 1.05 l_n$（梁）
		一端简支、一端与梁整体连接	$l_0 = l_n + a/2 \leqslant l_n + h/2$（板） $l_0 = l_n + a/2 \leqslant 1.025 l_n$（梁）
		两端与梁整体连接	$l_0 = l_n$（板和梁）

注：l_0——板、梁的计算跨度；l_c——支座中心线间距离；l_n——板、梁的净跨；h——板厚；a——板、梁端搁置的支承长度；b——中间支座宽度或与构件整浇的端支承长度。

4. 荷载计算

作用在楼盖上的荷载有恒载和活载两种。恒载包括结构自重、各构造层重、永久性设备重等。活载为使用时的人群、堆料及一般设备重,而屋盖还有雪荷载。上述荷载通常按均布荷载考虑作用于楼板上。计算时,通常取 1m 宽的板带作为板的计算单元。次梁承受左右两边板上传来的均布荷载及次梁自重。主梁承受次梁传来的集中荷载及主梁自重,主梁的自重为均布荷载,但为便于计算,一般将主梁自重折算为几个集中荷载,分别加在次梁传来的集中荷载处如图 4-9 所示。

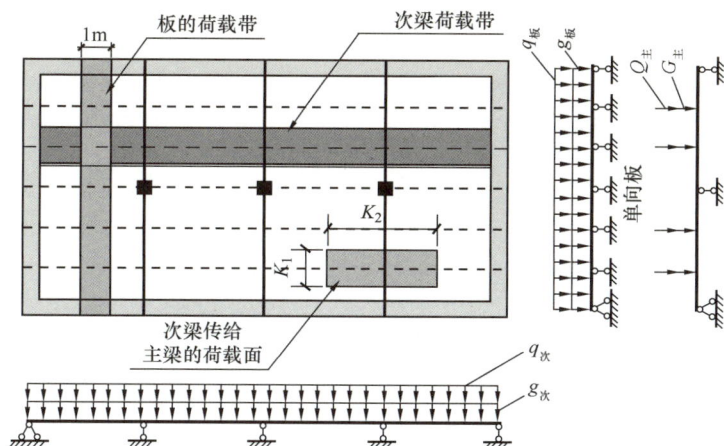

图 4-9 单向板肋梁楼盖荷载情况

（1）板的荷载计算：负载宽度 $b=1\text{m}$,如图 4-10 所示。

$g_板 = 1.3 \times (25\text{kN/m}^3 \times$ 板厚 $h \times$ 负载宽度 $b+$ 板面及板底构造层重量）

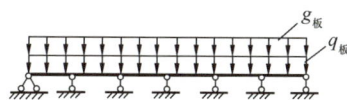

图 4-10 板的荷载计算图

$q_板 = 1.5 \times$ 均布活荷载标准值 $q_k \times$ 负载宽度 b。

（2）次梁的荷载计算：负载宽度为 K_1,如图 4-11 所示。

$g_次 = $ 板面恒载设计值 $g_板 \times$ 负载宽度 $K_1 + 1.3 \times$ [$25\text{kN/m}^3 \times$ 次梁宽度 $b \times$ （次梁高度－板的厚度）＋梁侧抹灰重量]

$q_次 = 1.5 \times$ 均布板面活载标准值 $q_k \times$ 负载宽度 K_1

（3）主梁的荷载计算：负载面积 $K_1 \times K_2$,如图 4-12 所示。

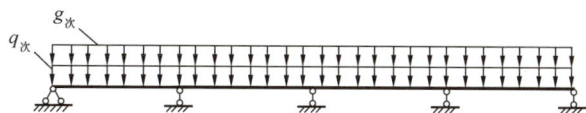

图 4-11 次梁的荷载计算图

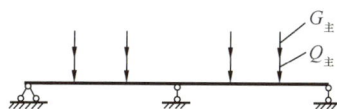

图 4-12 主梁的荷载计算图

$G_主 = $ 次梁恒载设计值 $g_次 \times$ 负载宽度 $K_2 + 1.3 \times$ [$25\text{kN/m}^3 \times$ 主梁宽度 $b \times$ （主梁高度－板的厚度）$\times$ 负载宽度 $K_1 +$ 梁侧抹灰重量]

$Q_主 = 1.5 \times$ 均布板面活载标准值 $q_k \times$ 负载面积 （$K_1 \times K_2$）

4.2.3　弹性法计算内力

在计算时，由于实际的结构构件不同于理想的结构构件，以及活荷载作用位置的变化等因素，因此在按弹性理论计算时，还需要注意如下问题。

1. 折算荷载

当板和次梁、次梁和主梁整浇在一起时，其支座与计算简图中的理想铰支座有较大差别。尤其是活荷载隔跨布置时，支座将约束构件的转动，使被支承的构件（板或次梁）的支座弯矩增加、跨中弯矩降低。为了修正这一影响，通常采用加大恒荷载、相应减小活荷载的方式来处理（恒荷载满布各跨，将其增加可使支座弯矩增加；相应减小活荷载会使跨中弯矩变小，而总的荷载保持不变），即采用折算荷载来计算内力，如图 4-13 所示。

对于板：折算恒荷载 $g' = g + \dfrac{1}{2}q$　　折算活荷载　$q' = \dfrac{1}{2}q$　　　　　　(4-1)

对于次梁：折算恒荷载 $g' = g + \dfrac{1}{4}q$　　折算活荷载　$q' = \dfrac{3}{4}q$　　　　　(4-2)

对于主梁：$g' = g$　　　$q' = q$（不折减）

式中：g、q——实际的恒荷载、活荷载。

注：当板、次梁按塑性计算时，则荷载不折算；当板、次梁支承于砖墙或钢梁上时，支座处受到的约束较小，因此荷载不折算。主梁一般不折算。

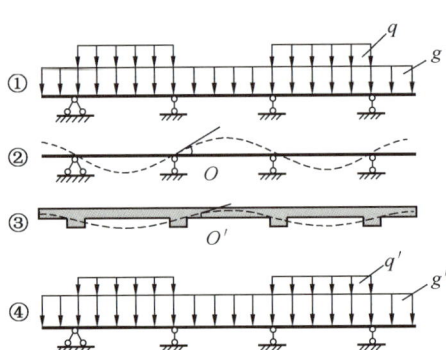

①实际荷载布置情况
②理想支承情况下结构的变形
③结构的实际变形
④计算中采用的折算荷载

图 4-13　板、次梁荷载折算图

2. 荷载的最不利组合

满布的恒荷载＋最不利的活荷载布置。

活荷载最不利的布置原则：

（1）求某跨跨中最大正弯矩时，应在该跨布置活荷载，然后隔跨布置活荷载；

（2）求某支座最大负弯矩时，应在该支座左右两跨布置活荷载，然后隔跨布置活荷载；

（3）求某支座边最大剪力时，应在该支座左右两跨布置活荷载，然后隔跨布置活荷载，与支座最大负弯矩的布置相同。

3. 应用表格计算内力

当活荷载最不利布置明确后，等跨连续梁、板的内力可由表 4-7～表 4-10 查出相应弯矩及剪力系数，利用下列公式计算跨内或支座截面的最大内力。

当均布荷载作用时：$M = K_1 g' l_0^2 + K_2 q' l_0^2$　　　　　(4-3)

$V = K_3 g' l_0 + K_4 q' l_0$　　　　　(4-4)

当集中荷载作用时：$M = K_1 G l_0 + K_2 Q l_0$　　　　　(4-5)

$V = K_3 G + K_4 Q$　　　　　(4-6)

式中　　　g'、q'——单位长度上的均布恒载与活载；

4-5

弹性法计算
内力

G、Q——集中恒载与活载；

K_1、K_2、K_3、K_4——内力系数；

l_0——梁、板的计算跨度。若相邻跨计算跨度不相等（但跨差不超过10％）时，在计算支座弯矩时，l_0 取相邻两跨跨度的平均值；而在计算跨中弯矩及剪力时，仍采用该跨的计算跨度和净跨。

4. 内力包络图

每一种活荷载的最不利布置都不可能脱离恒荷载而单独存在，因此每种活荷载最不利布置下产生的内力均与恒荷载产生的内力叠加。当在同一坐标上画出各种（恒荷载＋活荷载最不利布置）内力图后，其外包线就是内力包络图，它表示各截面可能出现的内力的上、下限。对板、次梁不需要绘制包络图，而主梁需要绘制包络图。

包络图中跨内和支座截面弯矩、剪力设计值就是连续梁相应截面进行受弯、受剪承载力计算的内力依据；弯矩包络图也是确定纵向钢筋弯起和截断位置的依据。

5. 支座截面内力设计值

在用弹性理论计算内力时，由于计算跨度取至支座中心处，而当板与梁整浇、次梁与主梁整浇以及主梁与混凝土柱整浇时，在支座处的截面工作高度大大增加，因此危险截面不是支座中心处的构件截面，而是支座边缘处的截面。为了节省材料，整浇支座截面的内力设计值可按支座边缘处取用。

支座边缘弯矩、剪力设计值按下式计算，如图 4-14 所示。

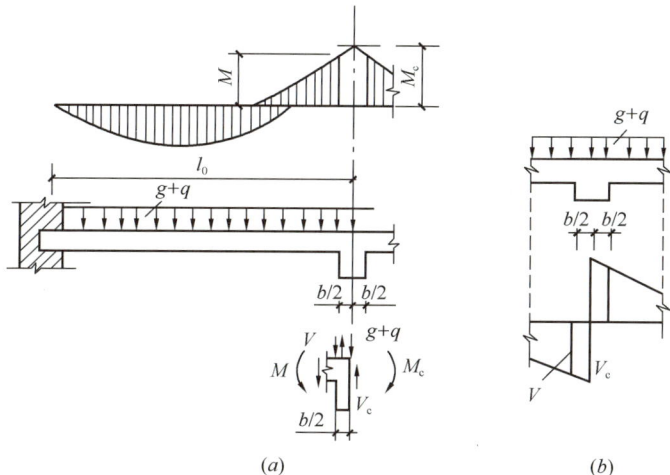

图 4-14　支座边缘内力计算图

弯矩设计值：
$$M = M_c - V_c \frac{b}{2} \tag{4-7}$$

剪力设计值：均布荷载：
$$V = V_c - (g + p) \frac{b}{2} \tag{4-8}$$

　　　　　　集中荷载：
$$V = V_c$$

4.2.4 塑性法计算内力

1. 塑性铰的概念

钢筋混凝土连续梁内塑性铰的形成：就是受拉钢筋屈服使该截面在承受的弯矩几乎不变的情况下发生较大的转动，对此，构件在钢筋屈服的截面好像形成了一个可以转动的铰，称之为塑性铰如图4-15所示。

塑性铰与普通铰比较，具有以下特点：

（1）能承受弯矩；

（2）是单向铰，只沿弯矩作用方向转动；

（3）转动有限度，从钢筋屈服到混凝土压坏。

2. 超静定结构的塑性内力重分布现象

静定结构的某一截面一旦形成塑性铰，结构即转化为几何可变体系而丧失承重能力，但对超静定结构则不同，如当连续梁的某一支座截面形成塑性铰后，并不意味着结构承重能力丧失，而仅仅是减少了一次超静定次数，结构可以继续承载，直至整个结构形成几何可变体系，结构才最后丧失承重能力。

对于超静定结构，当结构的某个截面出现塑性铰后，结构的内力分布发生了变化，经历了一个重新分布的过程，这个过程称为"塑性内力重分布"，如图4-16所示。很显著塑性内力重分布发生在控制截面的受拉钢筋屈服之后。

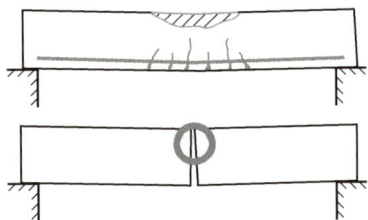

图4-15 梁的塑性铰

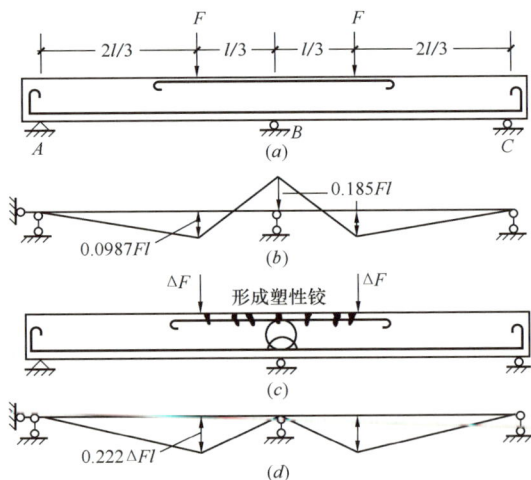

图4-16 内力重分布

3. 考虑塑性内力重分布的意义

（1）内力计算方法与截面设计方法相协调；

（2）可以人为地调整截面的内力分布情况，更合适地布置钢筋；

（3）充分利用结构的承载力，取得一定的经济效益；

（4）塑性内力重分布可人为控制，调整钢筋数量。

4-6

塑性法计算
内力

4. 弯矩调幅法基本原则

（1）为保证调幅截面能形成塑性铰，且具有足够的转动能力。《混凝土规范》规定：$0.1h_0 \leqslant x \leqslant 0.35h_0$。钢筋：采用 HPB300、HRB400 级钢筋，混凝土：C25～C45。

（2）为满足刚度和裂缝要求——梁的负弯矩调幅不超过 25%；板的负弯矩调幅不超过 20%。

（3）应满足静力平衡条件，在任何情况下，应使调整后的每跨两端支座弯矩平均值与跨中弯矩绝对值之和不小于按简支梁计算的跨中弯矩，即要求：

$$\frac{M_B + M_C}{2} + M_2 \geqslant M_0 \tag{4-9}$$

式中 M_0——按简支梁、板计算的跨中弯矩。

在均布荷载作用下，梁的支座弯矩和跨中弯矩均不得小于 $\dfrac{1}{24}(g+q)l_0^2$。

5. 塑性理论计算内力的方法

钢筋混凝土连续梁、板考虑塑性内力重分布的计算时，目前工程中应用较多的是弯矩调幅法，即在弹性理论的弯矩包络图基础上，对构件中选定的某些支座截面较大的弯矩值调低后进行配筋的一种经济配筋法。适用于板和次梁，但不适用于主梁。

板和次梁的跨中及支座弯矩：$M = \alpha(g+q)l_0^2$ (4-10)

次梁支座的剪力：$V = \beta(g+q)l_n$ (4-11)

式中 g、q——作用在梁、板上的均布恒荷载、活荷载设计值；

l_0——计算跨度；

l_n——净跨度；

α——弯矩系数；

β——剪力系数，如图 4-17 所示。其中，第 1 跨为边跨，第 2 跨为第一内跨，第 3 跨为中间跨。

上述调整方法对任何荷载形式的等跨与不等跨的连续梁、板都适用。不过对于均布荷载情况，当跨度相差不大时，采用内力系数法较简捷。

6. 按塑性内力重分布方法计算的适用范围

按塑性内力重分布理论计算超静定结构虽然可以节约钢材，但在使用阶段钢筋应力较高，构件裂缝和挠度较大，通常对于下列情况不宜采用：

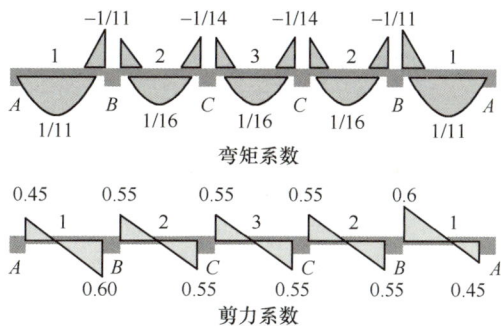

图 4-17 板和次梁按塑性法计算的内力系数

（1）在使用阶段不允许出现裂缝或对裂缝开展控制较严的混凝土结构；

（2）处于严重侵蚀性环境中的混凝土结构；

（3）直接承受动力和重复荷载的混凝土结构；

（4）要求有较高承载力储备的混凝土结构；

（5）配置延性较差的受力钢筋的混凝土结构。

4.2.5 多跨连续单向板的配筋计算和构造要求

1. 单向板的计算特点

（1）通常取 1m 作为计算单元，按单筋矩形截面设计；

（2）板一般能满足斜截面受剪承载力要求，设计时可不进行受剪承载力验算；

（3）利用支座反推力的有利作用，可减少中间跨截面和中间支座截面弯矩设计值 20%，边跨跨中和第一内支座截面弯矩设计值不调整，计算弯矩折减系数如图 4-18 所示。工程中计算弯矩一般不折减。

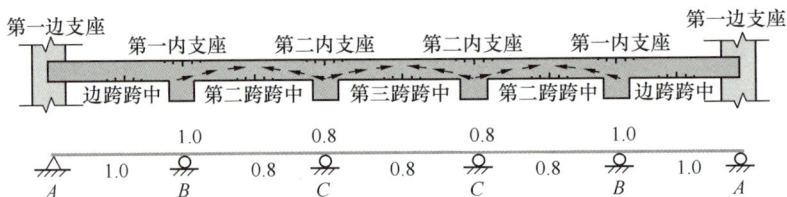

图 4-18　计算弯矩折减系数

2. 单向板的构造要求

构造要求是指在结构计算中未能详细考虑或很难定量计算而忽略了其影响的因素，而在保证构件安全、施工简便及经济合理等前提下采取的技术补救措施。

（1）板的厚度及支承长度

板的混凝土用量占全楼盖混凝土用量的一半以上，因此楼盖中的板在满足建筑功能和方便施工条件下，尽可能薄些，但也不能过薄。

工程设计中板的最小厚度一般可取：一般屋盖为 50mm；一般民用建筑楼盖为 60mm；工业房屋楼盖为 80mm。为了保证刚度，单向板的厚度尚不应小于跨度的 1/40（连续板）或 1/35（简支板）。板在砖墙上的支承长度一般不小于板厚，亦不小于 120mm。

（2）板中受力钢筋

1）钢筋的弯起：钢筋的弯起角度一般为 30°，当 $h > 120$mm 时，可采用 45°。板下部伸入支座的钢筋应不少于跨中钢筋截面面积的 1/3，间距不应大于 400mm。HPB300 级钢筋末端一般做成 180°弯钩，但板的上部钢筋应做成直钩，以便施工时撑在模板上。

2）钢筋的直径：板中受力钢筋一般采用 HRB400、HPB300 级钢筋，常用直径为 6mm、8mm、10mm、12mm 等。目前工程中常采用 HRB400 级钢筋，为便于架立，支座处承受板面负弯矩的钢筋宜采用较大的直径。

3）钢筋的间距：板中受力钢筋的间距不应小于 70mm，当板厚 $h \leqslant 150$mm 时，间距不应大于 200mm；当板厚 $h > 150$mm 时，间距应不大于 $1.5h$，且不应大于 250mm。

4）钢筋的配筋方式：分弯起式和分离式两种。

分离式配筋：是将承担支座弯矩与跨中弯矩的钢筋各自独立配置。分离式配筋较弯起式具有设计施工简便的优点，适用于不受振动和较薄的板中。工程实际中，分离式运用的更为普遍（图 4-19a）。

弯起式配筋：是将承受正弯矩的跨中钢筋在支座附近弯起，弯起跨中钢筋的 $1/3\sim$ $1/2$，以承担支座负弯矩，如不足可另加直钢筋。这种配筋节省钢筋，锚固可靠，整体性好，但施工较复杂。连续板受力钢筋的弯起与截断，一般可不按弯矩包络图确定（图 4-19b）。

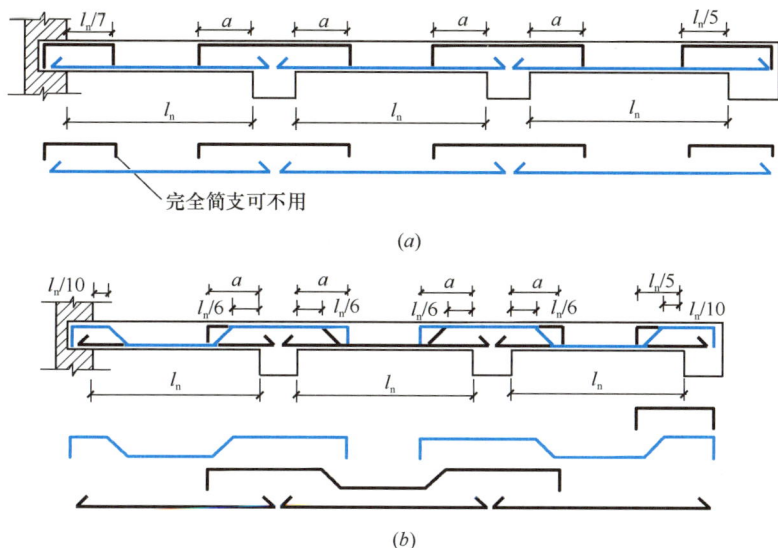

图 4-19　板中受力钢筋的两种配筋方式

（a）分离式配筋；（b）弯起式配筋

（3）板中分布筋（图 4-20）

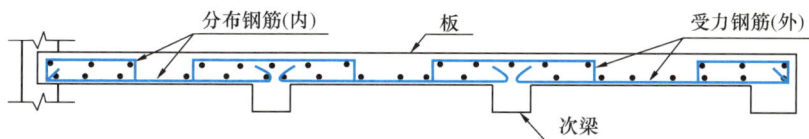

图 4-20　板中受力钢筋与分布钢筋的位置关系

4-7

多跨连续单向板配筋计算和构造要求

1）位置：平行于板的长跨、与受力钢筋垂直、放在受力钢筋的内侧。

2）作用：骨架、受力传力。

3）直径和间距：直径不小于 6mm，间距不大于 250mm。

4）分布钢筋面积：不小于受力钢筋面积的 15%，集中荷载较大或露天构件，分布钢筋间距不大于 200mm。

（4）板面构造负筋（图 4-21）

1）墙边：$\phi 8@200$　长不小于 $l_0/7$；

2）墙角：$\phi 8@200$　长不小于 $\dfrac{l_0}{4}$，双向配筋；

3）与主梁垂直：$\phi 8@200$　长不小于 $l_0/4$。

4-8

墙板的钢筋绑扎

(a)

(b)

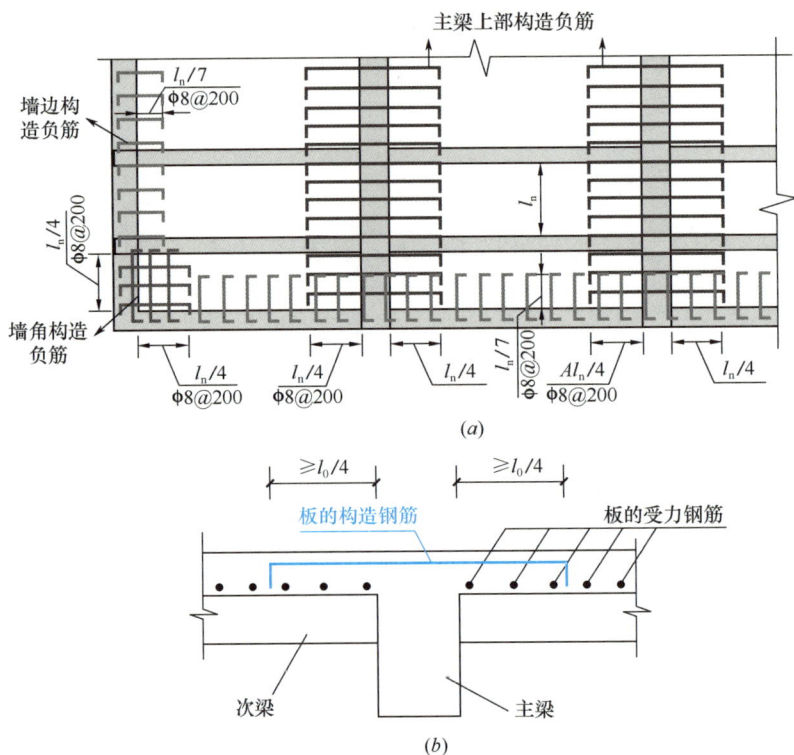

图 4-21　板面构造负筋

（5）板内孔洞周边的附加钢筋（图 4-22）

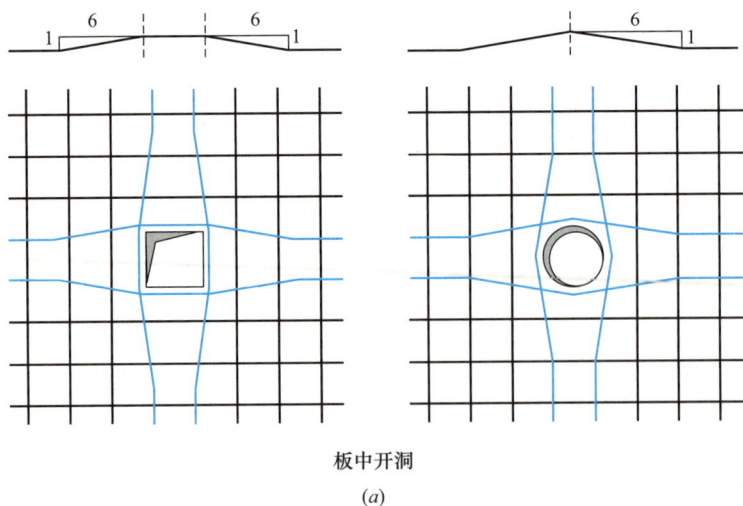

板中开洞

(a)

图 4-22　板内开洞构造要求（一）

(a) b (d) $\geqslant 300\text{mm}$

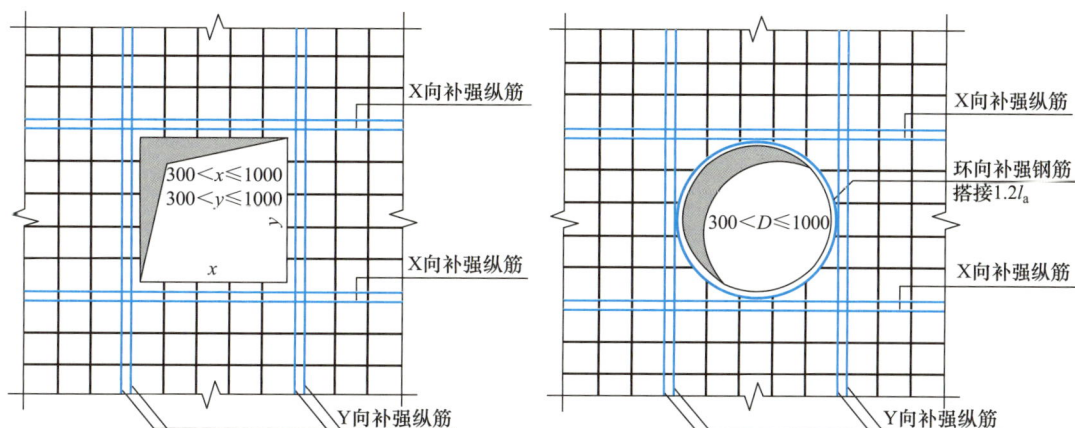

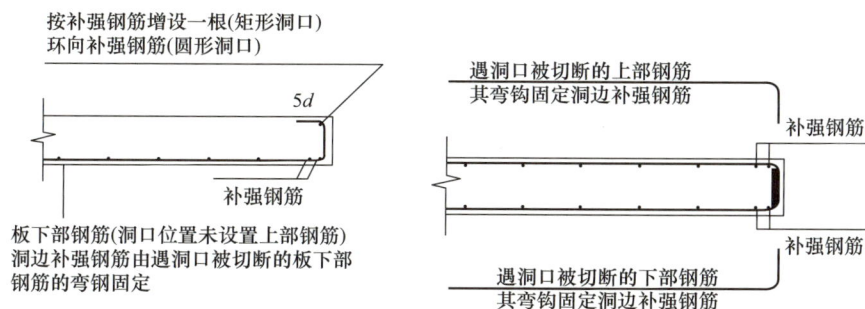

图 4-22　板内开洞构造要求（二）

（b）300mm＜b（d）≤1000mm；（c）洞边被切断钢筋端部构造

1）当孔洞的边长 b（矩形孔）或直径 d（圆形孔）即 b（d）≤300mm 时，由于削弱面积较小，可不设附加钢筋，板内受力钢筋可绕过孔洞即可，不必切断（图 4-22a）。

2）当孔洞的边长 b（矩形洞）或直径 d（圆形洞）大于 300mm 但不大于 1000mm 时，应在洞口每侧设置补强钢筋，当设计注写补强钢筋时，应按注写的规格、数量与长度值补强。当设计未注写时，X 向、Y 向分别按每边配置两根直径不小于 12mm 且不小于同向被切断纵向钢筋总面积的 50％补强，补强钢筋与被切断钢筋布置在同一层面，两根补强钢筋之间的净距为 30mm；环向上下各配置一根直径不小于 10mm 的钢筋补强，如图 4-22（b）、（c）所示。

（6）对于不规则形状板的配筋方式

1）不规则形状的平板：如三角形、多边形、半圆形等，两个方向的受力钢筋始终是垂直设置，并且使一个方向的受力钢筋与其中的一条边平行。

2）曲面板或球面板：其两个方向的受力钢筋设置为经向钢筋（放射状）和纬向钢筋（圆形状）。

4.2.6 多跨连续次梁的配筋计算和构造要求

1. 次梁的计算特点

（1）次梁在截面设计时：次梁的内力一般按塑性方法计算，正截面计算时，跨中正弯矩作用下按 T 形截面计算；支座负弯矩作用下应按矩形截面计算。

（2）斜截面计算时，一般可仅设置箍筋抗剪。

（3）当 $h \geqslant l_0/18$ 时，则一般不需作挠度与裂缝宽度验算。

2. 次梁的构造要求

（1）次梁的一般构造要求与普通受弯构件构造相同，次梁伸入墙内支承长度一般不应小于 240mm。

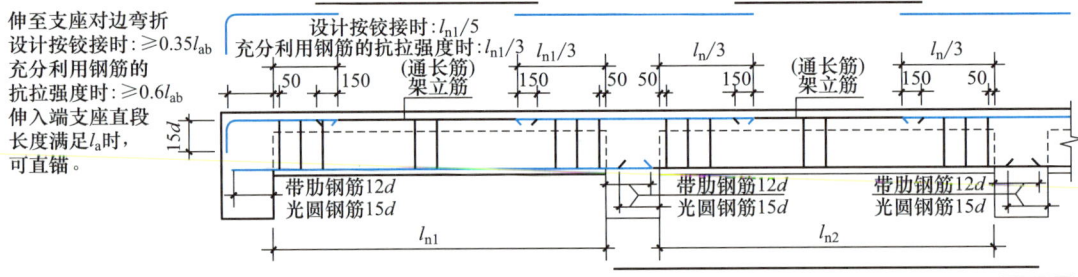

4-10

多跨连续次梁配筋计算和构造要求

图 4-23　次梁配筋方式

（2）等跨连续次梁的纵筋布置方式也有分离式和弯起式两种，工程中一般采用分离式配筋如图 4-23 所示。图 4-23 所示纵筋布置方式适用于跨度相差不超过 20% ，承受均布荷载，且活荷载与恒荷载之比不大于 3 的连续梁；当不符合上述条件时，原则上应按弯矩包络图确定纵筋的弯起和截断位置。

4.2.7 主梁的配筋计算和构造要求

1. 主梁的计算特点

（1）主梁在截面设计时：主梁的内力一般按弹性方法计算，正截面计算时，跨中正弯矩作用下按 T 形截面计算；支座负弯矩作用下应按矩形截面计算。

（2）斜截面计算时，一般设置腹筋抗剪。

（3）当 $h \geqslant \left(\dfrac{1}{14} \sim \dfrac{1}{8}\right) l_0$ ，且按构造要求选择钢筋时，一般不需作挠度与裂缝宽度验算。

（4）在主梁支座处，主梁与次梁截面的上部纵筋相互交叉，则主梁的截面有效高度 h_0 有所减小，如图 4-24 所示。

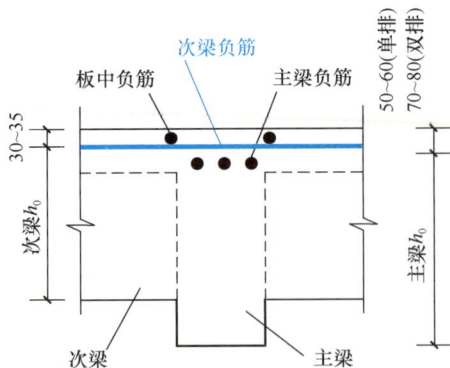

图 4-24　主梁支座处截面的有效高度

支座处的截面有效高度为：

板： $h_0 = h - (20 \sim 25)$

次梁： $h_0 = h - (40 \sim 45)$（一排）；

$h_0 = h - (65 \sim 70)$（两排）

主梁： $h_0 = h - (60 \sim 65)$（一排）；

$h_0 = h - (85 \sim 90)$（两排）

4-11

主梁配筋计算和构造要求

2. 主梁的构造要求

（1）主梁的一般构造要求与普通受弯构件构造相同，主梁伸入墙内支承长度一般不应小于370mm。

（2）纵筋的弯起和截断一般应在弯矩包络图上进行，也可简单化，采用次梁的纵筋布置方式，但纵筋宜伸过中间支座 $l_0/3$ 处截断。

（3）主梁与次梁交接处，次梁顶部在负弯矩作用下将产生裂缝，次梁传来的集中荷载将通过其受压区的剪切面传至主梁截面高度的中、下部，使其下部混凝土可能产生斜裂缝而引起局部破坏，如图 4-25（a）所示。为此，工程中在主梁上应设置附加横向钢筋，将次梁的集中荷载有效地传递到主梁的混凝土受压区。

附加横向钢筋有附加箍筋和附加吊筋两种类型，工程中宜优先选用附加箍筋，也可采用附加箍筋+吊筋，如图 4-25(b) 所示。

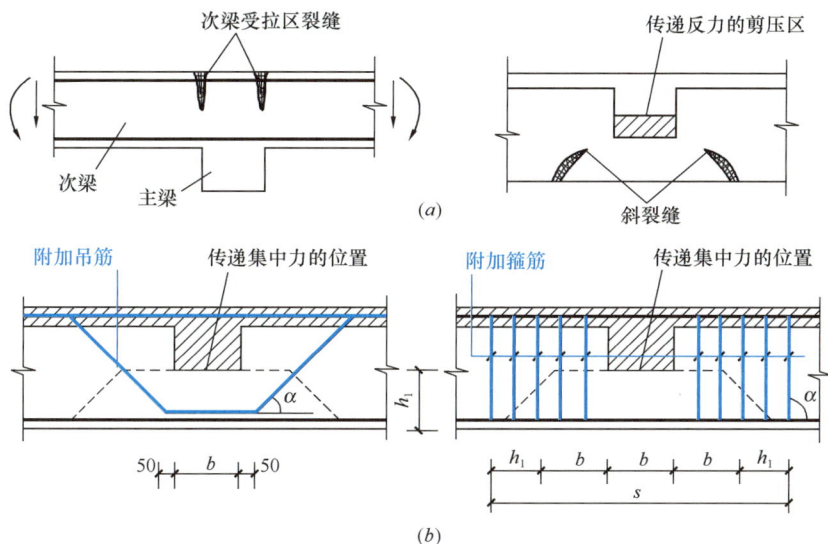

图 4-25 主梁横向附加钢筋

【课堂练习 4-1】 某钢筋混凝土现浇单、双向板楼盖平面尺寸如图 4-26 所示，单向板板厚为 80mm，双向板板厚 100mm，板面 20mm 厚水泥砂浆抹面，顶棚抹灰采用 15mm 厚混合砂浆，框架梁截面宽为 250mm，钢筋采用 HRB400 级，混凝土采用 C30，活荷载为 $2.8kN/m^2$，试按弹性理论的计算方法计算单向板（B_1，B_2，B_3）的内力，并对其进行配筋计算和画出板的配筋施工图；试按弹性理论计算次梁 $L-1$ 的内力，并对其进行配筋计算和画出板的配筋施工图。

解：1. 单向板的计算

（1）荷载计算

1）恒载：20mm 厚水泥砂浆　　　　　$0.02 \times 20 = 0.4 \text{kN/m}^2$

　　　　　80mm 厚钢筋混凝土板　　　$0.08 \times 25 = 2 \text{kN/m}^2$

　　　　　15mm 厚混合砂浆　　　　　$0.015 \times 17 = 0.26 \text{kN/m}^2$

恒载设计值 $g = (0.4 + 2 + 0.26) \times 1.3 = 3.46 \text{kN/m}^2$

2）活荷载设计值　　　　　$q = 2.8 \times 1.5 = 4.2 \text{kN/m}^2$

（2）内力计算

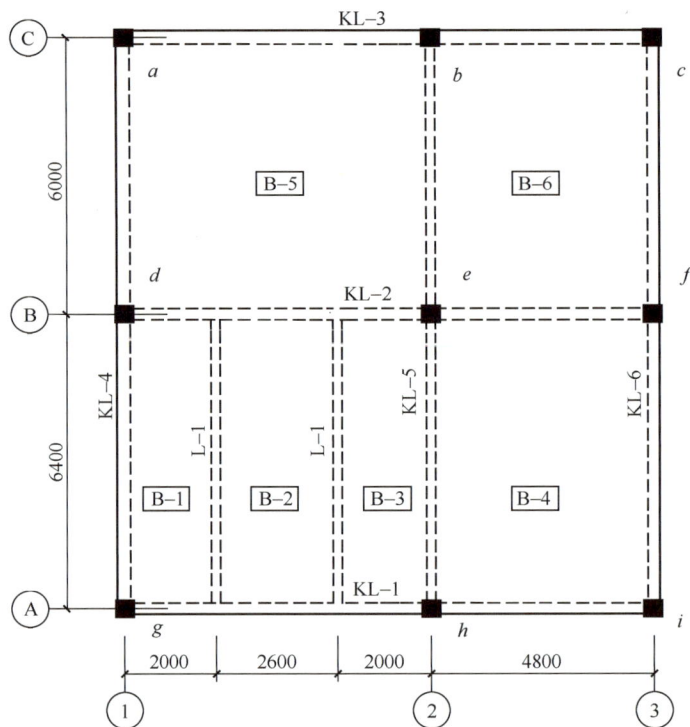

图 4-26　课堂练习 4-1

按弹性理论进行内力计算，取 1m 为计算单元；计算跨度近似取中心线尺寸；两端实际为固定端，为了简化计算，近似取两端为简支端，另加固端弯矩 M_A 和 M_D；单向板实际是三跨不等跨的连续板，为了简化计算，近似取三跨等跨的连续板，计算时 M_1 和 M_3 的计算跨度取 2m，M_2 的计算跨度取 2.6m，支座负弯矩 M_B 和 M_C 的计算跨度取 2.6m（也可取平均跨度 2.3m），其计算简图如图 4-27 所示。

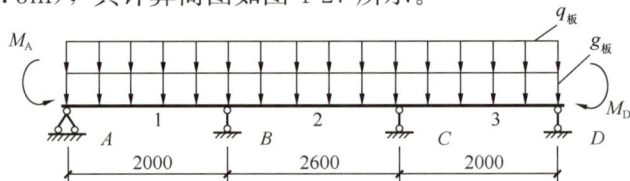

图 4-27　单向板近似计算简图

1）单向板上的均布线荷载计算

$$g = 3.46 \times 1 = 3.46 \text{kN/m}$$

$$q = 4.2 \times 1 = 4.2 \text{kN/m}$$

2）折算荷载的计算

$$g' = g + \frac{1}{2}q$$

$$= 3.46 + 2.1 = 5.56 \text{kN/m}$$

$$q' = \frac{1}{2}q = 2.1 \text{kN/m}$$

3）内力计算（弹性理论）

根据对称关系知 $M_1 = M_3$，在求第一跨跨内最大正弯矩时，恒载满布，活载本跨布置、隔跨布置，即在第 1、3 跨布置活载：

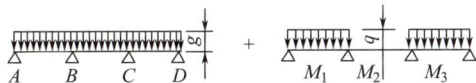

$$M_1 = M_3 = 0.080 \times 5.56 \times 2^2 + 0.101 \times 2.1 \times 2^2 = 2.63 \text{kN} \cdot \text{m}$$

在求第二跨跨内最大正弯矩时，恒载满布，活载本跨布置、隔跨布置，即在第 2 跨布置活载：

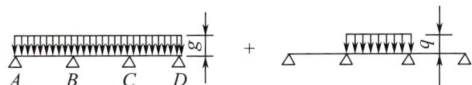

$$M_2 = 0.025 \times 5.56 \times 2.6^2 + 0.075 \times 2.1 \times 2.6^2 = 2 \text{kN} \cdot \text{m}$$

根据对称关系知 $M_B = M_C$，在求支座 B 最大负弯矩时，恒载满布，活载在支座左右临跨布置，然后隔跨布置，即在第 2、3 跨布置活载：

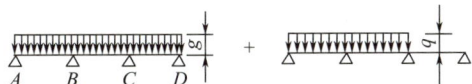

$$M_B = M_C = -0.1 \times 5.56 \times 2.6^2 - 0.117 \times 2.1 \times 2.6^2 = -5.42 \text{kN} \cdot \text{m}$$

（3）正截面承载力计算（表 4-2）

其中 $h_0 = 80 - 20 = 60 \text{mm}$，不考虑拱推力的有利影响，对 M_2 不折减。

单向板正截面承载力计算 表 4-2

截面	M_1（M_3）	M_2	M_B（M_C, M_A, M_D）
M（kN·m）	2.63	2	5.42
$x = h_0 - \sqrt{h_0^2 - \dfrac{2M}{\alpha_1 f_c b}}$	3.15	2.38	6.7
$A_s = \dfrac{\alpha_1 f_c b x}{f_y}$（mm²）	125	95	266
钢筋选配	$\Phi 6@170$	$\Phi 6@170$	$\Phi 8@180$
实配 A_s	166mm²	166mm²	279mm²
$\rho = \dfrac{A_s}{b h_0}$	0.28%＞$\rho_{\min} = 0.2\%$	0.28%＞$\rho_{\min} = 0.2\%$	0.47%＞$\rho_{\min} = 0.2\%$

（4）单向板配筋施工图（图 4-28）

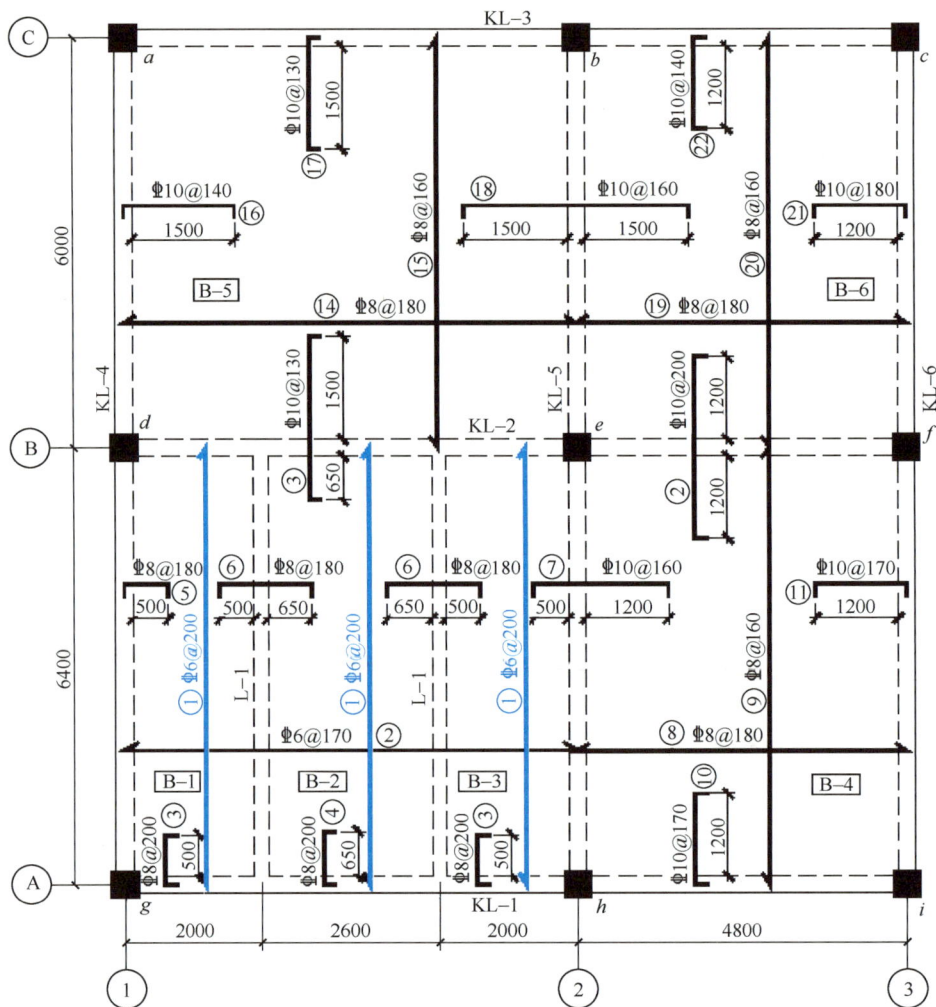

图 4-28　单向板、双向板配筋施工图

2. 次梁 L-1 的计算

（1）确定截面尺寸

$h=\left(\dfrac{1}{20}\sim\dfrac{1}{16}\right)l=320\sim400\text{mm}$，考虑到跨度较大，略取大一点，即取 $h=450\text{mm}$，$b=200\text{mm}$。

（2）计算简图（图 4-29）

（3）荷载计算

单向板传来的（恒荷载＋活荷载）设计值

$$(3.46+4.2)\ \text{kN/m}^2\times(1+1.3)\ \text{m}=17.62\text{kN/m}$$

次梁自重设计值　　　　$0.2\times(0.45-0.08)\times25\times1.3=2.4\text{kN/m}$

次梁两侧抹灰自重设计值　$0.015\times(0.45-0.08)\times17\times2\times1.3=0.25\text{kN/m}$

合计　　　　　　　　　$g+q=17.62+2.4+0.25=20.27\text{kN/m}$

（4）内力计算

$$M_A = M_B = \frac{1}{12}(g+q)l_0^2 = \frac{1}{12} \times 20.27 \times 6.4^2$$

$$= 69.2\text{kN} \cdot \text{m}$$

$$M_{\text{中}} = \frac{1}{24}(g+q)l_0^2 = \frac{1}{24} \times 20.27 \times 6.4^2 = 34.6\text{kN} \cdot \text{m}$$

$$V_A = V_B = \frac{1}{2}(g+q)l_n = \frac{1}{2} \times 20.27 \times (6.4 - 0.25)$$

$$= 62.33\text{kN}$$

（5）正截面承载力计算（表4-3）

在跨中弯矩 $M_{\text{中}}$ 进行正截面承载力配筋计算时，按T形截面进行正截面承载力配筋计算；支座弯矩进行正截面承载力配筋计算时，按矩形截面进行正截面承载力配筋计算。

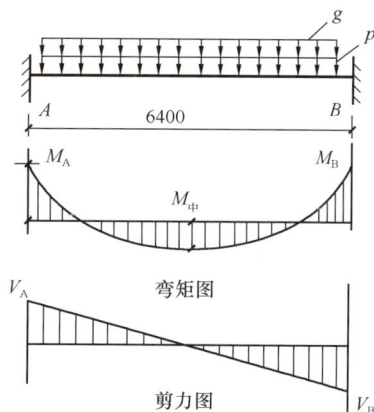

图4-29　次梁计算简图

次梁 L-1 正截面承载力计算　　表4-3

截面	M_A（M_B）	$M_{\text{中}}$
M（kN·m）	69.2	34.6
b 或 b'_f	200	2133
$x = h_0 - \sqrt{h_0^2 - \frac{2M}{\alpha_1 f_c b}}$	64.95	2.81
$A_s = \frac{\alpha_1 f_c b x}{f_y}$（mm²）	516	238
$\rho = \frac{A_s}{bh_0}$	0.61%>$\rho_{\min}$=0.2%	0.29%>$\rho_{\min}$=0.2%
钢筋选配	2Φ18	2Φ14
实配 A_s（mm²）	509	308

（6）斜截面承载力计算

1）复核截面尺寸

因为

$$\frac{h_w}{b} = \frac{405}{200} = 2.03 < 4$$

$$0.25\beta_c f_c bh_0 = 0.25 \times 1 \times 14.3 \times 200 \times 405 = 289.6\text{kN} > V = 62.33\text{kN}$$

所以截面尺寸满足。

2）验算是否需要按计算配置箍筋

$$0.7f_t bh_0 = 0.7 \times 1.43 \times 200 \times 405 = 81.08\text{kN} > V = 62.33\text{kN}$$

则应按构造配置箍筋，即选择Φ8@200。

3）验算最小配筋率

$$\rho_{sv} = \frac{nA_{sv1}}{bs} = \frac{2 \times 50.3}{200 \times 200} = 0.25\%$$

$$\rho_{sv, min} = 0.24\frac{f_t}{f_{yv}} = 0.24 \times \frac{1.43}{360} = 0.095\% < \rho_{sv} = 0.251\%, \text{满足要求}$$

（7）让学生自己画出次梁 L-1 的立面图和剖面图。

【**实训 4-1**】 解读单向板肋梁楼盖结构施工图 4-30～图 4-33，并完成下列任务：
（1）确定单向板、次梁、主梁的计算简图；（2）完成表 4-4～表 4-6 中钢筋的填写内容；
（3）回答单向板、次梁、主梁中构造问题。

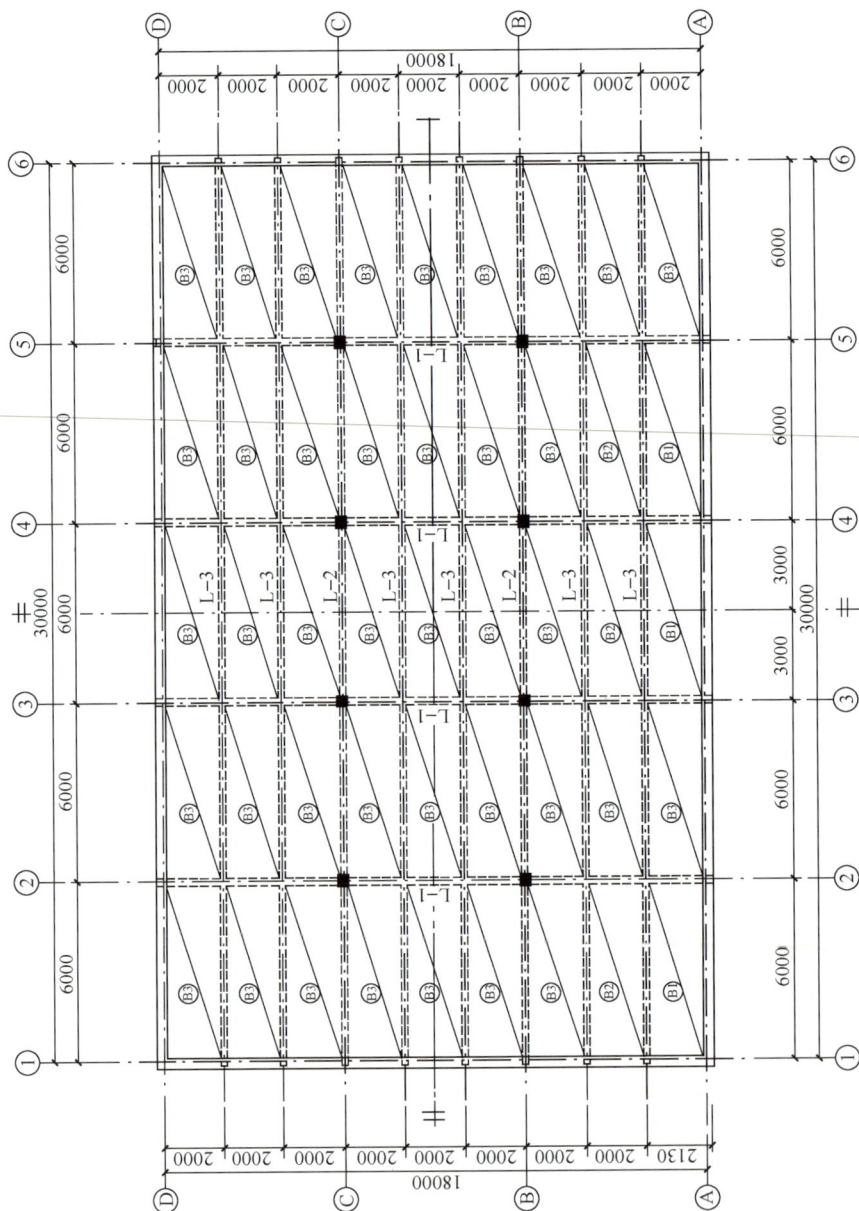

图 4-30 楼层结构平面布置总图

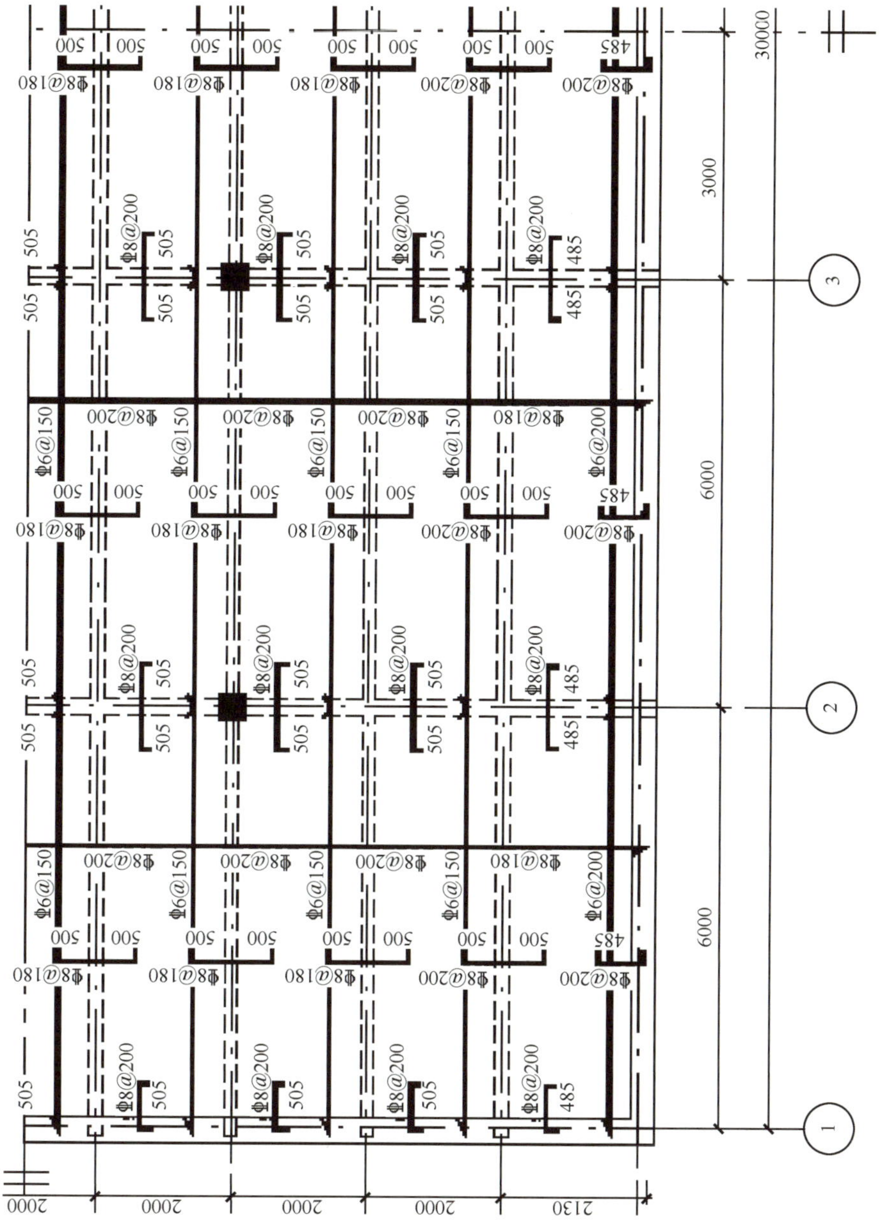

图 4-31 板的配筋施工图（1/4 对称）

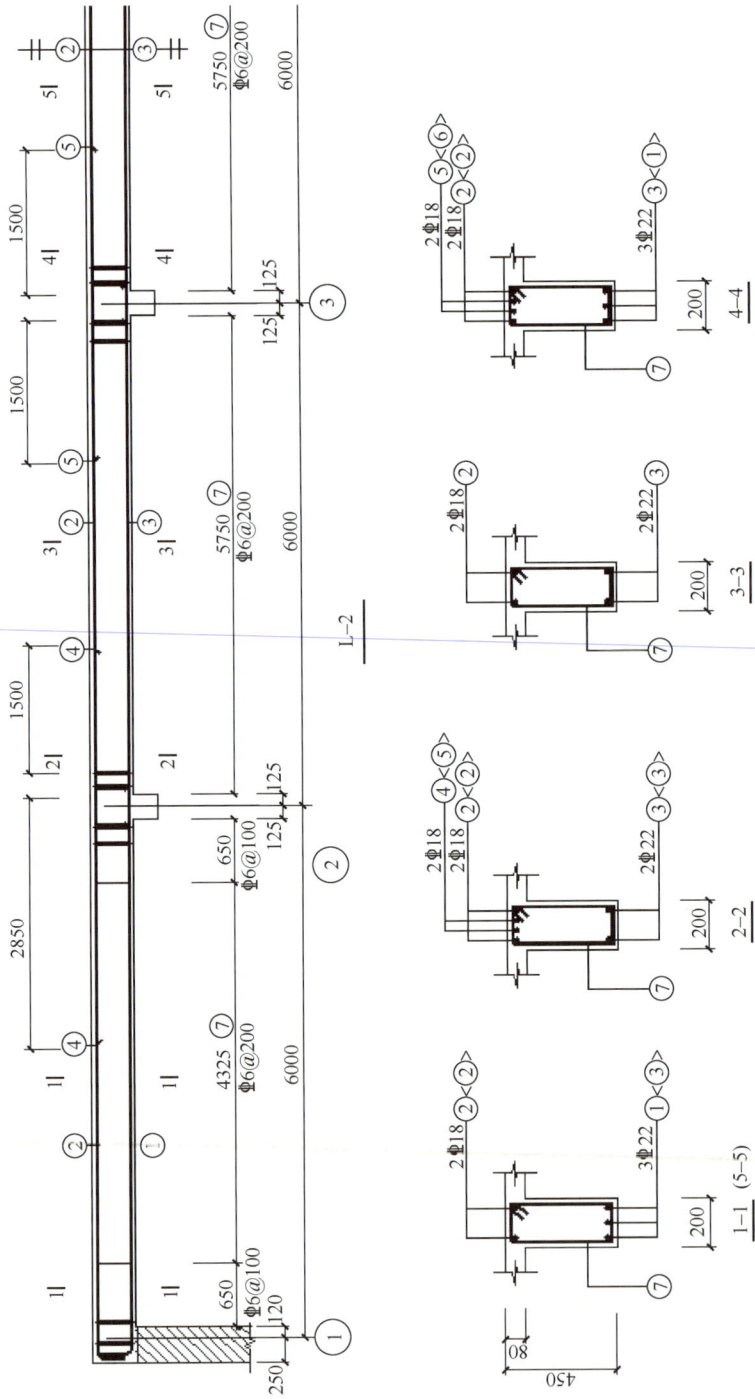

图 4-32　L-2 次梁的配筋施工图（1/2 对称）

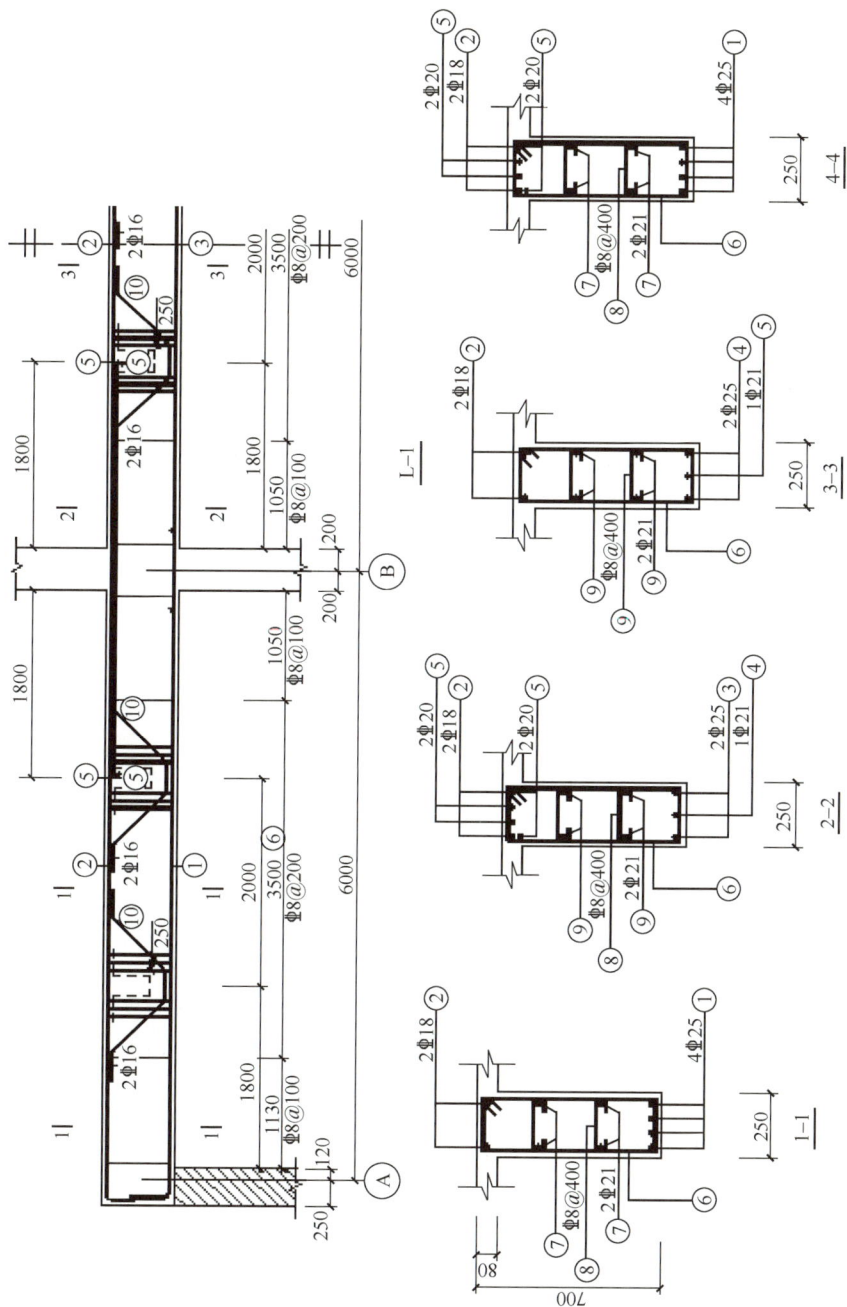

图4-33　L-1主梁的配筋施工图（1/2 对称）

（1）根据板的配筋施工图完成表 4-4 钢筋的内容填写。

单向板　　　　　　　　　　　　　　　　表 4-4

代号	级别	符号	牌号	f_{yk}	f_y	直径	间距	钢筋简图	配筋情况
边跨跨中									
第一内支座									
中间跨跨中									
中间支座									
分布筋									
墙边构造筋									
主梁支座处上部构造筋									

（2）根据次梁 L-2 的配筋施工图完成表 4-5 钢筋的内容填写。

次梁　　　　　　　　　　　　　　　　表 4-5

代号	位置	级别	符号	牌号	f_{yk}	f_y	直径	根数	钢筋简图	配筋情况
第一跨跨中	上部架立筋									
	下部受力筋									
第二支座	上部受力筋									
	下部架立筋									
第二跨跨中	上部架立筋									
	下部受力筋									
第三支座	上部受力筋									
	下部架立筋									

（3）根据主梁 L-1 的配筋施工图完成表 4-6 钢筋的内容填写。

主梁　　　　　　　　　　　　　　　　表 4-6

代号	位置	级别	符号	牌号	f_{yk}	f_y	直径	根数	钢筋简图	配筋情况
第一跨跨中	上部架立筋									
	下部受力筋									
第二支座	上部受力筋									
	下部架立筋									
第二跨跨中	上部架立筋									
	下部受力筋									

3. 等截面等跨连续梁（板）在常用荷载作用下的内力系数（表 4-7～表 4-10）

（1）在均布及三角形荷载作用下：$M=$ 表中系数 $\times ql_0^2$

$$V=\text{表中系数} \times ql_0$$

（2）在集中荷载作用下：$M=$ 表中系数 $\times Ql_0$。

$$V = 表中系数 \times Q$$

（3）内力正负号规定：

M——使截面上部受压、下部受拉为正；

V——对邻近截面所产生的力矩沿顺时针方向者为正。

两跨梁 表 4-7

荷载图	跨内最大弯矩		支座弯矩	剪　力		
	M_1	M_2	M_B	V_A	V_{Bl} V_{Br}	V_C
	0.070	0.070	−0.125	0.375	−0.625 0.625	−0.375
	0.096	−0.025	−0.063	0.437	−0.563 0.063	0.063
	0.048	0.048	−0.078	0.172	−0.328 0.328	−0.172
	0.064	—	−0.039	0.211	−0.289 0.039	0.039
	0.156	0.156	−0.188	0.312	−0.688 0.688	−0.312
	0.203	−0.047	−0.094	0.406	−0.594 0.094	0.094
	0.222	0.222	−0.333	0.667	−1.333 1.333	−0.667
	0.278	−0.056	−0.167	0.833	−1.167 0.167	0.167

三跨梁 表 4-8

荷载图	跨内最大弯矩		支座弯矩		剪　力			
	M_1	M_2	M_B	M_C	V_A	V_{Bl} V_{Br}	V_{Cl} V_{Cr}	V_D
	0.080	0.025	−0.100	−0.100	0.400	−0.600 0.500	−0.500 0.600	−0.400
	0.101	−0.050	−0.050	−0.050	0.450	−0.550 0	0 0.550	−0.450
	−0.025	0.075	−0.050	−0.050	−0.050	−0.050 0.500	−0.500 0.050	0.050

续表

荷载图	跨内最大弯矩		支座弯矩		剪力			
	M_1	M_2	M_B	M_C	V_A	V_{Bl} V_{Br}	V_{Cl} V_{Cr}	V_D
	0.073	0.054	−0.117	−0.033	0.383	−0.617 0.583	−0.417 0.033	0.033
	0.094	—	−0.067	0.017	0.433	−0.567 0.083	0.083 −0.017	−0.017
	0.054	0.021	−0.063	−0.063	0.188	−0.313 0.250	−0.250 0.313	−0.188
	0.068	—	−0.031	−0.031	0.219	−0.281 0	0 0.281	−0.219
	—	0.052	−0.031	−0.031	−0.031	−0.031 0.250	−0.250 0.031	0.031
	0.050	0.038	−0.073	−0.021	0.177	−0.323 0.302	−0.198 0.021	0.021
	0.063	—	−0.042	0.010	0.208	−0.292 0.052	0.052 −0.010	−0.010
	0.175	0.100	−0.150	−0.150	0.530	−0.650 0.500	−0.500 0.650	−0.350
	0.213	−0.075	−0.075	−0.075	0.425	−0.575 0	0 0.575	−0.425
	−0.038	0.175	−0.075	−0.075	−0.075	−0.075 0.500	−0.500 0.075	0.075
	0.162	0.137	−0.175	−0.050	0.325	−0.675 0.625	−0.375 0.050	0.050
	0.200	—	−0.100	0.025	0.400	−0.600 0.125	0.125 −0.025	−0.025
	0.244	0.067	−0.267	−0.267	0.733	−1.267 1.000	−1.000 1.267	−0.733
	0.289	−0.133	−0.133	−0.133	0.866	−1.134 0	0 1.134	−0.866
	−0.044	0.200	−0.133	−0.133	−0.133	−0.133 1.000	−1.000 0.133	0.133
	0.229	0.170	−0.311	−0.089	0.689	−1.311 1.222	−0.778 0.089	0.089
	0.274	—	−0.178	0.044	0.822	−1.178 0.222	0.222 −0.044	−0.044

表 4-9　四跨梁

荷载图	跨内最大弯矩				支座弯矩			剪力				
	M_1	M_2	M_3	M_4	M_B	M_C	M_D	V_A	V_{Bl} / V_{Br}	V_{Cl} / V_{Cr}	V_{Dl} / V_{Dr}	V_E
	0.077	0.036	0.036	0.077	−0.107	−0.071	−0.107	0.393	−0.607 / 0.536	0.464 / 0.464	−0.536 / 0.607	−0.393
	0.100	−0.045	0.081	−0.023	−0.054	−0.036	0.054	0.446	−0.554 / 0.018	0.018 / 0.482	0.518 / 0.054	0.054
	0.072	0.061	—	0.098	−0.121	−0.018	−0.058	0.380	−0.620 / 0.603	−0.397 / −0.040	0.040 / 0.558	−0.442
	—	0.056	0.056	—	−0.036	−0.017	−0.036	−0.036	−0.036 / 0.429	−0.571 / 0.571	−0.429 / 0.036	0.036
	0.094	0.071	—	0.052	−0.067	0.018	−0.004	0.433	−0.567 / 0.085	0.085 / −0.022	−0.022 / 0.004	0.004
	—	0.071	—	—	−0.049	−0.054	0.013	−0.049	−0.049 / 0.496	−0.504 / 0.067	0.067 / −0.013	−0.013
	0.052	0.028	0.028	0.052	−0.067	−0.045	−0.067	0.183	−0.317 / 0.272	−0.228 / 0.228	−0.272 / 0.317	−0.183
	0.067	—	0.055	—	−0.034	−0.022	−0.034	0.217	−0.284 / 0.011	0.011 / 0.239	−0.261 / 0.034	0.034

续表

荷载图	M_1	M_2	M_3	M_4	M_B	M_K	M_D	V_A	V_{Bl} / V_{Br}	V_{Cl} / V_{Cr}	V_{Dl} / V_{Dr}	V_E
			跨内最大弯矩			支座弯矩				剪力		
	0.049	0.042	—	0.066	−0.075	−0.011	−0.036	0.175	−0.325 / 0.314	−0.186 / −0.025	−0.025 / 0.286	−0.214
	—	0.040	0.040	—	−0.022	−0.067	−0.022	−0.022	−0.022 / 0.205	−0.295 / 0.295	−0.205 / 0.022	0.022
	0.063	0.051	—	—	−0.042	0.011	−0.003	0.208	−0.292 / 0.053	0.053 / −0.014	−0.014 / 0.003	0.003
	—	—	—	—	−0.031	−0.034	0.008	−0.031	−0.031 / 0.247	−0.253 / 0.042	0.042 / −0.008	−0.008
	0.169	0.116	0.116	0.169	−0.161	−0.107	−0.161	0.339	−0.661 / 0.554	−0.446 / 0.446	−0.554 / 0.661	−0.339
	0.210	−0.067	0.183	−0.040	−0.080	−0.054	−0.080	0.420	−0.580 / 0.027	0.027 / 0.473	−0.527 / 0.080	0.080
	0.159	0.146	—	0.206	−0.181	−0.027	−0.087	0.319	−0.681 / 0.654	−0.346 / −0.060	−0.060 / 0.587	−0.413
	—	0.142	0.142	—	−0.054	−0.161	−0.054	0.054	−0.054 / 0.393	−0.607 / 0.607	−0.393 / 0.054	0.054
	0.200	—	—	—	−0.100	0.027	−0.007	0.400	−0.600 / 0.127	0.127 / −0.033	−0.033 / 0.007	0.007

续表

荷载图	跨内最大弯矩				支座弯矩			剪力				
	M_1	M_2	M_3	M_4	M_B	M_C	M_D	V_A	V_{Bl} / V_{Br}	V_{Cl} / V_{Cr}	V_{Dl} / V_{Dr}	V_E
P 单点	—	0.173	—	—	−0.074	−0.080	0.020	−0.074	−0.074 / 0.493	−0.507 / 0.100	0.100 / −0.020	−0.020
PPPP	0.238	0.111	0.111	0.238	−0.286	−0.191	−0.286	0.714	1.286 / 1.095	−0.905 / 0.905	−1.095 / 1.286	−0.714
PP	0.286	−0.111	0.222	−0.048	−0.143	−0.095	−0.143	0.857	−1.143 / 0.048	0.048 / 0.952	−1.048 / 0.143	0.143
PPPP	0.226	0.194	0.175	0.282	−0.321	−0.048	−0.115	0.679	−1.321 / 1.274	−0.726 / −0.107	−0.107 / 1.155	−0.845
PP	—	0.175	0.175	—	−0.095	−0.286	−0.095	−0.095	−0.095 / 0.810	−1.190 / 1.190	−0.810 / 0.095	0.095
PP	0.274	—	—	—	−0.178	0.048	−0.012	0.822	−1.178 / 0.226	0.226 / −0.060	−0.060 / 0.012	0.012
PP	—	0.198	—	—	−0.131	−0.143	0.036	−0.131	−0.131 / 0.988	−1.012 / 0.178	0.178 / −0.036	−0.036

表4-10　五跨梁

荷载图	跨内最大弯矩			支座弯矩				剪力					
	M_1	M_2	M_3	M_B	M_C	M_D	M_E	V_A	$V_{B左}$ $V_{B右}$	$V_{C左}$ $V_{C右}$	$V_{D左}$ $V_{D右}$	$V_{E左}$ $V_{E右}$	V_E
	0.078	0.033	0.046	−0.105	−0.079	−0.079	−0.105	0.394	−0.606 0.526	−0.474 0.500	−0.500 0.474	−0.526 0.606	−0.394
	0.100	−0.0461	0.085	−0.053	−0.040	−0.040	−0.053	0.447	−0.553 0.013	0.013 0.500	−0.500 −0.013	−0.013 0.553	−0.447
	−0.0263	0.079	−0.0395	−0.053	−0.040	−0.040	−0.053	−0.053	−0.053 0.513	−0.487 0	0 0.487	−0.513 0.053	0.053
	0.073	②$\dfrac{0.059}{0.078}$	不考虑	−0.119	−0.022	−0.044	−0.051	0.380	−0.620 0.598	−0.402 −0.023	−0.023 0.493	−0.507 0.052	0.052
	①$\dfrac{}{0.098}$	0.055	0.064	−0.035	−0.111	−0.020	−0.057	−0.035	−0.035 0.424	−0.576 0.591	−0.409 −0.037	−0.037 0.557	−0.443
	0.094	—	—	−0.067	0.018	−0.005	0.001	0.433	−0.567 0.085	0.085 −0.023	−0.023 0.006	0.006 −0.001	−0.001
	—	0.074	—	−0.049	−0.054	0.014	−0.004	0.019	−0.049 0.495	−0.505 0.068	0.068 −0.018	−0.018 0.004	0.004
	—	—	0.072	0.013	−0.053	−0.053	0.013	0.013	0.013 −0.066	−0.066 0.500	−0.500 0.066	0.066 −0.013	−0.013
	0.053	0.026	0.034	−0.066	−0.049	−0.049	−0.066	0.184	−0.316 0.266	−0.234 0.250	−0.250 0.234	−0.266 0.316	−0.184

续表

荷载图	M_1	M_2	M_3	M_B	M_C	M_D	M_E	V_A	V_{Bl} / V_{Br}	V_{Cl} / V_{Cr}	V_{Dl} / V_{Dr}	V_{El} / V_{Er}	V_E
	跨内最大弯矩			支座弯矩				剪力					
	0.067	—	0.059	−0.033	−0.025	−0.025	−0.033	0.217	−0.283 / 0.008	0.008 / 0.250	−0.250 / −0.008	−0.008 / 0.283	−0.217
	—	0.055	—	−0.033	−0.025	−0.025	−0.033	0.033	−0.033 / 0.258	−0.242 / 0	0 / 0.242	−0.258 / 0.033	0.033
	0.049	②0.041 / 0.053	—	−0.075	−0.014	−0.028	−0.032	0.175	0.325 / 0.311	−0.189 / −0.014	−0.014 / 0.246	−0.255 / 0.032	0.032
	①— / 0.066	0.039	0.044	−0.022	−0.070	−0.013	−0.036	−0.022	−0.022 / 0.202	−0.298 / 0.307	−0.193 / −0.023	−0.023 / 0.286	0.214
	0.063	—	—	−0.042	0.011	−0.003	0.001	0.208	−0.292 / 0.053	0.053 / −0.014	−0.014 / 0.004	0.004 / −0.001	−0.001
	—	0.051	0.050	−0.031	−0.034	0.009	−0.002	−0.031	−0.031 / 0.247	−0.253 / 0.043	0.043 / −0.011	−0.011 / 0.002	0.002
	—	—	—	0.008	−0.033	−0.033	0.008	0.008	0.008 / −0.041	−0.041 / 0.250	−0.250 / 0.041	0.041 / −0.008	−0.008
	0.171	0.112	0.132	−0.158	−0.118	−0.118	−0.158	0.342	−0.658 / 0.540	−0.460 / 0.500	−0.500 / 0.460	−0.540 / 0.658	−0.342
	0.211	−0.069	0.191	−0.079	−0.059	−0.059	−0.079	0.421	−0.579 / 0.020	0.020 / 0.500	−0.500 / −0.020	−0.020 / 0.579	−0.421

续表

荷载图	跨内最大弯矩			支座弯矩				剪力					
	M_1	M_2	M_3	M_B	M_C	M_D	M_E	V_A	V_{Bl} / V_{Br}	V_{Cl} / V_{Cr}	V_{Dl} / V_{Dr}	V_{El} / V_{Er}	V_E
	-0.039	0.181	-0.059	-0.079	-0.059	-0.059	-0.079	-0.079	-0.079 / 0.520	-0.480 / 0	0 / 0.480	-0.520 / 0.079	0.079
	0.160	②$0.144$ / 0.178	—	-0.179	-0.032	-0.066	-0.077	0.321	-0.679 / 0.647	-0.353 / -0.034	-0.034 / 0.489	-0.511 / 0.077	0.077
	① — / 0.207	0.140	0.151	-0.052	-0.167	-0.031	-0.086	-0.052	-0.052 / 0.385	-0.615 / 0.637	-0.363 / -0.056	-0.056 / 0.586	-0.414
	0.200	—	—	-0.100	0.027	-0.007	0.002	0.400	-0.600 / 0.127	0.127 / -0.031	-0.034 / 0.009	0.009 / -0.002	-0.002
	0.049	②$0.041$ / 0.053	—	-0.075	-0.014	-0.028	-0.032	0.175	0.325 / 0.311	-0.189 / -0.014	-0.014 / 0.246	-0.255 / 0.032	0.032
	① — / 0.066	0.039	0.044	-0.022	-0.070	-0.013	-0.036	-0.022	-0.022 / 0.202	-0.298 / 0.202	-0.193 / -0.023	-0.023 / 0.286	0.214
	0.063	—	—	-0.242	0.011	-0.003	0.001	0.208	-0.292 / 0.053	0.053 / -0.014	-0.014 / 0.004	0.004 / -0.001	-0.001
	—	0.051	—	-0.031	-0.034	0.009	-0.002	-0.031	-0.031 / 0.247	-0.253 / 0.043	0.043 / -0.011	-0.011 / 0.002	0.002

续表

荷载图	跨内最大弯矩			支座弯矩				剪力					
	M_1	M_2	M_3	M_b	M_C	M_D	M_E	V_A	$V_{B左}$ / $V_{B右}$	$V_{C左}$ / $V_{C右}$	$V_{D左}$ / $V_{D右}$	$V_{E左}$ / $V_{E右}$	V_E
	—	—	0.050	0.008	-0.033	-0.033	0.008	0.008	0.008 / -0.041	-0.041 / 0.250	-0.250 / 0.041	0.041 / -0.008	-0.008
	0.171	0.112	0.132	-0.158	-0.118	-0.118	-0.158	0.342	-0.658 / 0.540	-0.460 / 0.500	-0.500 / 0.460	-0.540 / 0.658	-0.342
	0.211	-0.069	0.191	-0.079	-0.059	-0.059	-0.079	0.421	-0.579 / 0.020	0.020 / 0.500	-0.500 / -0.020	-0.020 / 0.579	-0.421
	-0.039	0.181	-0.059	-0.079	-0.059	-0.059	-0.079	-0.079	-0.079 / 0.520	-0.480 / 0	0 / 0.480	-0.520 / 0.079	0.079
	0.160	②0.144 / 0.178	—	-0.179	-0.032	-0.066	-0.077	0.321	-0.679 / 0.647	-0.353 / -0.034	-0.034 / 0.489	-0.511 / 0.977	0.077
	①— / 0.207	0.140	0.151	-0.052	-0.167	-0.031	-0.086	-0.052	-0.052 / 0.385	-0.615 / 0.637	-0.363 / -0.056	-0.056 / 0.586	-0.414
	0.200	—	—	-0.100	0.027	-0.007	0.002	0.400	-0.600 / 0.127	0.127 / -0.031	-0.034 / 0.009	0.009 / -0.002	-0.002

注：①代表分子及分母分别为 M_1 及 M_5 的弯矩系数；②代表分子及分母分别为 M_2 及 M_4 的弯矩系数。

4.3　整体式双向板肋梁楼盖

学习目标

（1）了解双向板肋形楼盖的结构布置。
（2）掌握双向板及其梁的内力计算和相应的配筋计算。
（3）掌握双向板及其梁的构造要求。

4.3.1　概述

1. 概念

在荷载的作用下，在两个方向上弯曲，且不能忽略任一方向弯曲的板为双向板。在肋梁楼盖中，如果梁格布置使各区格板的长边与短边之比 $\frac{l_2}{l_1} \leqslant 2$，应按双向板设计；当 $2 < \frac{l_2}{l_1} < 3$ 时，宜按双向板设计，也可按单向板设计。

2. 支承

双向板可以是四边支承、三边支承或两邻边支承，但在现浇肋梁楼盖中，大多是四边支承。本节介绍四边支承的双向板。

3. 计算方法

钢筋混凝土双向板肋梁楼盖也有两种计算方法，按弹性理论和塑性理论的计算方法。

4. 应用

双向板肋梁楼盖受力性能较好，可以跨越较大跨度，梁格的布置可使顶棚整齐美观，常用于工业建筑楼盖、公共建筑门厅部分及民用建筑等，如图 4-34 所示。

4-12

概述及双向板
结构布置

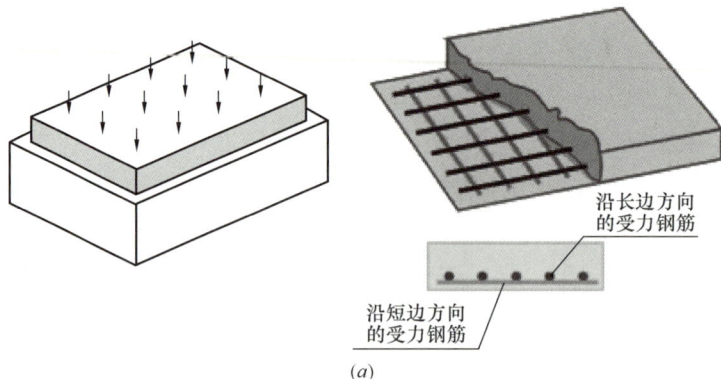

(a)

图 4-34　双向板（一）

（a）双向板为四边支承板

(b)

图 4-34　双向板（二）

（b）双向板工程实例

4.3.2　双向板结构布置

现浇双向板肋梁楼盖的结构平面布置如图 4-35 所示。

（1）当空间不大且接近正方形时，如图 4-35（a）所示，可不设中柱，双向板的支承梁为两个方向均支承在边墙（或柱）上，且是截面相同的井式梁。

（2）当空间较大时，宜设中柱双向板的纵、横向支承梁分别为支承在中柱和边墙（或柱）上的连续梁，如图 4-35（b）所示。

（3）当柱距空间较大时，还可以在柱网格中再设井式梁，如图 4-35（c）所示。

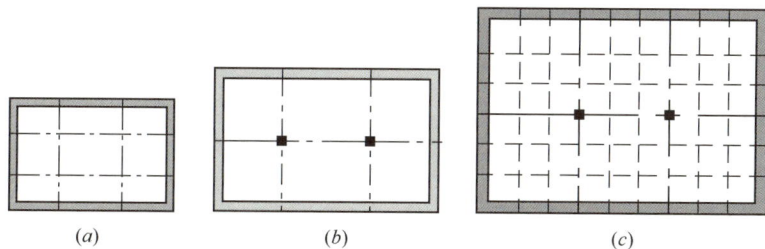

(a)　　　　　　(b)　　　　　　(c)

图 4-35　双向板肋梁楼盖结构布置

4-13

双向板受力特点

4.3.3　双向板的受力特点

（1）均布荷载作用下的四边简支的正方形双向板：第一批裂缝出现在板底中央部分，随荷载的增加，裂缝沿对角线方向向四角延伸。当荷载增加到板接近破坏时，板面的四角附近也出现垂直于对角线方向且大体呈环状的裂缝。最后跨中钢筋屈服，整个板即告破坏，如图 4-36（a）所示。

（2）在均布荷载作用下的四边简支的矩形板，第一批裂缝出现在板底中间平行于长边方向，随着荷载的增加，这些裂缝逐渐延伸，并沿 45°向四角扩展，在板面的四角也出现

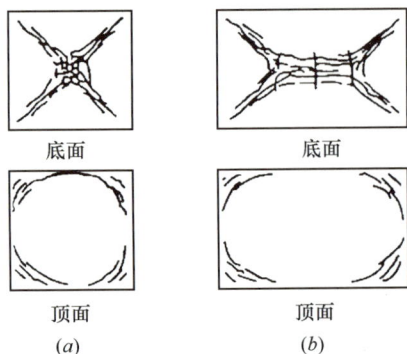

图 4-36　双向板裂缝

（a）正方形双向板；（b）矩形双向板

环状裂缝，最后整个板破坏，如图 4-36（b）所示。

（3）结论：双向板在两个方向受力较大，因此对于双向板要在两个方向同时配置受力钢筋。

4.3.4　双向板按弹性理论的计算方法

双向板的内力计算有弹性计算法和塑性计算法两种，本教材仅介绍双向板内力计算的弹性计算法。弹性计算法是以弹性薄板理论为依据而进行计算的一种方法，由于这种方法内力分析比较复杂，为简化计算，通常是直接应用根据弹性薄板理论编制的弯矩系数表（表 4-9）进行计算。

1. 单跨双向板的计算

单跨双向板按其四边支承情况的不同，在楼盖中常会遇到如下 6 种情况，如图 4-37 所示。

（1）四边简支（图 4-37a）；

（2）一边固定、三边简支（图 4-37b）；

（3）两对边固定、两对边简支（图 4-37c）；

（4）两邻边固定、两邻边简支（图 4-37d）；

（5）三边固定、一边简支（图 4-37e）；

（6）四边固定（图 4-37f）。

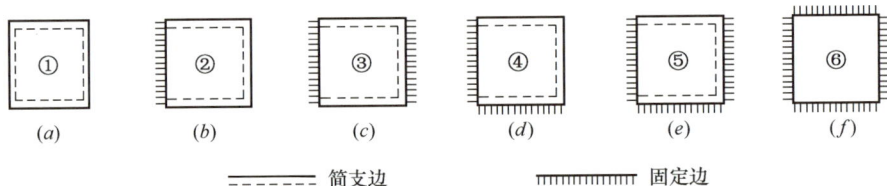

图 4-37　单跨双向板四边支承情况

表 4-9 分别给出了在均布荷载作用下的跨中弯矩和支座弯矩系数，故板的内力计算可按下式进行：

$$M = 表中弯矩系数 \times (g+q) l_0^2 \tag{4-12}$$

式中　M——跨内或支座单位板宽内的弯矩设计值；

　　g、q——均布恒荷载和活荷载设计值；

　　l_0——取用 l_x 和 l_y 中的较小值。

需要说明的是：表中弯矩系数查表 4-9，表中系数是根据材料的泊松比 $\nu=0$ 制定的，对于跨中弯矩尚需考虑横向变形的影响，当 $\nu \neq 0$ 时，则应按下式进行计算：

$$M_x^{(\nu)} = M_x + \mu M_y \tag{4-13}$$

$$M_y^{(\nu)} = M_y + \mu M_x \qquad (4\text{-}14)$$

式中　$M_x^{(\nu)}$、$M_y^{(\nu)}$——l_x 和 l_y 方向考虑 ν 影响的跨中弯矩设计值；

　　　M_x、M_y——l_x 和 l_y 方向 $\nu=0$ 时的跨中弯矩设计值；

　　　μ——泊松比，对钢筋混凝土材料取 $\mu=\dfrac{1}{6}$，也可取 $\mu=0.2$。

2. 多跨连续双向板的计算

多跨连续双向板内力的精确计算相当复杂，在设计中一般采用实用的简化加近似的计算方法，即通过对双向板上活荷载的最不利布置以及支承情况等进行合理的简化，将多跨连续双向板转化为本单跨双向板的弯矩系数表格（表4-9），然后进行计算。

该计算方法的基本假定是：支承梁的抗弯刚度足够大，其垂直位移忽略不计；支承梁的抗扭刚度很小，板可以绕梁转动。

（1）求跨中最大正弯矩

1）棋盘式布置

在计算多跨连续双向板某跨跨中的最大弯矩时，与多跨连续单向板类似，也需要考虑活荷载的最不利布置，其活荷载布置方式如图4-38所示，也即当求某区格板跨中最大弯矩时，应在该区格布置活荷载，然后在其左右前后分别隔跨布

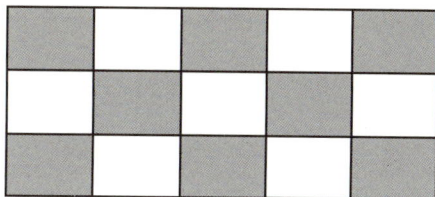
图4-38　多跨双向板活荷载棋盘式布置

置活荷载，形成棋盘式布置，此时在活荷载作用的区格内将产生跨中最大弯矩。

2）正对称荷载与反对称荷载

在图4-39所示的荷载作用下任一区格板的边界条件为既非完全固定又非理想简支的情况。为了能利用单跨双向板的内力计算系数表来计算多跨连续双向板的内力，可以采用下列近似方法：把棋盘式布置的荷载分解为各跨满布的正对称荷载和各跨向上向下相间作用的反对称荷载，如图4-39所示。此时：

正对称荷载：$g' = g + \dfrac{q}{2}$ \hfill (4-15)

反对称荷载：$q' = \pm \dfrac{q}{2}$ \hfill (4-16)

总荷载：$g' + q' = g + q$ \hfill (4-17)

3）边界条件

在正对称荷载 $g' = g + \dfrac{q}{2}$ 作用下，所有中间支座两侧荷载相同，则支座的转动变形很小，可以近似地认为支座截面处转角为零，能承受支座负弯矩，这样将所有中间支座均视为固定支承，从而所有中间区格板均视为四边固定的双向板；对于其他的边、角区格板，可根据其外边界条件按实际情况确定，可分为三边固定和一边简支、两边固定和两边简支以及四边固定等。这样，根据各区格板的四边支承情况即可求出在正

4–14

双向板内力
计算

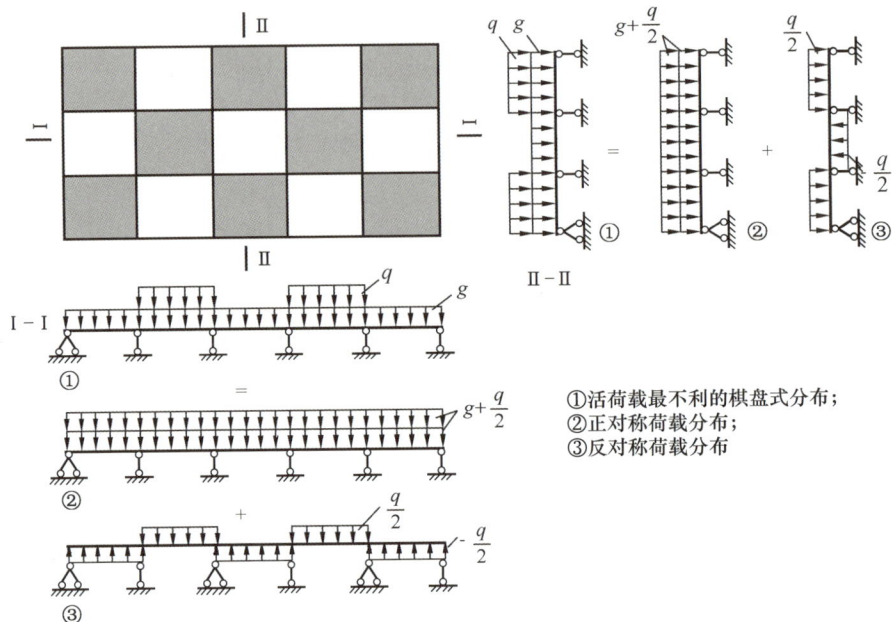

图 4-39 多跨连续双向板计算简图

对称荷载 $g'=g+\dfrac{q}{2}$ 作用下的跨中弯矩。

在反对称荷载 $q'=\pm\dfrac{q}{2}$ 作用下，在中间支座处相邻区格板的转角方向是一致的，大小基本相同，即相互没有约束影响，则可近似地认为支座截面弯矩为零，即可将所有中间支座视为简支支座。沿楼盖周边则根据实际支承情况确定。

最后将各区格板在上述两种荷载作用下的跨中弯矩相叠加，即得到各区格板的跨中最大弯矩（M_x、M_y），同时还要考虑泊松比 $\nu=\dfrac{1}{6}$ 的影响，计算出最终的跨中弯矩。

即

$$M_x^{(\nu)}=M_x+\nu M_y \ \text{及}\ M_y^{(\nu)}=M_y+\nu M_x$$

（2）求支座最大负弯矩

考虑到隔跨布置活荷载对计算弯矩的影响很小，可近似认为恒荷载和活荷载皆满布在连续双向板所有区格时产生最大负弯矩，如图 4-40 所示。此时，可按前述在对称荷载作用下的原则，即各中间支座均视为固定，各周边支座根据其外边界条件按实际情况确定，利用表 4-9 求得各区格板中

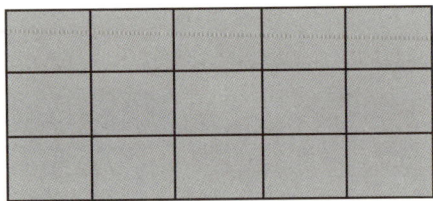

图 4-40 荷载满区格布置

各固定边的支座弯矩。

对某些中间支座，若由相邻两个区格板求得的同一支座弯矩不相等，则可近似地取其平均值作为该支座最大负弯矩。

3. 双向板的截面设计与构造要求

（1）截面设计

1）对于四边都与梁整浇的中间区格和边区格的双向板，工程中一般不考虑拱效应，其弯矩设计值不予以折减。

2）截面的有效高度：短边方向：$h_{01}=h-20$；长边方向：$h_{02}=h-30$。

式中 h 为板厚。

3）配筋计算：单位板宽度（1m）范围内所需的钢筋，单位为"m^2/m"。也可采用近似计算方法。

$$A_s=\frac{M}{\gamma_s h_0 f_y} \tag{4-18}$$

式中，$\gamma_s \approx 0.90 \sim 0.95$。

（2）构造要求

1）板厚：一般不小于 80mm，且不大于 160mm，简支板不小于 $\frac{1}{40}l_0$，连续板不小于 $\frac{1}{45}l_0$。

2）受力钢筋：双向为受力钢筋，常用分离式配筋方式，也可用弯起式配筋方式。短边方向钢筋放外侧，长边方向钢筋放内侧。

3）支座构造负筋：当边支座视为简支计算时，但实际上受到边梁或墙体的约束，应配置支座构造负筋，数量不少于 1/3 受力钢筋，且不小于 Φ8@200。伸过支座边不小于 $l_0/4$。

4）双向板钢筋配置

通常双向板的受力钢筋沿纵横向两个方向布置。考虑到短跨方向弯矩比长跨方向的弯矩大，为充分利用板的有效高度，应将短跨方向的受力钢筋放在长跨方向受力钢筋的外侧，因此取值可按：

短跨：$h_0=h-20mm$　　长跨：$h_0=h-30mm$

式中，h 为板厚（mm）。

双向板的配筋方式类似于单向板，有分离式和弯起式两种，为简化施工，目前在工程中多采用分离式配筋。但是，对于跨度及荷载较大的楼盖板，为提高刚度和节约钢材，宜采用弯起式配筋。

4.3.5　双向板支承梁的计算特点

1. 荷载情况

作用在多跨连续双向板上的荷载是由两个方向传到周边的支承梁上的，通常采用如图 4-41（a）所示的近似方法（45°线法），将板上的荷载就近传递到四周梁上。这样，长边的梁上由板传的荷载呈梯形分布；短边的梁上的荷载呈三角形分布。

2. 内力计算

支承梁承受三角形或梯形荷载作用，其内力可采用等效均布荷载的

4-15

双向板支撑梁内力计算

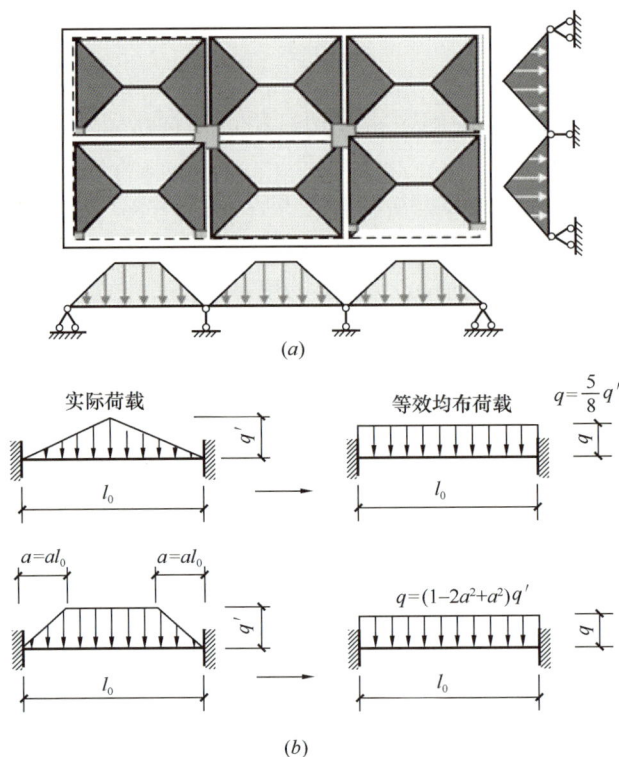

图 4-41 双向板支承梁的荷载分布及荷载折算

方法计算。其方法是：首先根据支座弯矩相等的原则把三角形荷载或梯形荷载换算成等效均布荷载，如图 4-41 (b) 所示，一般按连续梁计算当梁柱线刚度比不大于 5 时，应按框架计算，由表 4-7～表 4-10 求得支座负弯矩，在求得连续梁的支座弯矩后，再按实际的荷载分布（三角形或梯形），以支座弯矩作为梁端弯矩，取隔离体的方法按单跨简支梁求出各跨跨中弯矩和支座剪力。

支承梁按考虑塑性理论计算内力时，可在弹性理论计算求出的支座弯矩基础上进行调幅，通常可将支座弯矩绝对值降低 25%，再按实际荷载求出跨中弯矩。

$$q' = 0.5(实际荷载)L_2 \qquad (4-19)$$

$$a = 0.5L_2/L_1 \qquad (4-20)$$

3. 构造要求

支承梁的截面尺寸和配筋方式一般参照次梁，但当柱网中再设井式梁时应参照主梁。支承梁的截面高度可取 $(1/18～1/12)L$，L 为短边梁的跨度；纵筋通长布置；考虑到活荷载仅作用在某一梁上时，该梁在节点附近可能出现负弯矩，故上部纵筋数量宜不小于 $\dfrac{A_s}{4}$，且不小于 2Φ12；在节点处，纵、横梁均宜设置附加箍筋，每侧应设置 3 根 Φ6@50。

【课堂练习 4-2】 某钢筋混凝土现浇单、双向板楼盖平面尺寸如图 4-42 所示，单向板板厚为 80mm，双向板板厚 100mm，板面 20mm 厚水泥砂浆抹面，顶棚抹灰采用 15mm 厚混合砂浆，框架梁截面宽为 250mm，钢筋采用 HRB400 级，混凝土采用 C30，活荷载

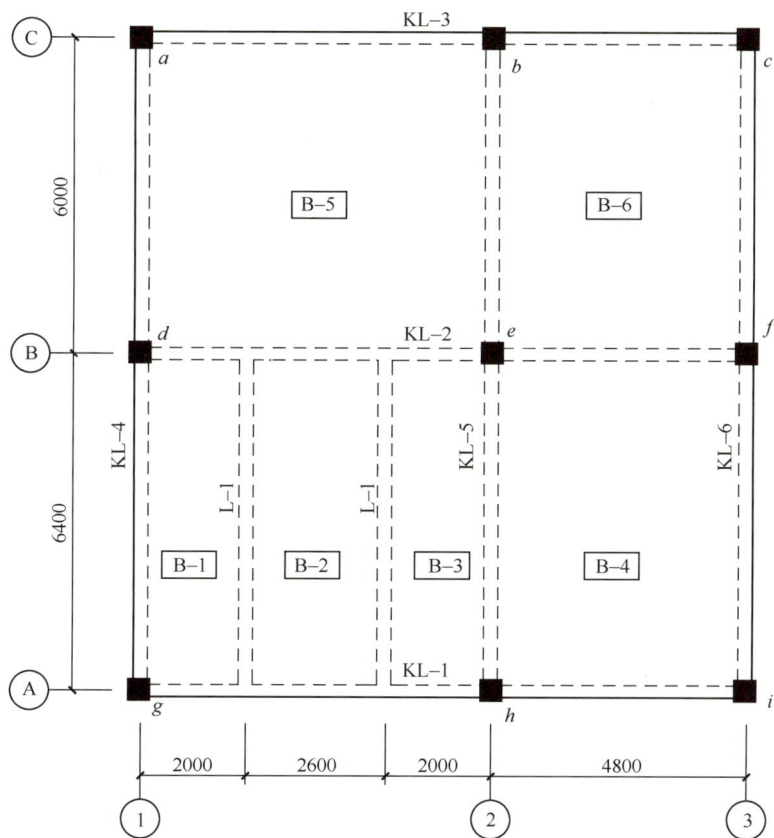

图 4-42 课堂练习 2

为 2.8kN/m²，试按弹性理论计算双向板（B-4，B-5，B-6）的内力，并对其进行配筋计算和画出板的配筋施工图。

解：双向板的计算：

1. 荷载计算

（1）恒载：20mm 厚水泥砂浆 $\qquad$ $0.02 \times 20 = 0.4 \text{kN/m}^2$

100mm 厚钢筋混凝土板 $\qquad$ $0.1 \times 25 = 2.5 \text{kN/m}^2$

15mm 厚混合砂浆 $\qquad$ $0.015 \times 17 = 0.26 \text{kN/m}^2$

恒载设计值 $= （0.4+2.5+0.26）\times 1.3 = 4.1 \text{kN/m}^2$

（2）活荷载设计值 $= 2.8 \times 1.5 = 4.2 \text{kN/m}^2$

（3）正对称荷载 $= g + \dfrac{q}{2} = 4.1 + 2.1 = 6.2 \text{kN/m}^2$

反对称荷载 $= \pm \dfrac{q}{2} = \pm 2.1 \text{kN/m}^2$

2. 内力计算

按弹性理论计算各区格的弯矩，计算跨度近似取中心线尺寸。

（1）B-4

正对称荷载作用下为四边固定；反对称荷载作用下为邻边固定，邻边简支；叠加近似取最大值叠加。

$$l_x = 4.8\text{m} \qquad l_y = 6.4\text{m} \qquad l_x/l_y = 4.8/6.4 = 0.75$$

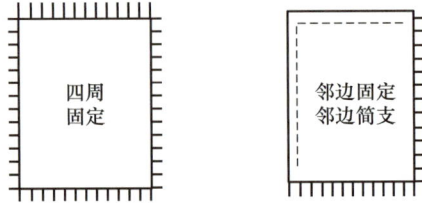

$$M_{x(短向)} = 0.0296 \times 6.2 \times 4.8^2 + 0.0396 \times 2.1 \times 4.8^2 = 6.14\text{kN} \cdot \text{m/m}$$

$$M_{y(长向)} = 0.013 \times 6.2 \times 4.8^2 + 0.0206 \times 2.1 \times 4.8^2 = 2.85\text{kN} \cdot \text{m/m}$$

考虑钢筋混凝土材料的泊松比，进行修正：

$$M_x^\mu = M_x + \mu M_y = 6.14 + \frac{1}{6} \times 2.85 = 6.61\text{kN} \cdot \text{m/m}$$

$$M_y^\mu = M_y + \mu M_x = 2.85 + \frac{1}{6} \times 6.14 = 3.87\text{kN} \cdot \text{m/m}$$

在求支座最大负弯矩时，荷载满布，即正对称荷载作用下为四边固定。其中，hi 边梁和 ef 边梁为板 B-4 沿长边方向传递荷载的支座，eh 边梁和 fi 边梁为板 B-4 沿短边方向传递荷载的支座。

$$M_{hi} = M_{ef} = -0.0565 \times (4.1 + 4.2) \times 4.8^2 = -10.8\text{kN} \cdot \text{m/m}$$

$$M_{eh} = M_{fi} = -0.0701 \times (4.1 + 4.2) \times 4.8^2 = -13.4\text{kN} \cdot \text{m/m}$$

（2）B-5

正对称荷载作用下为四边固定；反对称荷载作用下为邻边固定，邻边简支；叠加近似取最大值叠加。

$$l_x = 6.6\text{m} \qquad l_y = 6\text{m} \qquad \frac{l_y}{l_x} = \frac{6}{6.6} = 0.91$$

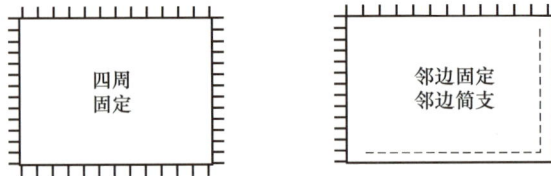

$$M_{x(长向)} = 0.0166 \times 6.2 \times 6^2 + 0.0239 \times 2.1 \times 6^2 = 5.5\text{kN} \cdot \text{m/m}$$

$$M_{y(短向)} = 0.0217 \times 6.2 \times 6^2 + 0.0291 \times 2.1 \times 6^2 = 7.04 \text{kN} \cdot \text{m/m}$$

考虑钢筋混凝土材料的泊松比，进行修正：

$$M_x^\mu = M_x + \mu M_y = 5.5 + \frac{1}{6} \times 7.04 = 6.7 \text{kN} \cdot \text{m/m}$$

$$M_y^\mu = M_y + \mu M_x = 7.04 + \frac{1}{6} \times 5.5 = 8 \text{kN} \cdot \text{m/m}$$

在求支座最大负弯矩时，荷载满布，即正对称荷载作用下为四边固定。其中，ad 边梁和 be 边梁为板 B-4 沿长边方向传递荷载的支座，ab 边梁和 de 边梁为板 B-4 沿短边方向传递荷载的支座。

四周固定

$$M_{ab} = M_{de} = -0.0581 \times (4.1 + 4.2) \times 6^2 = -17.36 \text{kN} \cdot \text{m/m}$$
$$M_{ad} = M_{be} = -0.0539 \times (4.1 + 4.2) \times 6^2 = -16.1 \text{kN} \cdot \text{m/m}$$

（3）B-6

正对称荷载作用下为四边固定；反对称荷载作用下为邻边固定，邻边简支；叠加近似取最大值叠加。

$$l_x = 4.8 \text{m} \qquad l_y = 6 \text{m} \qquad \frac{l_x}{l_y} = \frac{4.8}{6} = 0.8$$

四周固定 　　　邻边固定
　　　　　　　　 邻边简支

$$M_x = 0.0271 \times 6.2 \times 4.8^2 + 0.0361 \times 2.1 \times 4.8^2 = 5.61 \text{kN} \cdot \text{m/m}$$
$$M_y = 0.0144 \times 6.2 \times 4.8^2 + 0.0218 \times 2.1 \times 4.8^2 = 3.1 \text{kN} \cdot \text{m/m}$$

考虑钢筋混凝土材料的泊松比，进行修正：

$$M_x^\mu = M_x + \mu M_y = 5.61 + \frac{1}{6} \times 3.1 = 6.13 \text{kN} \cdot \text{m/m}$$

$$M_y^\mu = M_y + \mu M_x = 3.1 + \frac{1}{6} \times 5.61 = 4.04 \text{kN} \cdot \text{m/m}$$

在求支座最大负弯矩时，荷载满布，即正对称荷载作用下为四边固定。其中，bc 边梁和 ef 边梁为板 B-4 沿长边方向传递荷载的支座，be 边梁和 cf 边梁为板 B-4 沿短边方向传递荷载的支座。

$$M_{bc} = M_{ef} = -0.0559 \times (4.1 + 4.2) \times 4.8^2 = -10.68 \text{kN} \cdot \text{m/m}$$
$$M_{be} = M_{cf} = -0.0664 \times (4.1 + 4.2) \times 4.8^2 = -12.69 \text{kN} \cdot \text{m/m}$$

3．正截面承载力计算

（1）确定截面有效高度 h_0

双向板跨中短边方向截面　　　 $h_0 = 110 - 20 = 90 \text{mm}$

双向板跨中长边方向截面　　　 $h_0 = 110 - 20 - 8 = 82 \text{mm}$

支座截面　　　 $h_0 = 110 - 20 = 90 \text{mm}$

（2）支座 be 为 B-5 和 B-6 的公共支座，支座 ef 为 B-4 和 B-6 的公共支座，其负弯矩取相邻两块双向板支座负弯矩的平均值（工程中也可采用两侧较大负弯矩）进行配筋计算，即：

$$M_{be} = \frac{(-16.09) + (-12.69)}{2} = -14.39 \text{kN} \cdot \text{m/m}$$

$$M_{ef} = \frac{(-10.8) + (-10.68)}{2} = -10.74 \text{kN} \cdot \text{m/m}$$

（3）支座 de 为单向板和 B-5 的公共支座，支座 eh 为单向板和 B-4 的公共支座，偏于安全的考虑，取双向板的支座负弯矩进行配筋计算，支座负筋两侧长度采用两侧相应的构造长度（工程中也可采用两侧相同的长度）。具体计算过程见表 4-11，配筋如图 4-43 所示。

双向板正截面承载力计算表　　　　　　　　　　　　　　　　表 4-11

截面			h_0 (mm)	M (kN·m)	A_s (mm²)	配筋	实配 (mm²)
跨中	B-4	l_x	90	6.61	210.1	Φ8@180	279
		l_y	82	3.87	133.6	Φ6@160	177
	B-5	l_x	82	6.7	235	Φ8@180	279
		l_y	90	8	261	Φ8@160	314
	B-6	l_x	90	6.13	194.4	Φ8@180	279
		l_y	82	4.04	139.8	Φ6@160	177
支座	ab		90	−17.36	579.2	Φ10@130	604
	de		90	−17.36	579.2	Φ10@130	604
	ad		90	−16.1	536.3	Φ10@140	561
	be		90	−14.39	471.9	Φ10@160	491
	bc		90	−10.68	346.8	Φ8@140	359
	cf		90	−12.69	414.7	Φ10@160	436
	ef		90	−10.74	350.4	Φ10@170	462
	eh		90	−13.4	443.3	Φ10@170	462
	hi		90	−10.8	350.4	Φ8@140	359
	fi		90	−13.4	443.3	Φ10@170	462

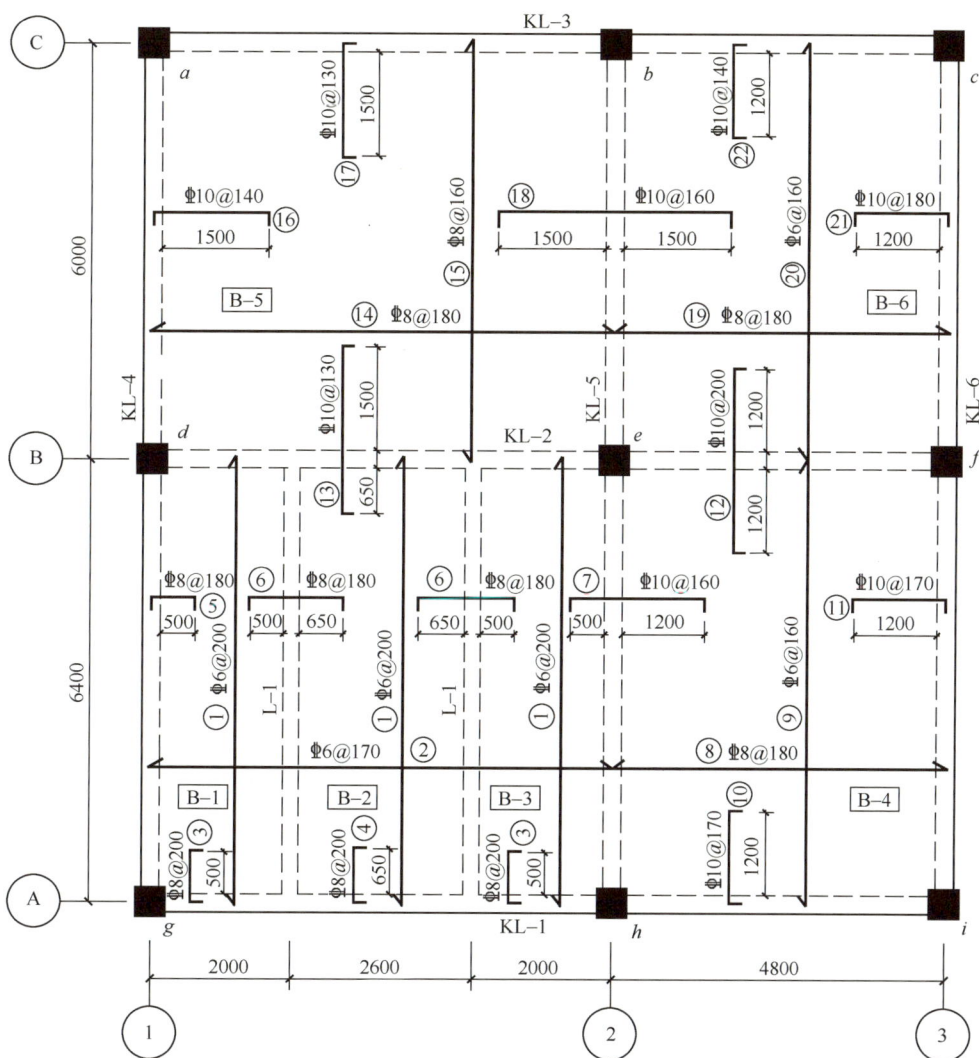

图 4-43 单向板、双向板配筋施工图

【实训 4-2】 解读图 4-44 所示的单、双向板配筋施工图，并完成下表钢筋的填空。

代号	左右方向板跨中 配筋情况	上下方向板跨中 配筋情况	左右方向板支座 配筋情况	上下方向板支座 配筋情况
B-1				
B-2				
B-3				

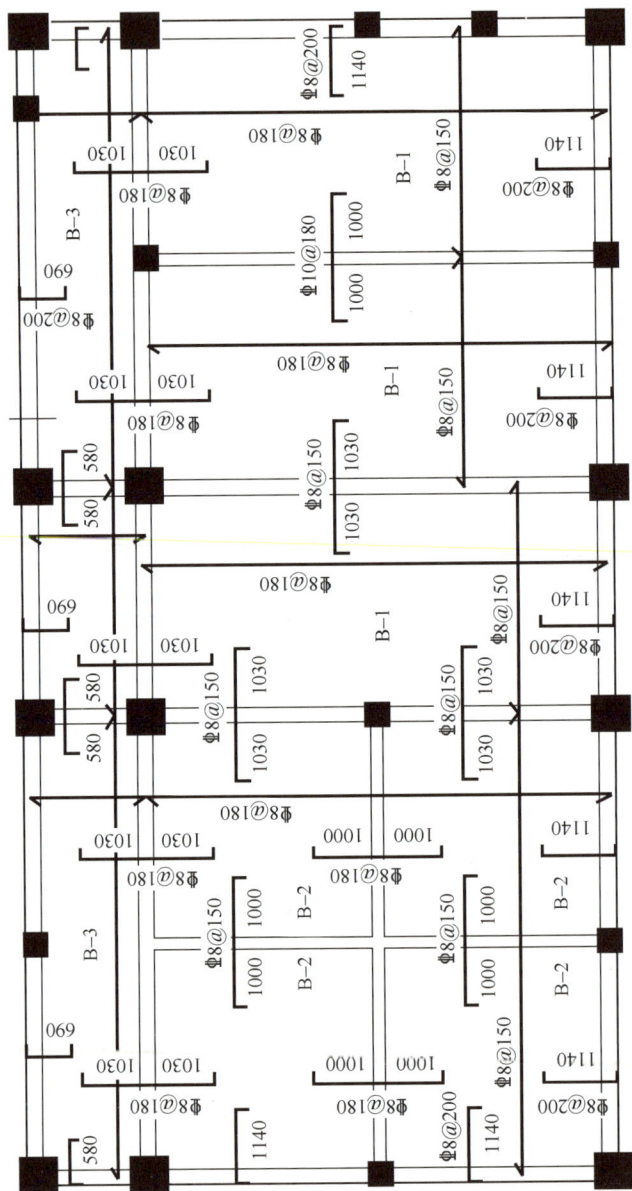

图 4-44　单、双向板配筋施工图

承受均布荷载时双向板按弹性理论计算的系数见表 4-12。

符 号 说 明

B_l——刚度，$B_l = \dfrac{Eh^3}{12(1-\mu)}$；

E——弹性模量；

h——板厚；

μ——泊松比；

f, f_{max}——分别为板中心点的挠度和最大挠度；

$m_x, m_{x,max}$——分别为平行于 l_x 方向板中心点单位板宽内的弯矩和板跨内最大弯矩；

$m_y, m_{y,max}$——分别为平行于 l_y 方向板中心点单位板宽内的弯矩和板跨内最大弯矩；

m_{0x}, m_{0y}——分别为平行于 l_x 和 l_y 方向自由边的中点单位板宽内的弯矩；

m'_x——固定边中点沿 l_x 方向单位板宽内的弯矩；

m'_y——固定边中点沿 l_y 方向单位板宽内的弯矩；

m'_{xz}——平行于 l_x 方向自由边上固定端单位板宽内的支座弯矩。

┴┴┴┴┴┴┴┴┴ 代表固定边；∙∙∙∙∙∙∙∙∙∙∙∙∙ 代表简支边

正负号的规定：

弯矩——使板的受荷面受压者为正；

挠度——变位方向与荷载方向相同者为正。

第一种边界条件

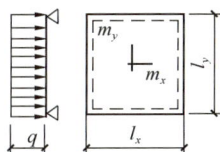

挠度＝表中系数$\times \dfrac{ql^4}{B_1}$

$\gamma = 0$，弯矩＝表中系数$\times ql^2$

式中 l 取用 l_x 和 l_y 中之较小者

l_x/l_y	f	m_x	m_y	l_x/l_y	f	m_x	m_y
0.50	0.01013	0.0965	0.0174	0.80	0.00603	0.0561	0.0334
0.55	0.00940	0.0892	0.0210	0.85	0.00547	0.0506	0.0348
0.60	0.00867	0.0820	0.0242	0.90	0.00496	0.0456	0.0358
0.65	0.00796	0.0750	0.0271	0.95	0.00449	0.0410	0.0364
0.70	0.00727	0.0683	0.0296	1.00	0.00406	0.0368	0.0368
0.75	0.00663	0.0620	0.0317				

第二种边界条件

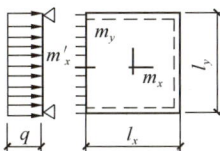

挠度＝表中系数$\times \dfrac{ql^4}{B_1}$

$\gamma = 0$，弯矩＝表中系数$\times ql^2$

式中 l 取用 l_x 和 l_y 中之较小者

续表

l_x/l_y	l_y/l_x	f	f_{max}	m_x	$m_{x,max}$	m_y	$m_{y,max}$	m_x'
长边固定 0.50		0.00488	0.00504	0.0583	0.0646	0.0060	0.0063	−0.1212
0.55		0.00471	0.00492	0.0563	0.0618	0.0081	0.0087	−0.1187
0.60		0.00453	0.00472	0.0539	0.0589	0.0104	0.0111	−0.1158
0.65		0.00432	0.00448	0.0513	0.0559	0.0126	0.0133	−0.1124
0.70		0.00410	0.00422	0.0485	0.0529	0.0148	0.0154	−0.1087
0.75		0.00388	0.00399	0.0457	0.0496	0.0168	0.0174	−0.1048
0.80		0.00365	0.00376	0.0428	0.0463	0.0187	0.0193	−0.1007
0.85		0.00343	0.00352	0.0400	0.0431	0.0204	0.0211	−0.0965
0.90		0.00321	0.00329	0.0372	0.0400	0.0219	0.0226	−0.0922
0.95		0.00299	0.00306	0.0345	0.0369	0.0232	0.0239	−0.0880
1.00	短边固定 1.00	0.00279	0.00285	0.0319	0.0340	0.0243	0.0249	−0.0839
	0.95	0.00316	0.00324	0.0324	0.0345	0.0280	0.0287	−0.0882
	0.90	0.00360	0.00368	0.0328	0.0347	0.0322	0.0330	−0.0926
	0.85	0.00409	0.00417	0.0329	0.0347	0.0370	0.0378	−0.0970
	0.80	0.00464	0.00473	0.0326	0.0343	0.0424	0.0433	−0.1014
	0.75	0.00526	0.00536	0.0319	0.0335	0.0485	0.0494	−0.1056
	0.70	0.00595	0.00605	0.0308	0.0323	0.0553	0.0562	−0.1096
	0.65	0.00670	0.00680	0.0291	0.0306	0.0627	0.0637	−0.1133
	0.60	0.00752	0.00762	0.0268	0.0289	0.0707	0.0717	−0.1166
	0.55	0.00838	0.00848	0.0239	0.0271	0.0792	0.0801	−0.1193
	0.50	0.00927	0.00935	0.0205	0.0249	0.0880	0.0888	−0.1215

第三种边界条件

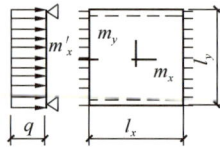

挠度 ＝ 表中系数 $\times \dfrac{ql^4}{B_1}$

$\gamma=0$，弯矩 ＝ 表中系数 $\times ql^2$

式中 l 取用 l_x 和 l_y 中之较小者

l_x/l_y	l_y/l_x	f	m_x	m_y	m_x'
短边简支 0.50		0.00261	0.0416	0.0017	−0.0843
0.55		0.00259	0.0410	0.0028	−0.0840
0.60		0.00255	0.0402	0.0042	−0.0834
0.65		0.00250	0.0392	0.0057	−0.0826
0.70		0.00243	0.0379	0.0072	−0.0814
0.75		0.00236	0.0366	0.0088	−0.0799

续表

l_x/l_y		l_y/l_x	f	m_x	m_y	m'_x
短边简支	0.80		0.00228	0.0351	0.0103	−0.0782
	0.85		0.00220	0.0335	0.0118	−0.0763
	0.90		0.00211	0.0319	0.0133	−0.0743
	0.95		0.00201	0.0302	0.0146	−0.0721
	1.00	1.00	0.00192	0.0285	0.0158	−0.0698
长边简支		0.95	0.00223	0.0296	0.0189	−0.0746
		0.90	0.00260	0.0306	0.0224	−0.0797
		0.85	0.00303	0.0314	0.0266	−0.0850
		0.80	0.00354	0.0319	0.0316	−0.0904
		0.75	0.00413	0.0321	0.0374	−0.0959
		0.70	0.00482	0.0318	0.0441	−0.1013
		0.65	0.00560	0.0308	0.0518	−0.1066
		0.60	0.00647	0.0292	0.0604	−0.1114
		0.55	0.00743	0.0267	0.0698	−0.1156
		0.50	0.00844	0.0234	0.0798	−0.1191

第四种边界条件

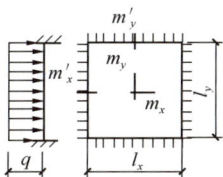

挠度＝表中系数×$\dfrac{ql^4}{B_1}$

$\gamma = 0$，弯矩＝表中系数×ql^2

式中 l 取用 l_x 和 l_y 中之较小者

l_x/l_y	f	m_x	m_y	m'_x	m'_y
0.50	0.00253	0.0400	0.0038	−0.0829	−0.0570
0.55	0.00246	0.0385	0.0056	−0.0814	−0.0571
0.60	0.00236	0.0367	0.0076	−0.0793	−0.0571
0.65	0.00224	0.0345	0.0095	−0.0766	−0.0571
0.70	0.00211	0.0321	0.0113	−0.0735	−0.0569
0.75	0.00197	0.0296	0.0130	−0.0701	−0.0565
0.80	0.00182	0.0271	0.0144	−0.0664	−0.0559
0.85	0.00168	0.0246	0.0156	−0.0626	−0.0551
0.90	0.00153	0.0221	0.0165	−0.0588	−0.0541
0.95	0.00140	0.0198	0.0172	−0.0550	−0.0528
1.00	0.00127	0.0176	0.0176	−0.0513	−0.0513

第五种边界条件

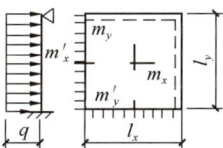

挠度＝表中系数×$\dfrac{ql^4}{B_1}$

$\gamma = 0$，弯矩＝表中系数×ql^2

式中 l 取用 l_x 和 l_y 中之较小者

续表

l_x/l_y	f	f_{max}	m_x	$m_{x,max}$	m_y	$m_{y,max}$	m'_x	m'_y
0.50	0.00468	0.00471	0.0559	0.0562	0.0079	0.0135	−0.1179	−0.0786
0.55	0.00445	0.00454	0.0529	0.0530	0.0104	0.0153	−0.1140	−0.0785
0.60	0.00419	0.00429	0.0496	0.0498	0.0129	0.0169	−0.1095	−0.0782
0.65	0.00391	0.00399	0.0461	0.0465	0.0151	0.0183	−0.1045	−0.0777
0.70	0.00363	0.00368	0.0426	0.0432	0.0172	0.0195	−0.0992	−0.0770
0.75	0.00335	0.00340	0.0390	0.0396	0.0189	0.0206	−0.0938	−0.0760
0.80	0.00308	0.00313	0.0356	0.0361	0.0204	0.0218	−0.0883	−0.0748
0.85	0.00281	0.00286	0.0322	0.0328	0.0215	0.0229	−0.0829	−0.0733
0.90	0.00256	0.00261	0.0291	0.0297	0.0224	0.0238	−0.0776	−0.0716
0.95	0.00232	0.00237	0.0261	0.0267	0.0230	0.0244	−0.0726	−0.0698
1.00	0.00210	0.00215	0.0234	0.0240	0.0234	0.249	−0.0677	−0.0677

第六种边界条件

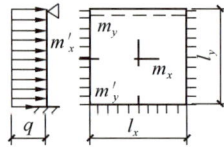

挠度 = 表中系数 $\times \dfrac{ql^4}{B_1}$

$\gamma = 0$,弯矩 = 表中系数 $\times ql^2$

式中 l 取用 l_x 和 l_y 中之较小者

	l_x/l_y	l_y/l_x	f	f_{max}	m_x	$m_{x,max}$	m_y	$m_{y,max}$	m'_x	m'_y
短边简支	0.50		0.00257	0.00258	0.0408	0.0409	0.0028	0.0089	−0.0836	−0.0569
	0.55		0.00252	0.00255	0.0398	0.0399	0.0042	0.0093	−0.0827	−0.0570
	0.60		0.00245	0.00249	0.0384	0.0386	0.0059	0.0105	−0.0814	−0.0571
	0.65		0.00237	0.00240	0.0368	0.0371	0.0076	0.0116	−0.0796	−0.0572
	0.70		0.00227	0.00229	0.0350	0.0354	0.0093	0.0127	−0.0774	−0.0572
	0.75		0.00216	0.00219	0.0331	0.0335	0.0109	0.0137	−0.0750	−0.0572
	0.80		0.00205	0.00208	0.0310	0.0314	0.0124	0.0147	−0.0722	−0.0570
	0.85		0.00193	0.00196	0.0289	0.0293	0.0138	0.0155	−0.0693	−0.0567
	0.90		0.00181	0.00184	0.0268	0.0273	0.0159	0.0163	−0.0663	−0.0563
	0.95		0.00169	0.00172	0.0247	0.0252	0.0160	0.0172	−0.0631	−0.0558
	1.00	1.00	0.00157	0.00160	0.0227	0.0231	0.0168	0.0180	−0.0600	−0.0550
长边简支		0.95	0.00178	0.00182	0.0229	0.0234	0.0194	0.0207	−0.0629	−0.0599
		0.90	0.00201	0.00206	0.0228	0.0234	0.0223	0.0238	−0.0656	−0.0653
		0.85	0.00227	0.00233	0.0225	0.0231	0.0255	0.0273	−0.0683	−0.0711
		0.80	0.00256	0.00262	0.0219	0.0224	0.0290	0.0311	−0.0707	−0.0772
		0.75	0.00286	0.00294	0.0208	0.0214	0.0329	0.0354	−0.0729	−0.0837
		0.70	0.00319	0.00327	0.0194	0.0200	0.0370	0.0400	−0.0748	−0.0903
		0.65	0.00352	0.00365	0.0175	0.0182	0.0412	0.0446	−0.0762	−0.0970
		0.60	0.00386	0.00403	0.0153	0.0160	0.0454	0.0493	−0.0773	−0.1033
		0.55	0.00419	0.00437	0.0127	0.0133	0.0496	0.0541	−0.0780	−0.1093
		0.50	0.00449	0.00463	0.0099	0.0103	0.0534	0.0588	−0.0784	−0.1146

4.4 楼梯和雨篷

学习目标

（1）了解楼梯的结构形式及其受力特点。
（2）能进行钢筋混凝土现浇板式楼梯的结构设计和计算。
（3）明确雨篷的受力特点。
（4）能解读楼梯和雨篷结构的配筋施工图。

4.4.1 楼梯

楼梯作为楼层间相互联系的垂直交通设施，是多层及高层房屋中的重要组成部分。钢筋混凝土楼梯由于具有较好的结构刚度和耐久、耐火性能，并且在施工、外形和造价等方面也有较多优点，故在实际工程中应用最为普遍。

按施工方法分，有现浇整体式楼梯和预制装配式楼梯，如图 4-45 和图 4-46 所示；按结构形式和受力特点分，有梁式楼梯、板式楼梯、螺旋楼梯、折板悬挑式楼梯等，如图 4-47 所示。

4-16

楼梯概述

图 4-45 现浇整体式楼梯

图 4-46 预制装配式楼梯

(a)

(b)

图 4-47 楼梯的类型（一）

（a）梁式楼梯；（b）板式楼梯

(c)

(d)

图 4-47 楼梯的类型（二）

（c）螺旋楼梯；（d）折板悬挑式楼梯

1. 现浇钢筋混凝土楼梯

在现浇钢筋混凝土普通楼梯中，根据梯段中有无斜梁，可分为梁式楼梯和板式楼梯两种。梁式楼梯在大跨度（如大于 4m）时较经济，但外观笨重，构造复杂，在工程中较少采用；而板式楼梯虽在大跨度时不太经济，但外观轻巧，构造简单，在工程中得到广泛的应用。

2. 板式楼梯的计算与构造

（1）板式楼梯的组成

板式楼梯一般由梯段斜板、平台梁及平台板组成，如图 4-48 所示。梯段斜板两端支承在平台梁上。

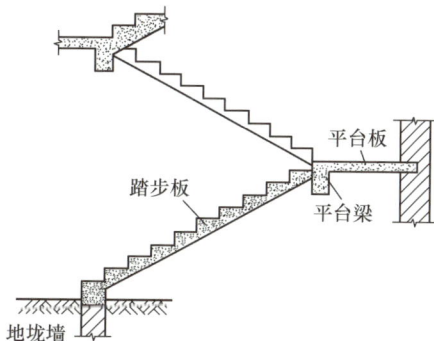

图 4-48 板式楼梯的组成

（2）板式楼梯荷载的传递路径

斜板（平台板）→平台梁→楼梯间墙（或柱）。

（3）梯段斜板的计算与构造

1）梯段斜板是由斜板和梯段两部分组成。

2）斜板厚度通常取 $h = (1/30 \sim 1/25)l_0$，l_0 为斜板水平方向的跨度。

3）斜板的内力计算如图 4-49 所示：取 1m 宽斜向板带作为结构及荷载计算单元。

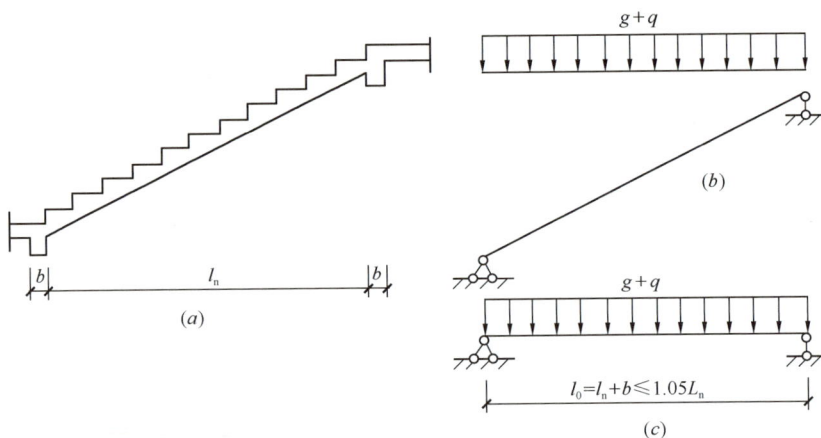

图 4-49 斜板的内力计算简图

（a）构造简图；（b）、（c）计算简图

把荷载换算成与水平垂直的荷载后，按简支板求跨中弯矩，考虑到支座构造后，近似取：

$$M_{max} = \frac{1}{10}(g + q)l_0^2 \qquad (4-21)$$

4）斜板的构造要求（图 4-50）

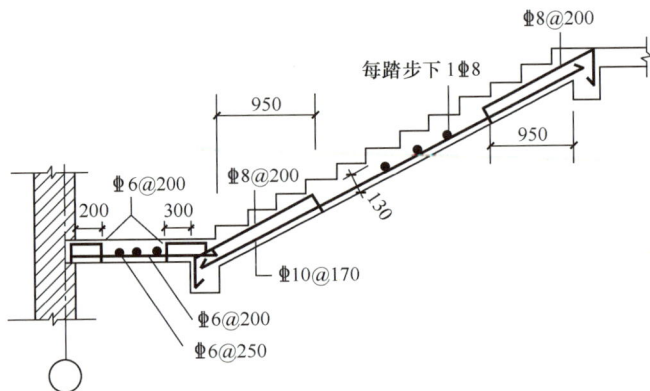

4-17

楼梯的钢筋绑扎

图 4-50 梯段斜板的配筋示意图

① 斜板下部的受力筋必须伸满支座并且 $\geqslant 5d$ 且 $\geqslant 50$mm；

② 斜板下部的分布筋每踏步下一根，直径比受力筋小 2mm，或者取 2Φ6；

③ 斜板的支座应配置一定数量的构造负筋，以承受实际存在的负弯矩和防止产生过宽的裂缝，一般可取$\phi 8@200$（或与受力筋相同的面积），通长布置。

5）折板式斜板的构造要求（图4-51）。

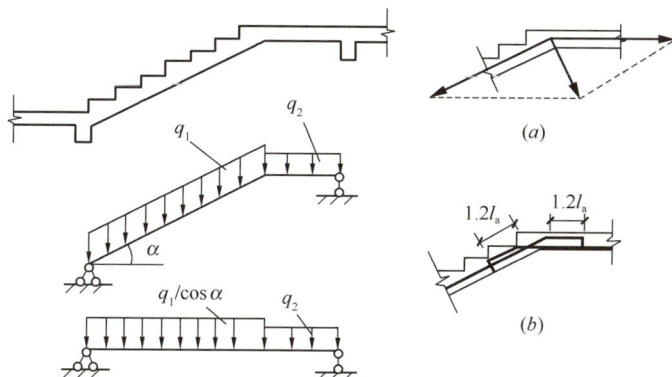

4-18

楼梯模板的支设

图4-51 折板式斜板的构造要求

（a）混凝土保护层剥落，钢筋被拉出；（b）转角处钢筋的锚固措施

（4）平台板的计算与构造

1）平台板内力计算：由l_2/l_1区分按单向板或双向板设计，平台板一般为单向板，这时可取1m宽板带为计算单元，如图4-52（a）所示，按简支板计算：

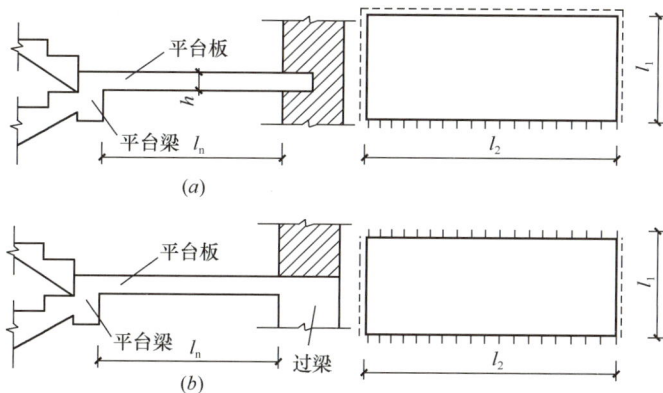

图4-52 平台板内力计算简图

$$M_{max} = \frac{1}{8}(g+q)l_0^2 \qquad (4-22)$$

如图4-52（b）所示，两端与梁整浇时计算可取为：

$$M_{max} = \frac{1}{10}(g+q)l_0^2 \qquad (4-23)$$

2）平台板板厚一般取60～80mm。

3）平台板墙边墙角构造钢筋与单向板的构造钢筋相同；平台梁上部的构造负筋为$\phi 8@200$，长为$l_0/4$。

（5）平台梁的计算与构造

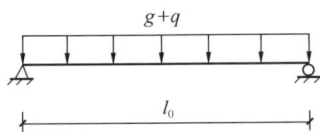

图 4-53 平台梁内力计算简图

平台梁两端一般支承在楼梯间承重墙上，承受梯段斜板、平台板传来的均布荷载和自重，可按简支的倒 L 形梁计算。内力计算采用公式（4-22），计算简图如图 4-53 所示。

平台梁的截面高度，一般可取 $h \geqslant l_0/12$（l_0 为平台梁的计算跨度）。平台梁的设计和构造要求与一般梁相同。

【课堂练习 4-3】 某板式楼梯结构布置如图 4-54 所示，踏步面层为 20mm 厚的水泥砂浆抹灰，底面为 20mm 厚的混合砂浆抹灰，金属栏杆重为 0.1kN/m，楼梯活荷载标准值为 $2.33kN/m^2$，采用 C30 的混凝土，钢筋为 HRB400 级。试进行设计。

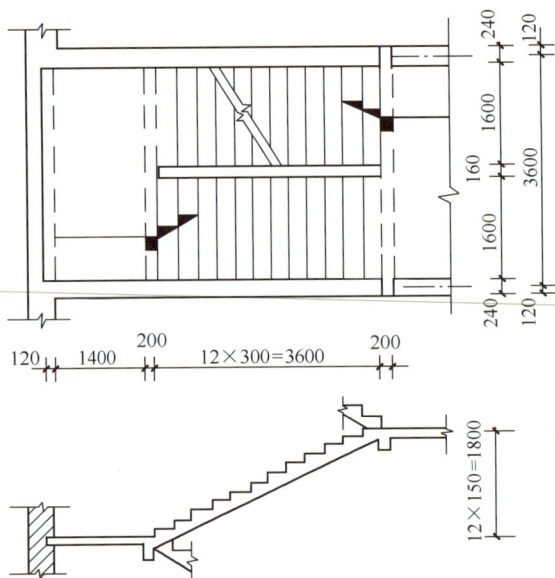

图 4-54 课堂练习 4-3

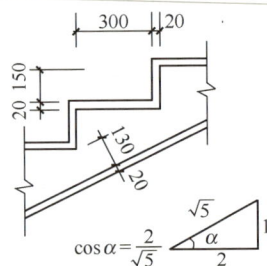

梯段板构造

解：1. 梯段斜板的设计

（1）确定斜板厚度

水平投影的计算跨度：$l_0 = l_n + b = 3600 + 200 = 3800mm$

估算厚度：$h \geqslant \dfrac{l_0}{30} = \dfrac{3800}{30} = 126.7mm$ 取 $h = 130mm$

取 1m 宽作为计算单元。

（2）荷载计算

梯段板自重 $\dfrac{1}{2} \times \left[\dfrac{0.13}{\dfrac{2}{\sqrt{5}}} + \left(\dfrac{0.13}{\dfrac{2}{\sqrt{5}}} + 0.15 \right) \right] \times 0.3 \times 1 \times 25 \times \dfrac{1}{0.3} = 5.51kN/m$

踏步面层自重 $\dfrac{(0.3 + 0.15) \times 0.02 \times 1 \times 20}{0.3} = 0.6kN/m$

底板抹灰　$\dfrac{\dfrac{0.3}{2}\times0.02\times1\times17}{0.3}=0.38\text{kN/m}$

金属栏杆自重　$\dfrac{0.1}{1.6}\times1=0.06\text{kN/m}$

标准值　$g_K=5.51+0.6+0.38+0.06=6.55\text{kN/m}$

设计值　$g=6.55\times1.3=8.5\text{kN/m}$

活荷载设计值　$q=2.33\times1\times1.5=3.5\text{kN/m}$

合计　$g+q=8.5+3.5=12\text{kN/m}$

（3）内力计算

跨中最大弯矩设计值：$M=\dfrac{1}{10}ql_0^2=\dfrac{1}{10}\times12\times3.8^2=17.3\text{kN}\cdot\text{m}$

（4）配筋计算

$h_0=h-20=130-20=110\text{mm}$

$\alpha_s=\dfrac{M}{\alpha_1f_cbh_0^2}=\dfrac{17.3\times10^6}{1\times14.3\times1000\times110^2}=0.099$

$\gamma_s=0.5\left(1+\sqrt{1-2\alpha_s}\right)=0.5\times\left(1+\sqrt{1-2\times0.099}\right)=0.95$

$A_s=\dfrac{M}{\gamma_sf_yh_0}=\dfrac{17.3\times10^6}{0.95\times360\times110}=460\text{mm}^2$

验算：防止少筋：$\rho=\dfrac{A_s}{bh_0}=\dfrac{460}{1000\times110}=0.41\%>\rho_{min}=0.2\%$，满足

防止超筋：$\xi=1-\sqrt{1-2\alpha_s}=1-\sqrt{1-2\times0.095}=0.1<\xi_b=0.518$，满足

根据踏步斜板配筋图 4-55 所示选配钢筋：

斜板受力筋为＿＿＿＿＿＿＿＿＿；踏步分布筋为＿＿＿＿＿＿＿＿＿；斜板支座上部构造负筋为＿＿＿＿＿＿＿＿。

2. 平台板的计算：取 1m 为计算单元，板厚取 60mm。

（1）荷载计算

平台板自重　$0.06\times25\times1=1.5\text{kN/m}$

板面抹灰重　$0.02\times20\times1=0.4\text{kN/m}$

板底抹灰重　$0.02\times17\times1=0.34\text{kN/m}$

标准值　$g_K=2.24\text{kN/m}$

设计值　$g=2.24\times1.3=2.9\text{kN/m}$

活荷载设计值　$q=2.33\times1.5\times1=3.5\text{kN/m}$

合计　$q+g=2.9+3.5=6.4\text{kN/m}$

（2）内力计算

计算跨度　$l_0=l_n+\dfrac{h}{2}=1.4+\dfrac{0.06}{2}=1.43\text{m}<l=l_n+\dfrac{a}{2}=1.4+\dfrac{0.12}{2}=1.46\text{m}$ 取

$l_0 = 1.43\text{m}$

跨中最大弯矩设计值 $M = \dfrac{1}{8}(g+q)l_0^2 = \dfrac{1}{8} \times 6.4 \times 1.43^2 = 1.64\text{kN} \cdot \text{m}$

（3）配筋计算

$h_0 = h - 20 = 60 - 20 = 40\text{mm}$

$$\alpha_s = \frac{M}{\alpha_1 f_c b h_0^2} = \frac{1.64 \times 10^6}{1 \times 14.3 \times 1000 \times 40^2} = 0.072$$

$$\gamma_s = 0.5(1 + \sqrt{1 - 2\alpha_s}) = 0.5 \times (1 + \sqrt{1 - 2 \times 0.072}) = 0.963$$

$$A_s = \frac{M}{\gamma_s f_y h_0} = \frac{1.64 \times 10^6}{0.963 \times 360 \times 40} = 118.3\text{mm}^2$$

根据平台板配筋图 4-55 所示选配钢筋：

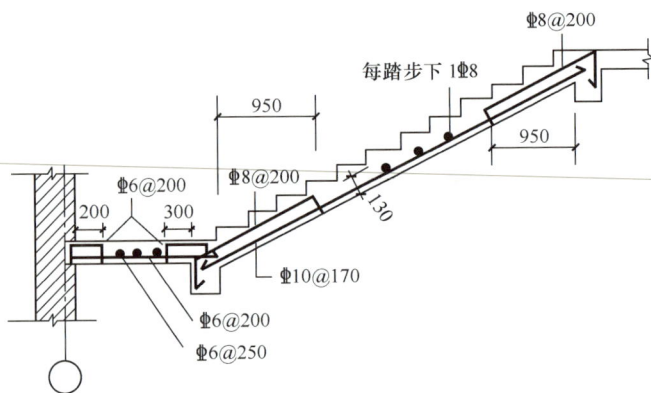

图 4-55　踏步斜板、平台板配筋图

平台板受力筋为＿＿＿＿＿＿＿；平台板分布筋为＿＿＿＿＿＿＿；平台板支座负筋为＿＿＿＿＿＿＿。

3. 平台梁的计算

截面尺寸取 $b \times h = 200\text{mm} \times 400\text{mm}$

计算跨度为 $l_0 = 1.05 l_n = 1.05 \times 3.36 = 3.53 < l_n + a = 3.36 + 0.24 = 3.6\text{m}$，取 $l_0 = 3.53\text{m}$

（1）荷载计算

梯段斜板传来 $12 \times \dfrac{3.6}{2} / 1 = 21.6\text{kN/m}$

平台板传来 $6.4 \times \left(\dfrac{1.4}{2} + 0.2\right) / 1 = 5.76\text{kN/m}$

平台梁自重 $0.2 \times (0.4 - 0.06) \times 25 \times 1.3 = 2.21\text{kN/m}$

平台梁两侧抹灰 $(0.4 - 0.06) \times 0.02 \times 2 \times 17 \times 1.3 = 0.3\text{kN/m}$

合计 $g + q = 29.87\text{kN/m}$

（2）内力计算

跨中最大弯矩设计值 $M = \dfrac{1}{8}(g+q)l_0^2 = \dfrac{1}{8} \times 29.87 \times 3.53^2 = 46.5\text{kN} \cdot \text{m}$

支座最大剪力设计值　$V=\dfrac{1}{2}(g+q)l_n=\dfrac{1}{2}\times29.87\times3.36=50.2\text{kN}$

（3）配筋计算

1）正截面承载力计算：按倒 L 形截面计算，受压翼缘计算宽度：

根据跨度确定：$b'_f=\dfrac{l_0}{6}=\dfrac{3530}{6}=588\text{mm}$

根据梁（肋）净距 s_n 确定：$b'_f=b+\dfrac{s_n}{2}=200+\dfrac{1400}{2}=900\text{mm}$

根据翼缘高度 h_f 确定：$b'_f=b+5h'_f=200+5\times60=500\text{m}$，故取 $b'_f=500\text{mm}$

$h_0=h-40=400-40=360\text{mm}$

$$\alpha_1f_cb'_fh'_f\left(h_0-\dfrac{h'_f}{2}\right)=1\times14.3\times500\times60\times\left(360-\dfrac{60}{2}\right)=141.57\text{kN}\cdot\text{m}$$

$$>M=44.14\text{kN}\cdot\text{m}$$

故截面属于第一类 T 形截面。

$$\alpha_s=\dfrac{M}{\alpha_1f_cbh_0^2}=\dfrac{46.5\times10^6}{1\times14.3\times500\times360^2}=0.05$$

$$\gamma_s=0.5\left(1+\sqrt{1-2\alpha_s}\right)=0.5\times\left(1+\sqrt{1-2\times0.05}\right)=0.975$$

$$A_s=\dfrac{M}{\gamma_sf_yh_0}=\dfrac{46.5\times10^6}{0.975\times360\times360}=368\text{mm}^2$$

选用钢筋为 3Φ14（$A_s=461\text{mm}^2$）。

2）斜截面承载力计算：

$0.25\beta_cf_cbh_0=0.25\times1\times14.3\times200\times360=257.4\text{kN}>V=50.2\text{kN}$

则满足截面尺寸要求。

$0.7f_tbh_0=0.7\times1.43\times200\times360=72.1\text{kN}>V=50.2\text{kN}$

说明仅需按构造要求配置箍筋，选用Φ8@250

根据平台梁配筋图 4-56 所示选配钢筋：

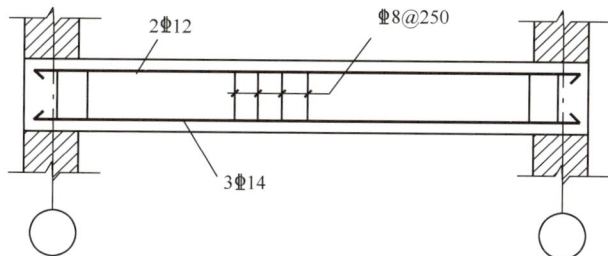

图 4-56　平台梁配筋图

平台梁跨中受力筋为_____；平台梁架立筋为_____；平台梁箍筋为_____。

4.4.2　雨篷

雨篷是设置在建筑物外墙出入口上方用以挡雨并有一定装饰作用的水平构件。按结构形式的不同，雨篷有板式雨篷和梁板式雨篷两种。

当雨篷的外挑长度大于 1.5m 时，一般需设计成有悬挑边梁的梁板式雨篷；当雨篷的外挑长度小于 1.5m 时，则常设计成悬臂板式雨篷。下面简要介绍板式雨篷的设计及构造要点。

1. 板式雨篷的组成

板式雨篷由雨篷板和雨篷梁组成，如图 4-57 所示。其雨篷梁既是雨篷板的支承，又兼有门窗的过梁作用，雨篷的设计除了与一般的梁板结构相同的内容外，还应进行抗倾覆验算。

2. 板式雨篷的设计内容

包括雨篷板设计；雨篷梁设计；雨篷抗倾覆验算。

（1）雨篷板的设计

雨篷板为固定于雨篷梁上的悬臂板，其承载力按受弯构件计算，取其挑出长度为计算长度，并取 1m 宽板带为计算单元。

4-19

雨篷

1）雨篷板的荷载一般考虑恒载和活载。恒载包括板的自重、面层及板底粉刷；活荷载则应考虑标准值为 $0.7kN/m^2$ 的等效均布恒荷载或标准值为 1kN 的板端集中检修活荷载。两种荷载情况下的计算简图如图 4-58 所示。

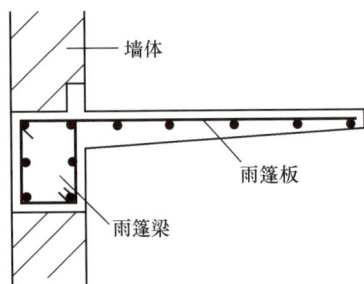

图 4-57　雨篷的组成

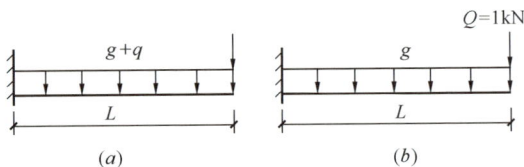

图 4-58　雨篷板计算简图
（a）恒载和均布活荷载；（b）恒载和集中荷载

2）雨篷板只需进行正截面承载力计算，并且只需计算板根部截面，由计算简图可得板的根部弯矩计算为：

$$M = \frac{1}{2}(g+q)L^2 \tag{4-24}$$

或

$$M = \frac{1}{2}gL^2 + QL \tag{4-25}$$

受力钢筋配在板的顶面。

（2）雨篷梁的设计

1）荷载计算

①雨篷梁自重；②雨篷板的自重及其上的活荷载如图 4-58 所示；③雨篷梁上的墙体自重如图 4-59 所示；④雨篷梁上的梁板荷载如图 4-60 所示。

2）雨篷梁的弯矩、剪力计算

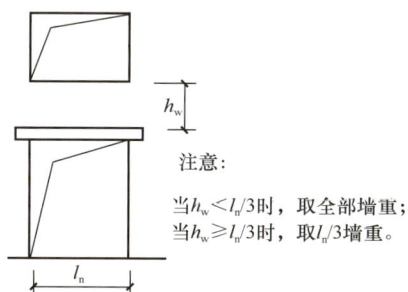

图 4-59　墙体自重

注意：

当 $h_w < l_n/3$ 时，取全部墙重；

当 $h_w \geqslant l_n/3$ 时，取 $l_n/3$ 墙重。

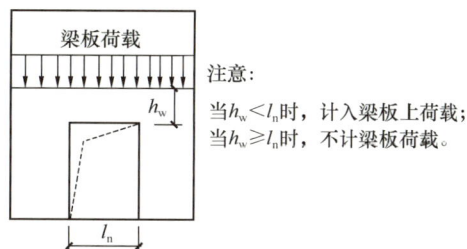

图 4-60　梁板荷载

注意：

当 $h_w < l_n$ 时，计入梁板上荷载；

当 $h_w \geqslant l_n$ 时，不计梁板荷载。

按简支梁承受均布荷载计算，如图 4-61 所示。

① 雨篷梁的弯矩计算

$$M = \frac{1}{8}(g+q)l_0^2 \qquad (4\text{-}26)$$

或

$$M = \frac{1}{8}gl_0^2 + \frac{1}{4}Ql_0 \qquad (4\text{-}27)$$

取弯矩值较大者。

② 雨篷梁的剪力计算

$$V = \frac{1}{2}(g+q)l_n \qquad (4\text{-}28)$$

或

$$V = \frac{1}{2}gl_n + Q \qquad (4\text{-}29)$$

取剪力值较大者。

3）雨篷梁扭矩计算

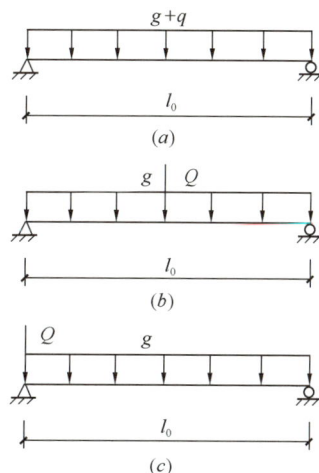

图 4-61　雨篷梁受弯剪计算简图

雨篷梁上的扭矩是由悬臂板上的恒载和活荷载产生的，计算扭矩时应将雨篷板上的力对雨篷梁的中心取矩（与求根部弯矩时不同），梁端扭矩 T 可按图 4-62 中的计算公式求得

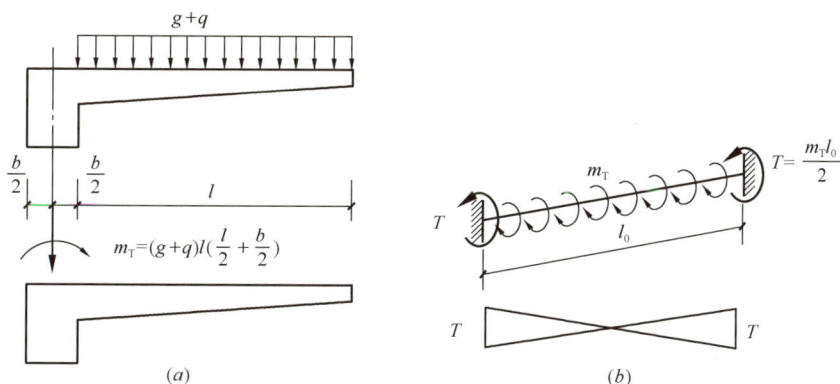

图 4-62　雨篷梁扭矩计算简图

（扭矩计算简图与剪力计算简图类似）。

（3）雨篷抗倾覆验算

雨篷板上的荷载可能使雨篷绕雨篷梁底距墙外边缘 x_o 处的 O 点（图 4-63b）转动而产生倾覆，若保证雨篷的整体稳定，需按下列公式对雨篷进行抗倾覆验算：

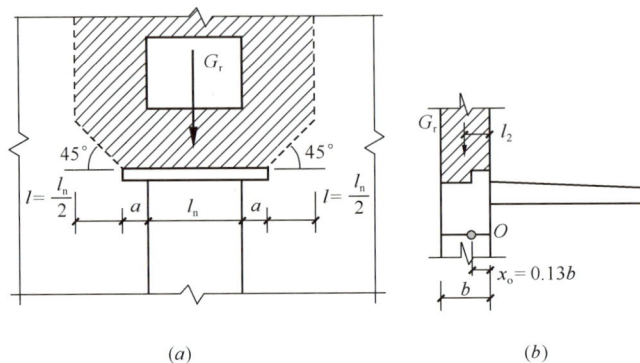

(a) (b)

图 4-63　雨篷抗倾覆计算图

$$M_r \geqslant M_{OV} \tag{4-30}$$

式中　M_r——雨篷的抗倾覆力矩设计值，按公式（4-31）计算；

$$M_r = 0.37G_r \tag{4-31}$$

G_r——雨篷梁上墙体与楼面恒载标准值之和，按图 4-63（a）中阴影线范围计算墙体恒载标准值；

M_{OV}——雨篷的倾覆力矩设计值，由雨篷板上的恒载和活荷载设计值引起，施工集中荷载为 1.0kN，可每隔 2.5～3.0m 考虑设置一个。

当雨篷抗倾覆验算不满足要求时，应采取保证稳定的措施，如增加雨篷梁在墙体内的长度（雨篷板不能增长）或将雨篷梁与周围的结构（如柱子）相连接。

3. 雨篷梁板的构造要求

（1）雨篷板端部厚 $h_e \geqslant 60\text{mm}$，根部厚度 $h \geqslant \dfrac{l}{12} \geqslant 80\text{mm}$（$l$ 为挑出长度）。

（2）雨篷板受力钢筋按计算求得，但不得小于ϕ6@200，且伸入梁内的锚固长度取 $1.2l_a$（l_a 为受拉钢筋的锚固长度），分布钢筋不得小于ϕ6@250。

（3）雨篷梁宽度 b 一般与墙厚相同，高度 $h \geqslant \dfrac{1}{8}l_0$（$l_0$ 为计算跨度），且为砖厚的倍数，梁的搁置长度 $a \geqslant 370\text{mm}$，一般为 500mm。

【课堂练习 4-4】 解读图 4-64 雨篷配筋施工图，并回答相关问题。

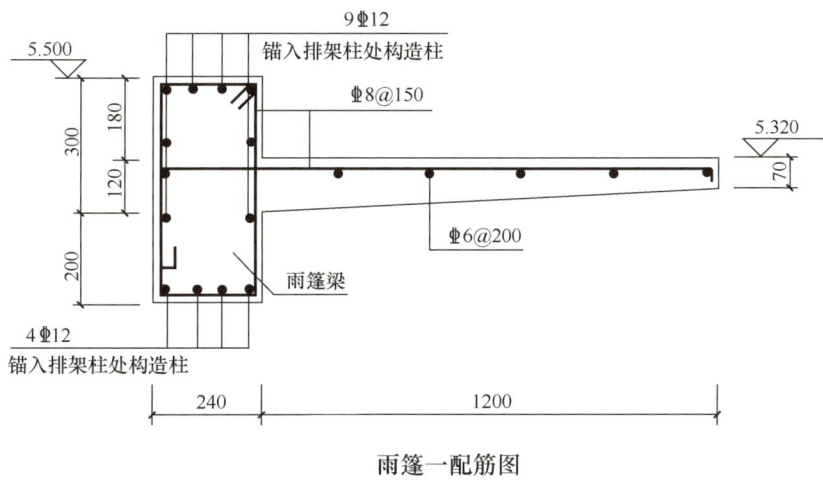

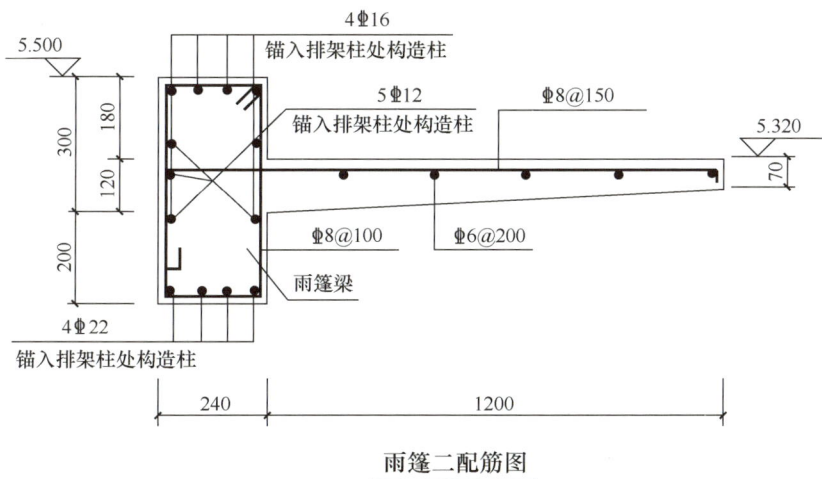

图 4-64 雨篷配筋图

思 考 题

1. 钢筋混凝土楼盖结构有哪几种类型？说明它们各自的受力特点和适用范围。

2. 在现浇梁板结构中，单向板和双向板是如何划分的？

3. 现浇单向板肋梁楼盖中板、次梁和主梁的计算简图如何确定？为什么主梁通常用弹性理论计算，而不采用塑性理论计算？

4. 在主、次梁交接处，为什么要在主梁中设置吊筋或附加箍筋？如何确定横向附加钢筋（吊筋或附加箍筋）的截面面积？

5. 在利用单块双向板弹性弯矩系数计算多跨连续双向板跨中最大正弯矩和支座最大负弯矩时，采用了哪些假定？

6. 常用楼梯有哪几种类型？它们的缺点和适用范围有何不同？如何确定楼梯各组成构件的计算简图？

7. 雨篷板和雨篷梁有哪些计算要点和构造要求？

━━━━━ 习 题 ━━━━━

1. 某钢筋混凝土现浇单、双向板肋梁楼盖平面尺寸如图 4-65 所示，单向板板厚为 80mm，双向板板厚110mm，板面 30mm 厚水磨石抹面（22kN/m³），顶棚抹灰采用 15mm 厚混合砂浆（17kN/m³），钢筋采用 HRB400 级，试按弹性理论和塑性理论的计算方法计算单向板（B_1，B_2，B_3）的内力，并按弹性理论的内力对其进行配筋计算和画出板的配筋施工图；试按弹性理论计算双向板（B_4，B_5，B_6，B_7）的内力，并对其进行配筋计算和画出板的配筋施工图；试按弹性理论和塑性理论计算次梁 L-1 的内力，并按塑性理论的内力对其进行配筋计算和画出梁的配筋施工图。混凝土强度等级和活荷载取值根据表 4-13 确定。

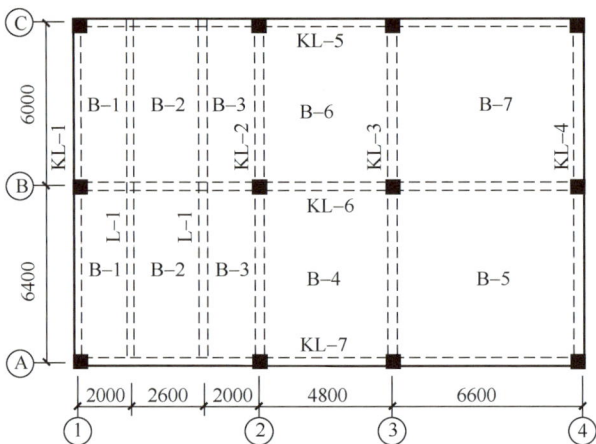

图 4-65　习题 1（某钢筋混凝土现浇楼盖结构平面布置图）

提示：（1）单向板、双向板、次梁的计算跨度近似取图 4-65 中的中心线尺寸；（2）单向板计算简图可以简化为如图 4-66 所示，取 $M_A = M_D = M_B = M_C$；（3）次梁的计算简图可以简化为如图 4-67 所示，取 $M_A = M_C = M_B$。

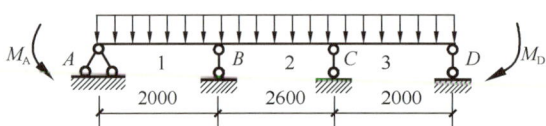

图 4-66　单向板计算简图

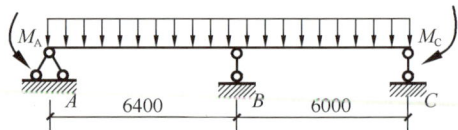

图 4-67　次梁的计算简图

按学生学号安排　　　　　　　　　　　　　　　　　　　表 4-13

	2（kN/m²）	2.5（kN/m²）	3（kN/m²）	3.5（kN/m²）	4（kN/m²）
C20	1、21、41	2、22、42	3、23、43	4、24、44	5、25、45
C25	6、26、46	7、27、47	8、28、48	9、29、49	10、30、50
C30	11、31、51	12、32、52	13、33、53	14、34、54	15、35、55
C35	16、36、56	17、37、57	18、38、58	19、39、59	20、40、60

2. 某钢筋混凝土连续梁计算简图如图 4-68 所示，截面尺寸为 $b \times h = 250\text{mm} \times 550\text{mm}$。承受均布恒载标准值 $g_k = 16\text{kN/m}$（荷载分项系数为 1.2），荷载标准值为 $p_k = 18\text{kN/m}$（荷载分项系数为 1.4），混凝土强度等级为 C30，钢筋采用 HRB400，试分别按弹性理论和塑性理论计算指定截面的内力（M_1，M_2 和 M_B），对 M_1 和 M_B 进行截面配筋计算，并画出 M_1 和 M_B 的配筋剖面图。

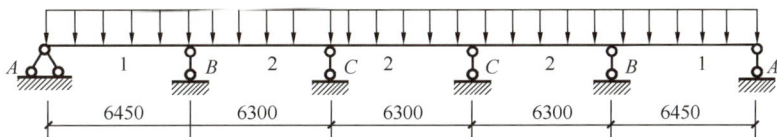

图 4-68 习题 2（连续梁计算简图）

3. 某钢筋混凝土现浇板式楼梯结构平面布置如图 4-69 所示，踏步面层为 20mm 厚水泥砂浆，板底为 15mm 厚混合砂浆抹灰，金属栏杆重 0.1kN/m，钢筋采用 HRB400 级。要求对 TL1 和 TB-1、TB-3（或 TB-4）进行内力计算和配筋计算，并且画出它们的配筋施工图。混凝土强度等级和活荷载取值根据表 4-13 学号安排确定。

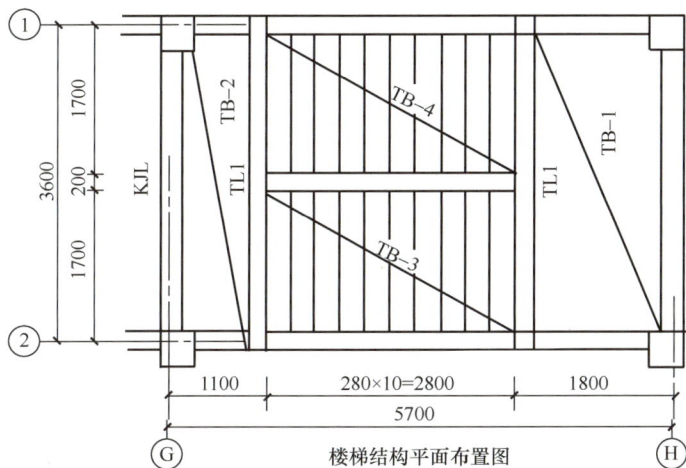

楼梯结构平面布置图

楼梯结构剖面图

图 4-69 习题 3（楼梯结构平面布置图、剖面图）

单元 5　建筑结构抗震设计基本知识

引言

　　地震是一种自然现象，据统计，地球每年平均发生 500 万次左右的地震，其中里氏 5 级以上的地震约 1000 次，2008 年 5 月 12 日中国汶川发生里氏 8 级的特大地震，为了防御与减轻地震灾害，确保建筑质量，学生有必要了解建筑结构抗震设计的基本知识。本单元将一一叙述，教你掌握和运用。

思维导图

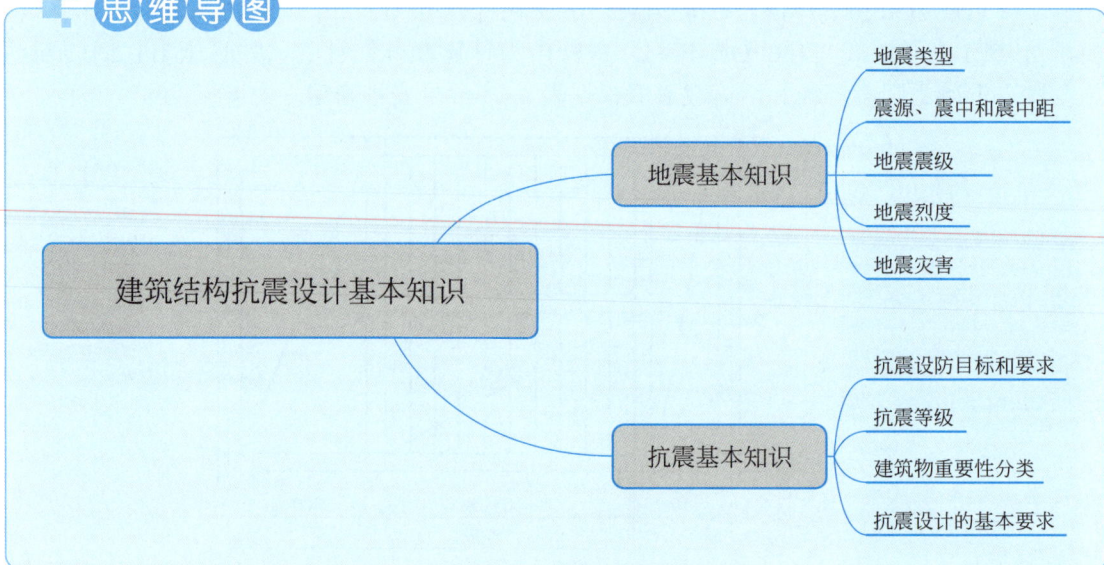

5.1　概述

学习目标

　　（1）了解地震类型。
　　（2）明确地震震级、地震烈度、基本烈度。

5.1.1　地震与地震动

　　地震是一种自然现象。据统计，全世界每年发生的地震约达 500 万次，绝大多数地震由于发生在地球深处或者它所释放的能量小而人们难以感觉到。人们能感觉到的地震称为有感地震，占地震总数的1%左右。造成灾害的强烈地震则为数更少，平均每年发生十几次。强烈地震会引起地震区地面剧烈摇晃和颠簸，并会危及人民生命财产安全和造成工程建筑物的破坏。地震还可能引起海啸、火灾、水灾、山崩以及滑坡，这些都给人类造成了灾难。

1. 地球的构造

地球是一个近似于球体的椭球体，平均半径约6370km，赤道半径约6378km，两极半径约6357km。

地球内部可分为三大部分：地壳、地幔和地核，如图5-1所示。

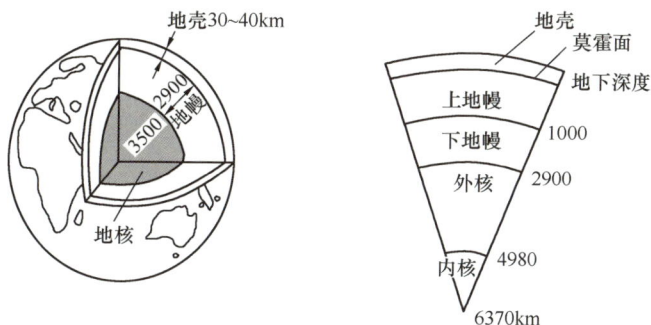

图 5-1　地球的构造

2. 地震类型

（1）地震按其成因划分为四种类型：

1）火山地震：由于火山爆发而引起的地震。

2）陷落地震：由于地表或者地下岩层突然发生大规模陷落和崩塌而造成的地震。

3）诱发地震：由于人工爆破、矿山开采及工程活动引发的地震。

4）构造地震：由于地球内部岩层的构造变动引起的地震（约占地震发生的90%）是结构抗震的主要研究对象。

（2）地震按震源的深浅不同可分为：

1）浅源地震：震源深度在70km以内，一年中全世界所有地震释放能量的约85%来自浅源地震。

2）中源地震：震源深度在70～300km，一年中全世界所有地震释放能量的约12%来自中源地震。

3）深源地震：震源深度超过300km，一年中全世界所有地震释放能量的约3%来自深源地震。

3. 震源、震中和震中距

（1）震源：断层形成的地方，即大量释放能量的地方。震源不是一个点，而是有一定的范围和深度。

（2）震中：震源正上方的地面位置为震中。

（3）震中距：地面某处至震中的水平距离为震中距。

4. 地震波

（1）概念：地震时地下岩体断裂、错动产生振动，并以波的形式向外传播。

（2）地震波的分类与特点

1）体波：可分为纵波、横波两种形式，如图 5-2 所示。

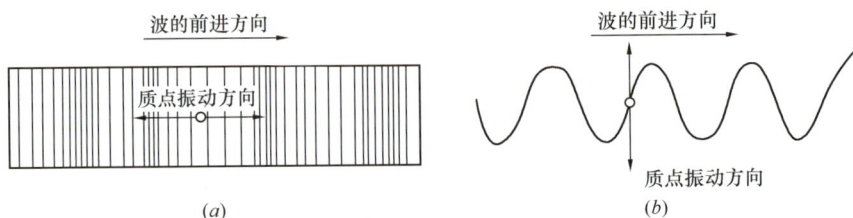

图 5-2　体波传播示意图

（a）纵波；（b）横波

① 纵波：是由震源向外传递的压缩波，一般周期较短、振幅较小，常引起上下颠簸运动。

② 横波：是由震源向外传递的剪切波，一般周期较长、振幅较大，常引起水平方向运动。

2）面波：可分为瑞雷波、乐夫波两种形式，如图 5-3 所示。

① 瑞雷波：在其传播时，质点在波的前进方向与地表法向组成的平面内做逆向的椭圆运动。

② 乐夫波：在其传播时，质点在波的前进方向垂直的水平方向运动，在地面上做蛇形运动。

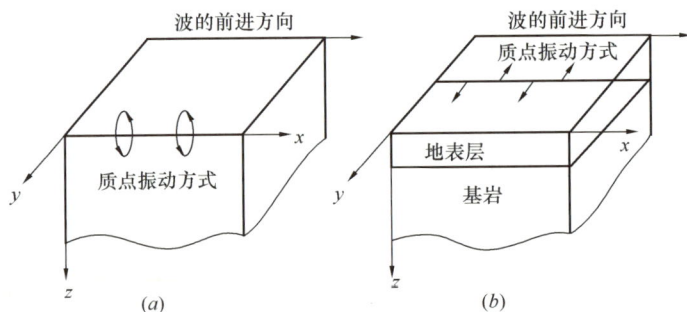

图 5-3　面波质点振动示意图

（a）瑞雷波；（b）乐夫波

5. 地震动

（1）概念：由地震波传播所引发的地面振动。

（2）三要素：峰值、频谱、持续时间。

1）最大振幅——描写地震地面运动强烈程度的最直观的参数，在抗震设计中对结构进行时程反应分析时，往往要给出输入的最大加速度峰值。

2）频谱特性——对时域的地震加速度波形变换到频率域，就可得到波形的频谱特性，频谱特性可以用功率谱、反应谱和傅里叶谱来表示，揭示地震动的周期分布特征。

3）持续时间——结构物从开裂到倒塌，往往要经历几次、几十次甚至几百次的反复振动过程，即使结构最大变形反应没有达到静力破坏时的最大变形，但结构可能由于长时间的振动和反复变形而发生倒塌破坏。

5.1.2 地震震级与地震烈度

如果把地震比作一次炸弹爆炸，则炸弹的药量就好比震级；炸弹对不同地点的破坏程度就好比是烈度。一次地震只有一个震级，然而烈度则随地点而异，有不同的烈度。

1. 地震震级

地震震级是表示地震大小的一种度量，是衡量一次地震释放能量大小的尺度，即表示地震本身大小的一种尺度。震级 M 常应用美国地震学家里克特提出的计算公式：

$$M = \lg A - \lg A_0 \tag{5-1}$$

式中 A——地震记录的最大振幅；

A_0——标准地震在同一震中距上的最大振幅。

上式表示的震级通常称为里氏震级。一般来说：$M < 2$ 为微震；$M = 2 \sim 4$ 为有感地震；$M > 5$ 为破坏性地震；$M = 7 \sim 8$ 为强烈地震；$M > 8$ 为特大地震。

2. 地震烈度

（1）地震烈度

是指某一区域的地表和各类建筑物遭受某一次地震影响的平均强弱程度；由地面建筑的破坏程度、人的感觉、物体的振动及运动强烈程度而定。现在主要由地面震动的速度和加速度确定。如果把一次地震比作一次炸弹爆炸，那么炸弹里的炸药就好比地震震级；炸弹对不动地点的破坏程度就好比地震烈度所以一次地震，表示地震大小的地震震级只有一个，但可以有多种不同的地震烈度。

一般而言，地震震级越大，地震烈度就越大。同一次地震，震中距越小烈度就越高，反之烈度就低。影响烈度的因素，除了震级、震中距外，还与震源深度、地质构造和地基条件等因素有关。

（2）地震烈度表

为评定地震烈度，需要建立一个标准，这个标准见地震烈度表，详见《建筑抗震设计规范（附条文说明）》GB 50011—2010（简称《抗震规范》）。它以描述震害宏观现象为主，即根据建筑物的破坏程度、地貌变化特征、地震时人的感觉、家具的动作反应等进行区分。我国和世界上大多数国家都采用 12 度划分的地震烈度表。

震中区的烈度称为震中烈度；震级和震中烈度的关系：

$$M = 1 + \frac{2}{3} I_0 \tag{5-2}$$

式中 I_0——震中烈度。

（3）基本烈度与地震区划

1）基本烈度是指一个地区在一定时期（我国取 50 年）内在一般场地条件下按一定的

概率（我国取 10%）可能遭遇到的最大地震烈度。基本烈度是一个地区进行抗震设防的依据。一般情况下，抗震设防烈度可采用我国地震烈度区划图的地震基本烈度或与《抗震规范》设计基本地震加速度对应的烈度值。

2）地震区划：依据地质构造、历史地震规律、强震观测资料，采用地震危险性分析的方法，计算出每一地区在未来一定时限内关于某一烈度的超越概率，将国土划分为不同基本烈度所覆盖的区域。

5.1.3 地震灾害

1. 概述

我国位于世界两大地震构造系的交汇区域，是地震多发的国家之一。我国从 20 世纪以来，发生 6 级以上地震 600 余次，8 级以上地震 9 次。1976 年 7 月 28 日，在河北省唐山、丰南一带发生了 7.8 级强烈地震，唐山地震造成 24.2 万人死亡，16.4 万人受重伤，仅唐山市区终身残疾者达 1700 多人，倒塌民房 530 万间。唐山地区总的直接经济损失达 54 亿元，公共设施遭受严重破坏，灾情之大举世罕见。

一次大地震可在数 10 秒钟之内使一座繁荣的城市变成废墟，人们几代人的积累和财富化为乌有（图 5-4 和图 5-5）。

图 5-4　唐山大地震（1976 年 7 月 28 日）　　图 5-5　汶川大地震（2008 年 5 月 12 日）

2. 地震破坏

（1）地震造成的破碎带，引起地表沉陷、隆起、裂缝等地表破坏，如图 5-6 所示。

（2）地震造成建筑物倒塌，因结构丧失整体稳定性、结构承载力不足、地基失效而引起破坏，如图 5-7 所示。

（3）楼房底层空旷，结构不合理，地震造成房屋整体倾斜，如图 5-8 所示。

（4）地震造成滑坡、塌方、喷砂冒水，如图 5-9 所示。

（5）地震造成跨河公路桥梁震塌、水坝被震塌，如图 5-10 所示。

（6）地震造成次生灾害：火灾、水灾、海啸、有毒及放射性物质泄漏，如图 5-11 所示。

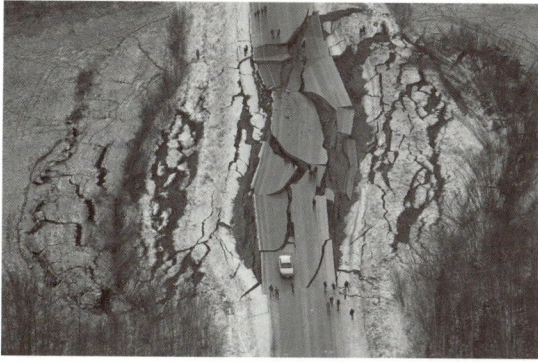

图 5-6　地震造成地表破坏

图 5-7　地震造成建筑物破坏

图 5-8　地震造成房屋整体倾斜

(*a*)

图 5-9　地震造成塌方、陷坑（一）

(b)

图 5-9　地震造成塌方、陷坑（二）

（2005 年 11 月 26 日，江西发生地震后，人们在棉花地发现有奇怪的大陷坑，最深的有 8m，最大的一处是 3 个陷坑相连，长度 50 多 m。还有 10 多处出现喷砂冒水现象，大的直径有 11m，水头最高时达 0.67m 以上）

图 5-10　水坝震塌

(a)

图 5-11　地震造成次生灾害（一）

（a）瞬间的汹涌澎湃→死亡地狱

(b)

(c)

图 5-11　地震造成次生灾害（二）

（b）印尼海啸；（c）旧金山地震引起大火

（次生灾害为地震引起的间接灾害，有时比地震直接造成的损失还大）

5.2　建筑抗震设防

学习目标

（1）明确抗震设防目标和要求。

（2）把握抗震设计的基本原则。

5.2.1　抗震设防目标和要求

1. 抗震设防的目的

抗震设防的基本目的是在一定的经济条件下，最大限度地限制和减轻建筑物的地震破坏，保障人民生命财产的安全。

2. 抗震设防

抗震设防包括对建筑物进行抗震概念设计、地震作用计算和抗震构造措施三部分内容。有时抗震构造措施比抗震作用计算更重要，提高抗震措施是局部加强的办法而提高地震作用是各构件截面全部加强加大的办法。本单元不介绍抗震作用计算，至于抗震构造措施到后面相应的结构类型中再作具体介绍。

3. 抗震设防烈度

我国目前在抗震设计和抗震设防中仍采用基本烈度区划图，通常某一地区的设防烈度采用该地区的基本烈度，应按国家规定权限审批或颁发的文件（图件）执行，一般采用国家地震局颁发的地震区划图中规定的基本烈度。

4. 抗震设防的目标

"小震不坏，中震可修，大震不倒"是抗震设防的目标。我国对小震、中震、大震规定了具体的概率水准，如图 5-12 所示。

（1）小震：是发生机会较多的地震，小震对应地震烈度概率密度曲线图上的峰值烈度，又叫众值烈度或多遇烈度，50年内超越概率为 63.2%；

（2）中震：对应的地震烈度为基本烈度，50 年内的超越概率为 10%；

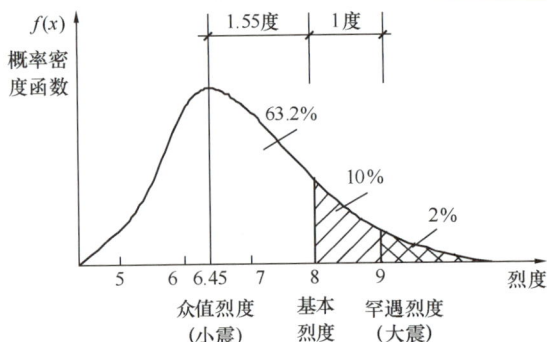

图 5-12　地震烈度概率密度曲线

（3）大震：是发生机会较小的罕遇地震，50 年内的超越概率为 2%～3%。

5. 抗震设防要求

根据设计准则，我国规范提出三水准的抗震设防要求。

第一水准（小震）：当遭受低于本地区设防烈度的多遇地震影响时，建筑物一般不受损坏或者不需修理仍可继续使用。

第二水准（中震）：当遭受相当于本地区设防烈度的地震影响时，建筑物可能损坏，但经一般修理即可恢复正常使用。

第三水准（大震）：当遭受高于本地区设防烈度的罕遇地震影响时，建筑物不致倒塌或发生危及生命安全的严重破坏。

6. 抗震等级

钢筋混凝土结构房屋应根据设防烈度、结构类型和房屋高度采用不同的抗震等级见表 5-1。

钢筋混凝土结构抗震等级　　　　　　　　　　　表 5-1

结构类型		设 防 烈 度							
		6		7			8		9
框架结构	高度（m）	≤24	>24	≤24	>24		≤24	>24	≤24
	普通框架	四	三	三	二		二	一	一
	大跨度框架	三		二			一		
框架-剪力墙结构	高度（m）	≤60	>60	<24	24～60	>60	<24	24～60	>60	≤24	24～50
	框架	四	三	四	三	二	三	二	一	二	一
	剪力墙	三		三	二		二	一		一
剪力墙结构	高度（m）	≤80	>80	<24	24～80	>80	<24	24～80	>80	≤24	24～60
	剪力墙	四	三	四	三	二	三	二	一	二	一
部分框支剪力墙结构	高度（m）	≤80	>80	<24	24～80	>80	≤24	24～80		
	剪力墙 一般部位	四	三	四	三	二	三	二		
	剪力墙 加强部位	三	二	三	二	一	二	一		
	框支层框架	二		二	一		一			
筒体结构	框架-核心筒 框架	三		二			一			
	框架-核心筒 核心筒	二		二			一			
	筒中筒 内筒	三		二			一			
	筒中筒 外筒	三		二			一			
板柱-剪力墙结构	高度（m）	≤35	>35	≤35		>35	≤35	>35	
	板柱及周边框架	三	二	二		二	一		
	剪力墙	二	二	二		二		二	
单层厂房结构	铰接排架	四		三			二		一

5.2.2　建筑物重要性分类和设防标准

1. 建筑物重要性分类

（1）特殊设防（甲）类：重大建筑工程和地震时可能发生严重次生灾害的建筑（如核电站、核设施、水库、大坝、堤防、贮油、贮气、贮存易燃易爆、剧毒、强腐蚀物质的设施等）。

（2）重点设防（乙）类：地震时功能不能中断或需尽快恢复的建筑，即生命线工程建筑（如消防、急救、供水、供电、通信等）。

（3）标准设防（丙）类：甲、乙、丁类以外的一般建筑（如一般的公共建筑、住宅、旅馆、办公楼、厂房等）。

（4）适度设防（丁）类：抗震次要建筑（如储存物品价值低的一般仓库，人员活动少的辅助建筑等）。

2. 建筑物设防标准

（1）甲类：地震作用和抗震措施应高于本地区抗震设防烈度的要求，当抗震设防烈度为6~8度时，应符合本地区抗震设防烈度提高一度的要求。抗震措施：抗震设防烈度＝地震基本烈度＋1度；抗震作用：抗震设防烈度＝地震基本烈度＋1度（或应经专门研究决定），当为9度时，应符合比9度更高的要求。

（2）乙类：地震作用应符合本地区抗震设防烈度的要求，抗震措施，当设防烈度为6~8度时，应符合本地区抗震设防烈度提高1度的要求，即抗震措施：抗震设防烈度＝地震基本烈度＋1度；抗震作用：抗震设防烈度＝地震基本烈度，当为9度时，应符合比9度更高的要求。

（3）丙类：地震作用和抗震措施均应符合本地区抗震设防烈度要求，即抗震措施：抗震设防烈度＝基本烈度；抗震作用：抗震设防烈度＝基本烈度。

（4）丁类：允许比本地区抗震设防烈度的要求适当降低，抗震措施：抗震设防烈度＝地震基本烈度－1度；抗震作用：抗震设防烈度＝地震基本烈度－1度，当抗震设防烈度为6度不应降低，一般仍按本地区抗震设防烈度的要求确定。

说明：

（1）《抗震规范》适用于抗震设防烈度大于或等于6、7、8、9度地区的建筑；抗震设防烈度为6度时，除有明确规定外，对乙、丙、丁类建筑可不进行地震作用计算，只需进行抗震措施的设计。

（2）抗震等级表是针对丙类建筑的，甲类建筑按规范中的抗震基本烈度提高1度后作为抗震设防烈度，确定抗震等级。

（3）规范把绝大部分建筑可划分为标准类设防（简称丙类），丙类建筑的抗震设防烈度一般等于规范中的地震区域图中的地震基本烈度；把需要提高抗震能力的建筑控制在很小的范围。

（4）钢筋混凝土结构房屋应根据抗震设防烈度、结构类型和房屋高度采用不同的抗震等级。

（5）本规范设防标准是最低要求，设计时还可以按业主的具体要求来提高抗震设防标准。

（6）对非结构构件关键部位应加强抗震措施，已有专门的抗震设计规程规定：如框架结构中的填充墙要沿墙高500mm设置2根拉筋（宜拉通）、与框架柱之间留出20mm缝隙用砌筑砂浆填上、上部与框架梁不能顶着，要用砖斜砌、墙长大于两倍墙高时填充墙中间要加设构造柱、墙高大于4m时在半高处设置水平连梁。

（7）地面以下的建筑：国内外多次地震震害表明，设置地下室的房屋震害比较轻些，因为地震时地下室周围的土体对地下室有约束作用，使得一部分地震能量被周围土体耗散了。

（8）地面以下建筑的抗震设计：对7度、8度抗震设防烈度的地下建筑规范允许不做地震作用的计算，只做抗震措施，－1层的抗震等级同地面以上的抗震等级，－2层的抗震等级比－1层的抗震等级降低一级，再往下逐层降低一级，但不低于四级，无上部结构的地下室抗震措施的抗震等级可根据具体情况采用三级或四级。

（9）目前规范允许楼梯不需要进行抗震作用计算，只需要满足抗震构造措施。

5.2.3　抗震设计的基本要求

1. 概念设计

根据地震灾害和工程经验总结形成的基本原则和设计思想，是进行建筑和结构总体布置并确定细部构造的过程。

2. 抗震设计的总体要求

（1）建筑抗震设计包括三个层次

1）概念设计：在总体上把握抗震设计的基本原则。

2）抗震作用：为抗震设计提供定量手段。

3）构造措施：保证抗震计算结果的有效性。

（2）抗震作用（计算）的要求

1）足够的强度。

2）合理的刚度。

3）结构的变形能力（延性）。

4）良好的整体性。

5）精良的施工质量。

6）合理的造价。

（3）概念设计把握的基本原则

1）注意场地选择。

2）把握建筑体型。

3）利用结构构件的变形耗能作用（延性）。

4）设置多道防线。

5）重视非结构构件的设计。

5.2.4　注意场地选择

1. 场地选择

建筑宜选择有利地段，避开不利地段，不在危险地段进行工程建设，无法避开时应采取有效措施。

2. 建筑场地为Ⅰ类时

（1）甲、乙类建筑的抗震措施按设防烈度进行设计。

（2）丙类建筑允许降低1度。

（3）6度时不应降低。

3. 地基基础要求

（1）同一结构的基础不宜设置在性质截然不同的地基上。

（2）同一结构的基础不宜部分采用天然地基部分采用桩基。

（3）地基为软黏性土、液化土、新填土或严重不均匀时，应估计地基不均匀沉降的不利影响并采取相应措施。

5.2.5 把握建筑体型

（1）平面布置宜简单、规则对称，具有良好的整体性。

（2）建筑物立面和竖向剖面宜规则，侧向刚度宜均匀变化，竖向构件尺寸及强度宜自下而上逐渐减小，避免刚度和承载力的突变。

（3）建筑物平、立面复杂时，可考虑用防震缝将结构分割开。

（4）注意非结构因素。

1）非结构构件：

包括建筑非结构构件（非承重墙：女儿墙、围护墙、隔墙，装饰构件、部件：雨篷、吊顶、玻璃幕墙、广告牌等）和建筑附属机电设备自身及其与结构主体的连接（电梯、供暖空调系统、烟火监测和消防系统、公共天线等），应进行抗震设计。

2）与主体结构有可靠的连接与锚固，防止非结构构件在地震中的局部破坏产生的灾害。

3）围护墙和隔墙应考虑对结构抗震的不利影响。

5.2.6 地震作用

1. 地震作用

地震作用是指地面震动在结构上产生间接作用（结构地震惯性力）。若将地震作用等效成荷载作用，又俗称为等效地震荷载。

2. 地震作用的简化

地震作用可简化为三个方向：两个水平方向（主要的），一个竖向（次要的）。一般情况下，应在建筑结构的两个主轴方向分别考虑水平地震作用并进行抗震验算，只有当8度、9度时的大跨度和长悬臂结构及9度时的高层建筑才需计算竖向地震作用。

◢ 思政拓展

2008年5月12日14时28分04秒，四川汶川发生里氏8.0级特大地震，造成了大量的人员伤亡和财产损失。地震发生后，党中央第一时间调集人力、物力、财力投入抗震救灾之中，人民子弟兵、灾区干群、民间志愿者在灾区拼命抢险救人，创造出一个又一个生命奇迹，演绎出一个又一个可歌可泣的动人故事。地震让世人看到了自然灾害的巨大破坏力以及给人们带来的痛苦，但同时也让世人看到了中国人民的凝聚力，灾难面前彰显中国力量。作为建筑工程技术专业的学生，我们更是要锻炼专业技能，发挥专业精神，保证结构抗震性能，从而为保障人民生命和财产安全贡献一份力量。

思 考 题

1. 地震震级和地震烈度有什么区别和联系？
2. 抗震设防目标是什么？
3. 怎样理解小震、中震与大震？
4. 试论述概念设计、抗震作用、抗震构造措施三者之间的关系。

单元6　钢筋混凝土单层厂房排架结构

引言

　　单层厂房在工业建筑中应用非常广泛，常采用构配件标准化、系列化、通用化、生产工厂化和便于机械化施工的建造方式，近些年来，在实际工程应用中，钢结构厂房越来越多，钢筋混凝土单层厂房排架结构相对较少。钢筋混凝土单层厂房排架结构与其他结构相比较，其结构特点主要是采用预制构件连接而成的，而建筑工程专业的学生对如何了解排架结构的受力特点？如何掌握常用节点连接的做法？如何结合施工特点识读排架结构的施工图？如何熟悉抗震构造措施？本单元将一一叙述，具体内容可通过扫码学习。

思维导图

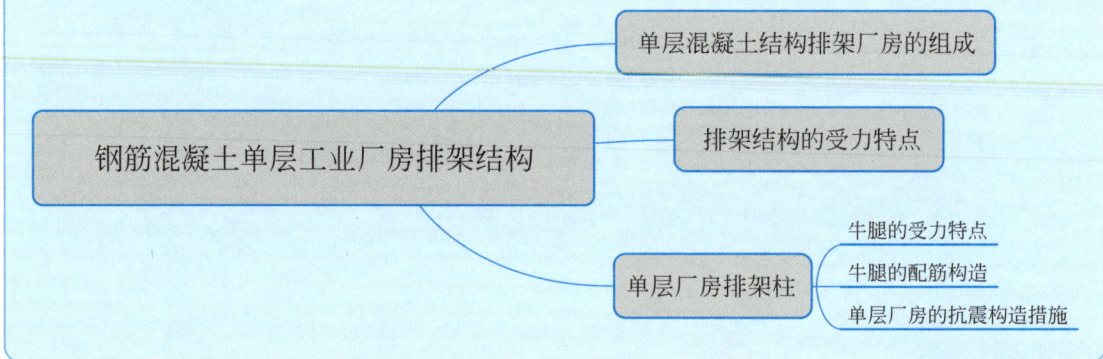

钢筋混凝土单层工业厂房排架结构
- 单层混凝土结构排架厂房的组成
- 排架结构的受力特点
- 单层厂房排架柱
  - 牛腿的受力特点
  - 牛腿的配筋构造
  - 单层厂房的抗震构造措施

6-1

单元6具体内容

单元 7　钢筋混凝土框架结构

■ 引言

　　钢筋混凝土框架结构以其优越的综合性能在城市建设中得到了广泛的应用，学生如何明确框架结构体系？如何应用建筑力学的基本知识去进行框架结构的受力分析？如何熟悉框架结构节点的构造要求？如何掌握框架结构抗震构造措施？如何结合施工特点识读框架结构施工图？本单元将一一叙述，教你掌握和运用。

■ 思维导图

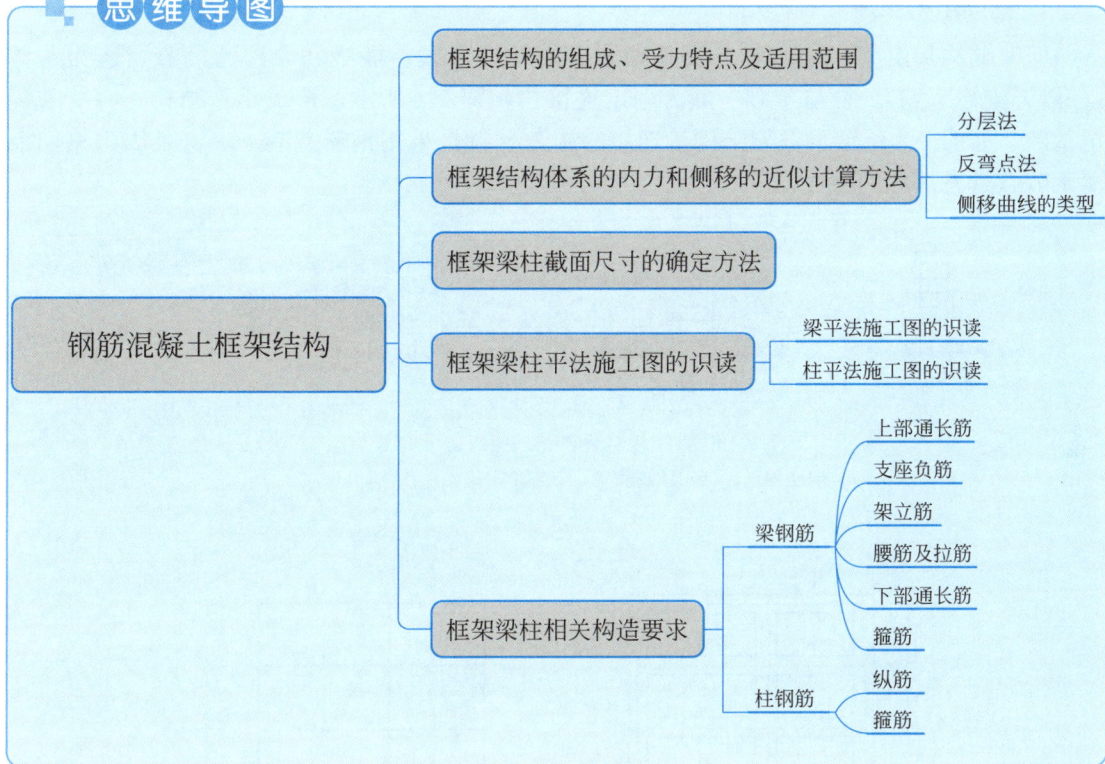

7.1　概述

■ 学习目标

　　（1）了解框架结构的组成及其体系。
　　（2）确定框架结构中框架梁和框架柱的常用截面尺寸及其常用的柱网尺寸。

7.1.1　框架结构体系

在中国，多层及高层房屋日益增多，广泛应用于住宅、商场、办公楼、旅馆、轻工业厂房等建筑。《高层钢筋混凝土结构技术规程》JGJ 3—2010 规定 10 层和 10 层以上或房屋高度＞28m 的住宅建筑以及房屋高度大于 24m 的其他民用建筑为高层建筑。高层建筑常常用钢筋混凝土结构、钢结构、钢与钢筋混凝土结构，钢筋混凝土结构的高层房屋占主要地位。框架结构最主要的优点是它的空旷的矩形布置，建筑平面布置灵活，可做成需要较大空间的会议室、餐厅、办公室、实验室等，同时便于门窗的灵活设置，立面也可以处理得富于变化，满足各种不同用途的建筑的需求。但由于其结构受力特性和抗震性能，使得它的适用高度受到限制。

1. 框架结构组成

框架结构是由梁、柱、节点及基础组成的结构形式，横梁和立柱通过节点连为一体（一般为刚性节点），柱与基础一般为固定连接，如图 7-1 所示，形成承重结构，将荷载传至基础，如图 7-2 所示。框架结构最理想的施工材料是采用钢筋混凝土，这是因为钢筋混凝土节点具有天然的刚性。

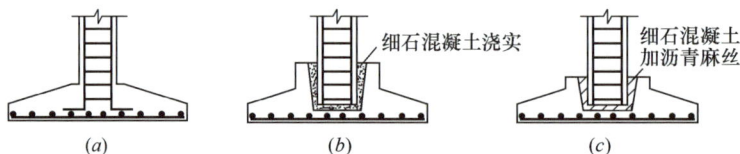

图 7-1　框架柱与基础的连接

（*a*）现浇固定；（*b*）预制固定；（*c*）预制铰支

7-1

框架结构分类

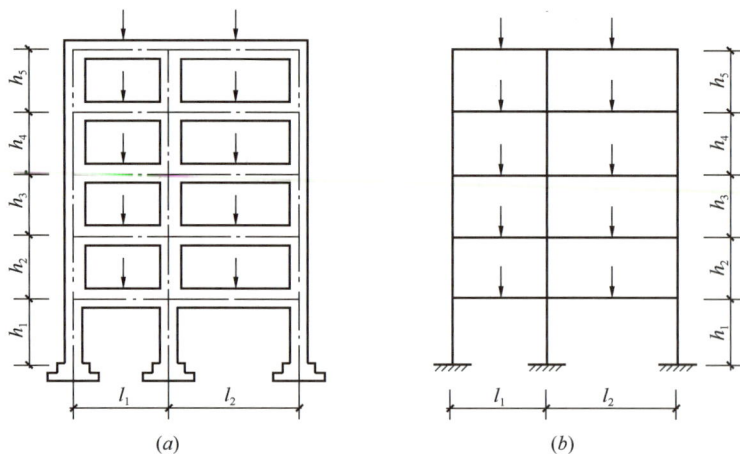

图 7-2　框架结构示意图（一）

（*a*）、（*b*）等截面柱

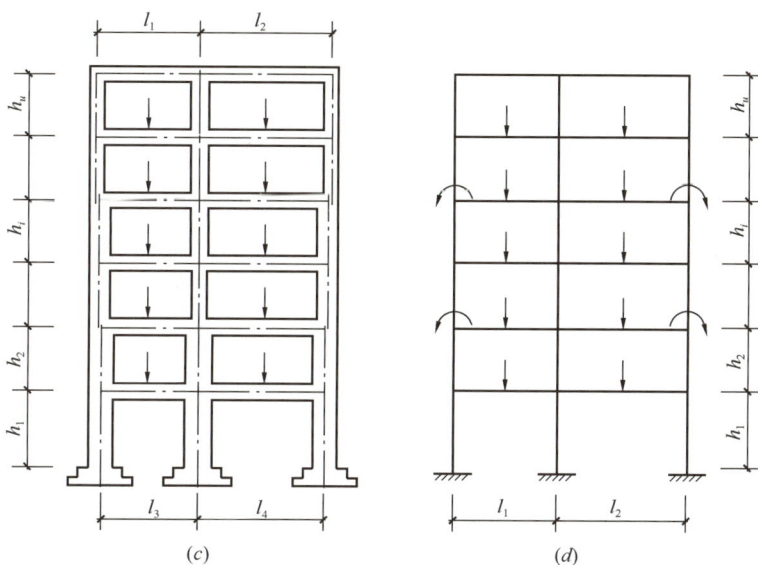

图 7-2 框架结构示意图（二）

（*c*）、（*d*）变截面柱

钢筋混凝土框架结构按施工方法的不同，可以分为：（1）梁、板、柱全部现场浇筑的现浇框架；（2）楼板预制，梁、柱现场浇筑的现浇框架；（3）梁、板预制，柱现场浇筑的半装配式框架；（4）梁、板、柱全部预制的全装配式框架等。

2. 框架结构种类

（1）根据施工方法的不同可分为：整体式框架结构、装配式框架结构和装配整体式框架结构（图 7-3）三种。

（2）根据所用的材料不同可分为：混凝土框架结构、钢框架结构和组合框架结构（钢骨混凝土及钢管混凝土），如图 7-4 所示。

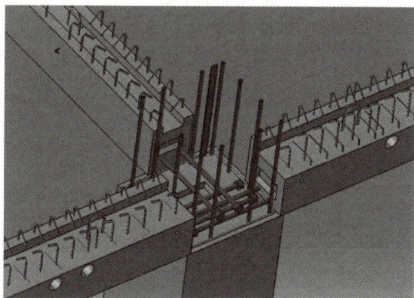

图 7-3 装配整体式框架结构

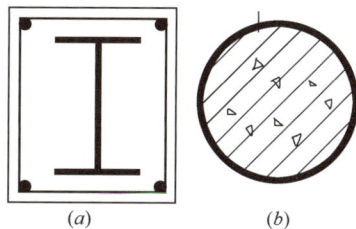

图 7-4 组合框架结构柱截面

（*a*）钢骨混凝土；（*b*）钢管混凝土

3. 框架结构布置

（1）结构布置的一般原则

1）满足使用要求，并尽可能与建筑的平、立、剖面划分相一致；

2）满足人防、消防要求，使水、暖、电各专业的布置能有效地进行；

3）结构尽可能简单、规则、均匀、对称，构件类型少；

4）控制房屋高宽比 $H/B \leqslant 4$，保证必要的抗侧移刚度。

（2）结构布置方法

1）横向承重框架，如图 7-5 所示，其特点是：房屋横向刚度大、侧移小，横梁高度大、室内有效净空小，纵向连系梁较小，利于房屋采光通风，非抗震时使用。

2）纵向承重框架，如图 7-6 所示，其特点是：横向连系梁截面较小，开间布置灵活，纵向框架梁截面尺寸大、室内有效净空高，对纵向地基不均匀沉降较有利，房屋横向刚度小、侧移大。

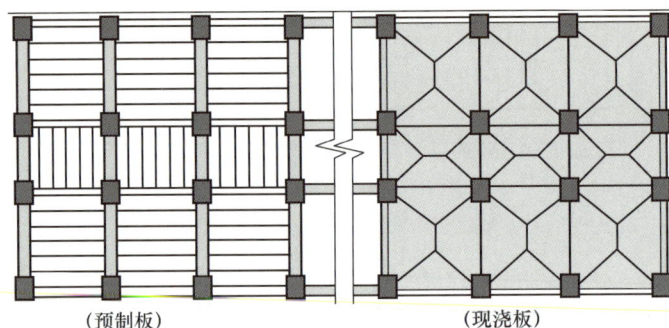

（预制板）　　　　　　　　　（现浇板）

图 7-5　横向承重框架

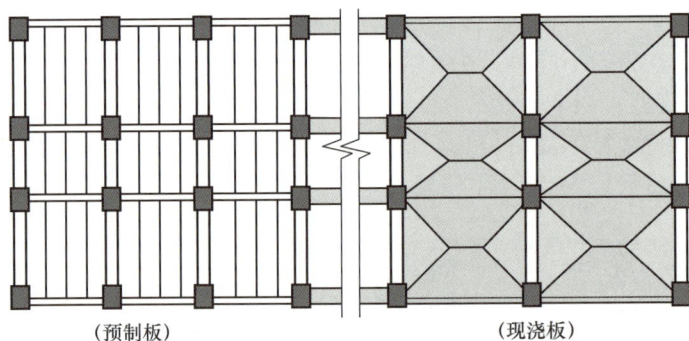

（预制板）　　　　　　　　　（现浇板）

图 7-6　纵向承重框架

3）纵横向混合承重框架，如图 7-7 所示。其特点是：整体性好、受力好，适用于整体性要求较高和楼面荷载较大的情况。

7.1.2　变形缝

沉降缝、伸缩缝和防震缝统称为变形缝。

1. 沉降缝

设置沉降缝是为了避免地基不均匀沉降而在房屋构件中引起的裂

7-2

变形缝的分类

缝。房屋扩建时，新建部分与原有建筑结合处也可设置沉降缝。沉降缝将建筑物从基础至屋顶全部分开，各部分能够自由沉降，如图7-8所示。

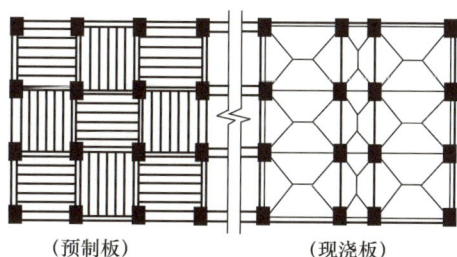

（预制板）　　（现浇板）

图7-7　纵横向混合承重框架

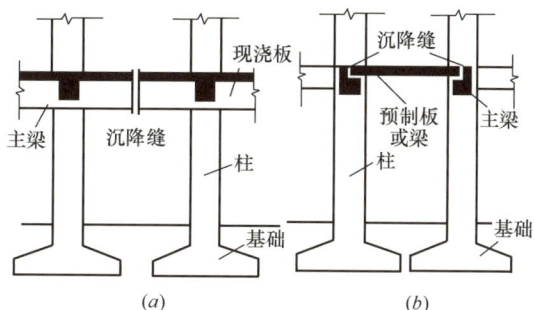

图7-8　沉降缝做法

（*a*）设挑梁；（*b*）设置预制板或梁

2. 伸缩缝

设置伸缩缝是为了避免温度应力和混凝土收缩应力而使房屋产生裂缝。伸缩缝仅将上部结构从基础顶面断开，基础不断开。规范规定下列情况钢筋混凝土框架结构应设置伸缩缝：装配式：室内≤75m；露天≤50m。

整体式或装配整体式：室内≤55m；露天≤35m。

3. 防震缝

当房屋平面复杂、立面高差悬殊、各部分质量和刚度截然不同时，应设置防震缝。对有抗震设防要求的房屋，其沉降缝和伸缩缝均应符合防震缝要求，并尽可能三缝合并设置。

变形缝对构造、施工、结构等的整体性不利，基础防水不易处理，在实际工程中采用可靠的构造措施和施工措施（如设置后浇带）来减少或避免设缝。

必须设置防震缝时，缝的最小宽度应符合下列要求：框架结构房屋的防震缝宽度，当高度不超过15m时，可采用70mm；超过15m时，6度、7度、8度和9度相应每增加高度5m、4m、3m和2m，宜加宽20mm。

7.1.3　梁、柱截面尺寸的初步确定

1. 梁、柱截面形状

（1）梁的截面形状常见的有：矩形、箱形、T形、倒L形、工字形、花篮形等，如图7-9所示。

（2）柱的截面形状常见的有：矩形、箱形、圆形、工字形、H形、十字形等。

2. 梁、柱的截面尺寸

框架梁、柱的截面尺寸，应该由承载力及刚度要求决定。但是，在内力、位移计算之前，就需要确定梁柱截面尺寸，因此，设计时通常先凭

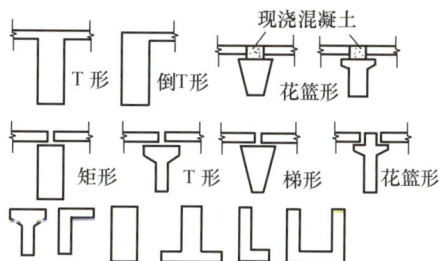

图7-9　框架梁截面形式

经验初步选定截面尺寸，然后通过承载力及变形验算。

(1) 梁截面尺寸主要是要满足竖向荷载下的刚度要求。框架梁截面高度一般取梁跨度的 $1/10 \sim 1/8$，当梁的负载面积较大或荷载较大时，宜取上限值。为防止梁产生剪切脆性破坏，梁的净跨与截面高度之比不宜小于 4。框架梁截面宽度对矩形截面一般取 $1/3.5 \sim 1/2$ 倍梁高；对 T 形截面，一般取 $1/4 \sim 1/2.5$ 倍梁高，同时不宜小于 1/2 柱宽，且不应小于 200mm。

(2) 框架柱截面尺寸可以根据柱子可能承受的竖向荷载来估算。一般根据柱支承的楼板负载面积及填充墙数量，由单位楼板面积重量（包括自重和使用荷载）及填充墙材料重量计算一根柱的最大竖向轴力设计值 N_v，在考虑水平荷载影响后，由下式估算柱子截面面积 A_c。

在非抗震设计时：$N = (1.1 \sim 1.2) N_v$

$$A_c \geqslant N / f_c$$

抗震设计时：

$$A_c \geqslant \frac{N}{\lambda f_c}$$

式中　λ——对一、二、三级抗震等级，λ 可分别取 0.65、0.75、0.85。

按上述方法确定的柱截面高度 h_c 不宜小于 400mm，宽度不宜小于 300mm，柱净高与截面长边尺寸之比宜大于 4。

框架柱上、下层截面高度不同时，从下至上，边柱一般采取内缩，中柱采取两边缩。每次缩小的柱截面高度以 $100 \sim 150$mm 为宜。

框架梁的截面中心线宜与柱中心线相交。当必须偏置时，同一平面内梁、柱中心线间的偏心距不宜大于柱截面在该方向边长的 1/4。

3. 柱网布置

框架结构布置首先是确定柱网，它必须满足建筑使用功能要求，同时也要使结构合理。常用框架结构的柱网可划分为小柱网和大柱网。小柱网指一个开间为一个柱距；大柱网指两个开间为一个柱距。常用柱距有 3.3m、3.6m、4.2m、6.0m、6.6m、7.2m 等；常用房屋进深方向的柱距有 4.8m、5.4m、6.0m、6.6m、7.5m 等；层高一般为 $3.0 \sim 4.8$m。

在具有正交轴线柱网的框架结构中，通常可形成很明显的两个方向的框架。矩形平面的长向被称为纵向，短向称为横向。

7.2　框架结构的内力及侧移的近似计算方法

学习目标

(1) 了解框架结构的受力特点及其荷载传递路线。

(2) 熟悉框架结构的内力计算的方法。

(3) 掌握框架结构的侧移限值。

7.2.1 框架结构受力特点

1. 计算简图

（1）计算单元：要满足结构均匀、荷载均匀，可用平面框架代替空间框架，对横向和纵向分别取图 7-10 所示的计算单元作为分析对象。

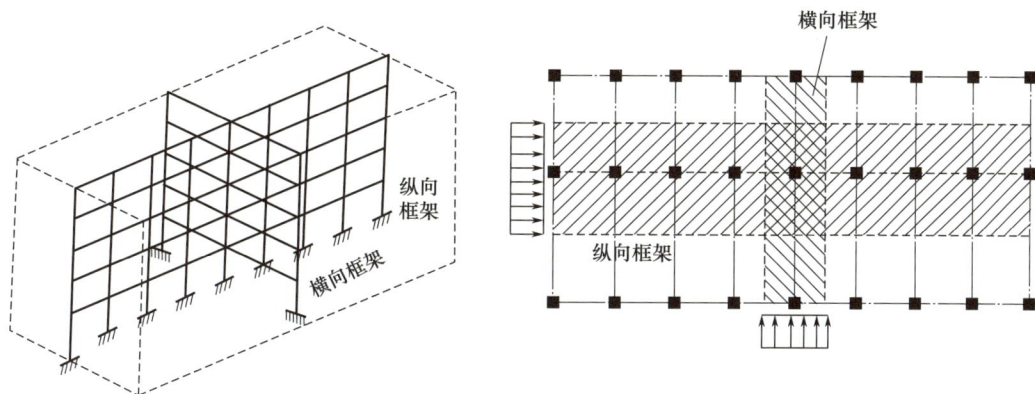

图 7-10 计算单元

（2）结构形式及轴线尺寸：框架结构属于空间体系，它包括横向平面框架和纵向平面框架。

杆件——用轴线表示；

节点——用刚接节点表示；

层高——底层柱：基础顶面到一层梁顶；其他层柱：各层梁顶之间的距离；

跨度——等截面柱，取截面形心之间的距离；变截面柱，取较小部分截面形心之间的距离。

（3）计算模型的确定如图 7-11 所示。

2. 框架结构荷载

（1）竖向荷载：包括恒荷载和活荷载。

恒荷载：框架自重、粉灰重、板重、次梁重、墙体重等；

活荷载：人群、家具、设备等荷载，取值见《建筑结构荷载规范》GB 50009—2012，可折减。

（2）水平荷载：包括风荷载和地震作用。

（3）风荷载：水平荷载乘以框架的负荷宽度得到沿高度分布的线荷载，将线荷载简化为楼层节点荷载，如图 7-12 所示。

（4）楼面荷载：对于单向板，则仅短边方向的梁承受均布荷载如图 7-13（a）所示；对于双向板，短跨方向的梁承受三角形分布荷载，长边方向的梁承受梯形分布荷载如图 7-13（b）所示；如果存在次梁，框架梁承受次梁传来的集中荷载如图 7-13（c）所示。

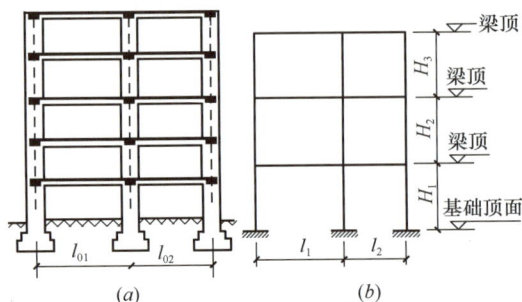

图 7-11　计算模型

（a）实际结构；（b）计算简图

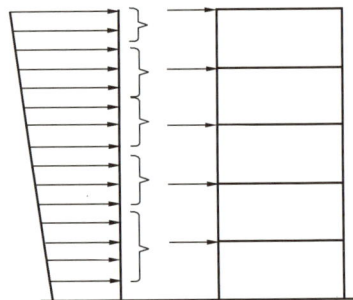

图 7-12　风荷载

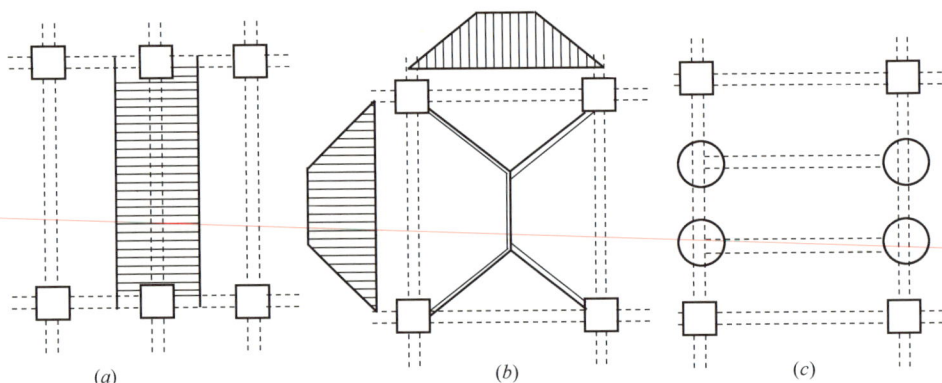

图 7-13　楼面荷载

7.2.2　竖向荷载作用下框架结构内力分析的近似方法——分层法

将框架结构划分为平面框架后，按照楼板的支承方式计算由楼盖传到框架上荷载，即按照框架的负荷面积计算竖向荷载。因此，框架梁上出现的竖向荷载形式可能是均布荷载，也可能是三角形或梯形分布荷载，若有次梁，则还有集中荷载。在柱上作用的集中力是另一方向梁传来的荷载，当这个集中力作用在柱截面形心上时，只产生柱轴力。多层多跨框架在竖向荷载下侧移比较小，手算时可按无侧移框架来对待。

1. 计算假定

（1）在竖向荷载作用下。框架的侧移忽略不计，即不考虑框架侧移对内力的影响。

（2）每层梁上的荷载对其他层梁、柱内力的影响忽略不计，仅考虑对本层梁、柱内力的影响。

2. 计算要点

（1）计算简图（图 7-14）

（2）计算要点

将多层框架沿高度分成若干单层无侧移的敞口框架，框架梁上作用的荷载、柱高及梁

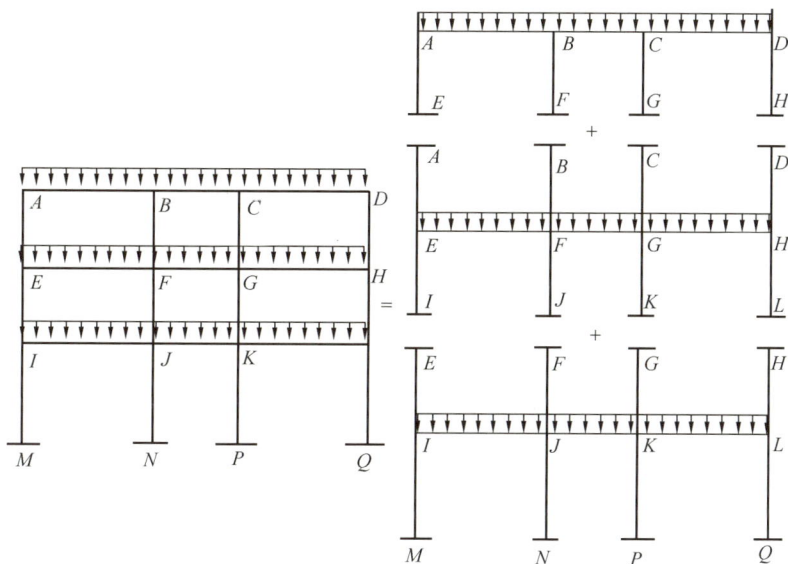

图 7-14 分层法计算简图

跨均与原结构相同。计算时，将各层梁及其上、下柱所组成的敞口框架作为一个独立计算单元，用弯矩分配法分层计算各榀敞口框架的杆端弯矩，由此求得的梁端弯矩即为其最后弯矩。因每一层柱属于上、下两层，所以每一层柱的最终弯矩需由上、下两层计算所得的弯矩值叠加得到。上、下层柱的弯矩叠加后，节点弯矩一般不会平衡，如果需要提高精度，可对不平衡弯矩再作一次弯矩分配，但不传递。

（3）对计算假定引起误差的修正

1）除底层柱以外的其他各层柱的线刚度乘以修正系数 0.9，据此来计算节点周围各杆件的弯矩分配系数。

2）杆端分配弯矩向远端传递时，底层柱和各层梁的传递系数仍按远端为固定支承取为 1/2，其他各柱的传递系数考虑远端为弹性支承取为 1/3。

（4）分层法的适用范围

1）节点梁柱线刚度比不小于 3。

2）结构与荷载沿高度分布比较均匀。

3. 框架结构在竖向荷载作用下的内力示意图

采用图 7-14 所示的分层法计算简图，求得弯矩、剪力和轴力示意图如图 7-15 所示。

7.2.3 水平荷载作用下框架结构内力分析的近似方法——反弯点法

框架所受的水平荷载主要是风荷载和地震作用，它们都可以简化为作用在框架节点上的水平集中力。

1. 适用范围

结构竖向比较均匀，层数不多，梁、柱线刚度比不小于 3 的多层框架。

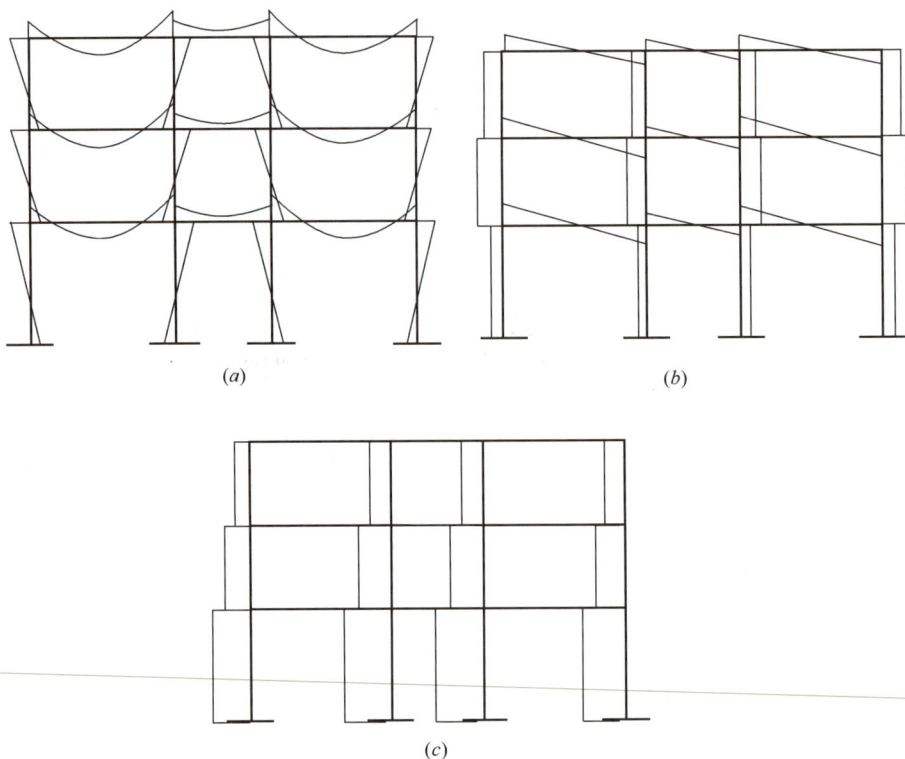

图 7-15　竖向荷载作用下的内力示意图

（a）M 图；（b）V 图；（c）N 图

2. 反弯点法计算假定

（1）框架横梁刚度无穷大——无变形；

（2）各层柱上下端节点转角相同：各柱反弯点位于柱中点，底层柱位于距柱底 2/3 层高处；

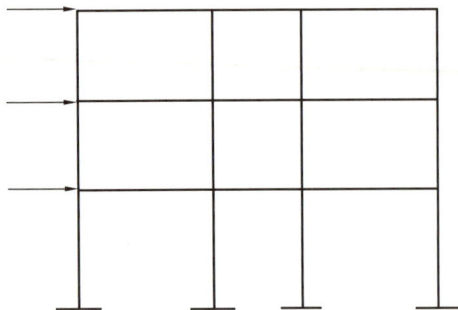

图 7-16　水平荷载作用计算简图

（3）不考虑框架梁的轴向变形，同一层各节点水平位移相等。

3. 同层各柱剪力分配

各层的层间总剪力按各柱侧移刚度在该层侧移刚度所占比例分配到各柱。

4. 框架结构在水平荷载作用下的内力示意图

（1）框架结构在水平荷载作用下的计算简图，如图 7-16 所示。

（2）框架结构在水平荷载作用下的内力示意图，如图 7-17 所示。

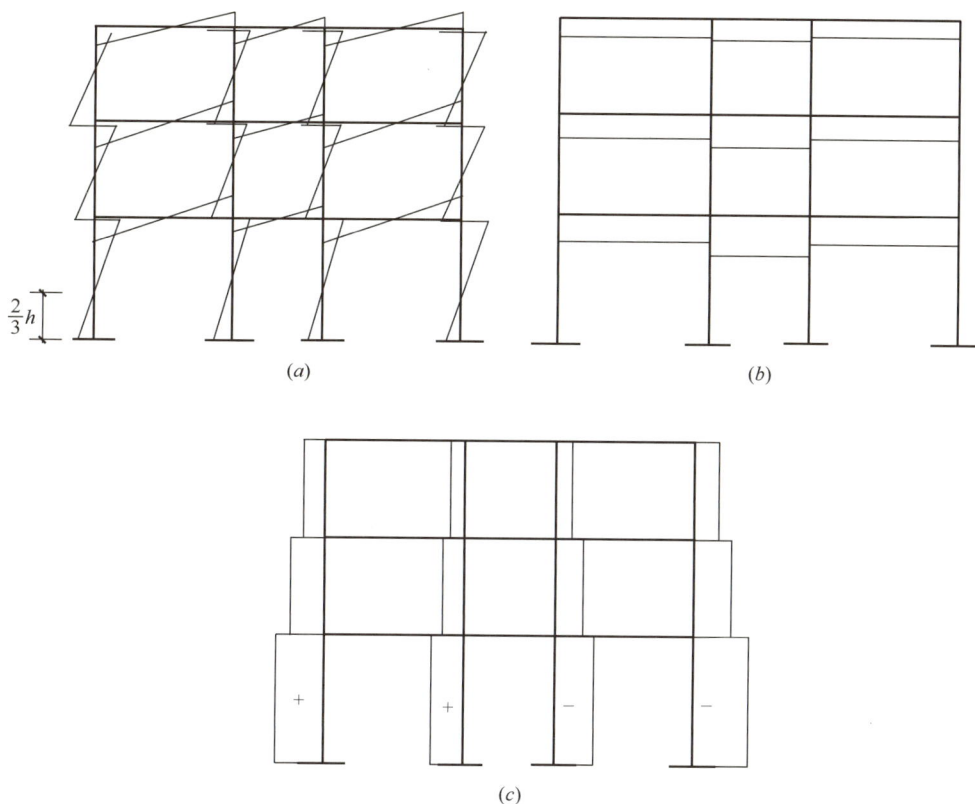

图 7-17　水平荷载作用下的内力示意图

（a）M 图；（b）N 图；（c）V 图

7.2.4　水平荷载作用下框架结构的侧移

1. 侧移的组成

框架结构的侧移一般由两部分组成：即总体剪切变形和总体弯曲变形。

（1）总体剪切变形：其原因是由楼层剪力引起梁、柱的弯曲使框架侧移，其特点是越往上层间侧移越小，如图 7-18（b）所示。

（2）总体弯曲变形：其原因是由框架两侧柱的轴向力引起的柱子伸长或缩短使框架弯曲变形，其特点是越往上层间侧移越大，如图 7-18（c）所示。

框架结构的侧移以总体剪切变形为主。

2. 侧移的限值

在水平风荷载或多遇地震作用标准值作用下，框架结构的侧移不宜过大，否则会影响正常使用。因此，规范规定，对于高度不大于 150m 的高层建筑，楼层层间最大水平位移与层高之比宜符合表 7-1 的规定。

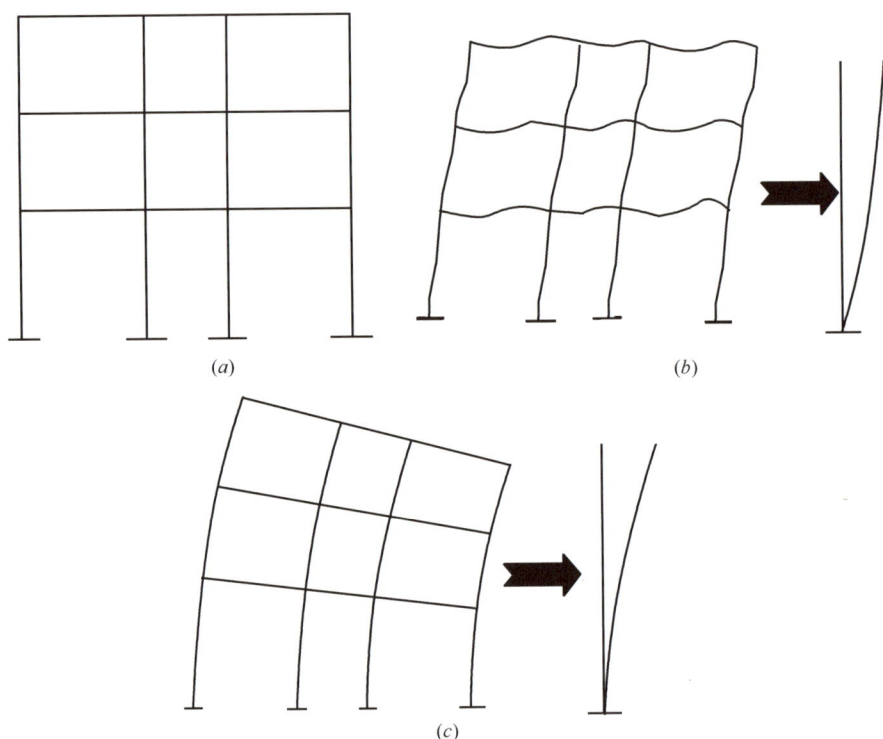

图 7-18　框架结构侧移图

（*a*）框架结构计算简图；（*b*）总体剪切变形；（*c*）总体弯曲变形

楼层层间最大水平位移与层高之比的限制　　　　　　表 7-1

结构体系	$\Delta u/h$ 限值
框架	1/550
框架-剪力墙、框架-核心筒、板柱-剪力墙	1/800
筒中筒、剪力墙	1/1000
除框架结构外的转换层	1/1000

7.3　框架结构构件设计及其平法施工图的识读

学习目标

（1）了解框架结构的荷载效应组合及其内力组合。

（2）明确框架梁和柱的截面设计。

7.3.1 框架结构的设计内力

1. 设计原则

为了使框架具有必要的承载能力、良好的变形能力和耗能能力，应使塑性铰首先在梁的根部出现，结构仍能继续承载，保证框架不倒。为此设计时应遵循"强柱弱梁""强剪弱弯""强节点，强锚固"的设计原则。

2. 控制截面

在层高范围内，框架柱是等截面的，每个截面具有相同的抗力，框架柱的弯矩、轴力沿柱高为线性变化（层高范围内剪力相等），因此柱的上下截面为控制截面。

框架梁两端的剪力和负弯矩最大，跨中正弯矩最大，因此，控制截面有三个：左右端截面和跨中截面。

3. 内力组合

框架梁属受弯构件，最不利内力组合有：

（1）梁端截面的最大负弯矩和最大剪力；

（2）梁跨中截面的最大正弯矩。

框架柱属偏心受力构件，其最不利内力组合与单层排架柱相同。

4. 荷载效应组合

框架结构一般有可变荷载效应控制，基本组合可采用简化规则：

（1）仅考虑荷载效应最大的一项可变荷载，以标准值为代表值：

1.3 恒载标准值＋1.5 楼面活荷载标准值

1.3 恒载标准值＋1.5 风荷载标准值

（2）所有可变荷载以组合值为代表值，简化组合系数取 0.9：

1.3 恒载标准值＋1.5×（0.9 楼面活荷载标准值＋0.9 风荷载标准值）

（3）对抗震设防区尚需考虑地震作用的效应组合：

1.3 恒载标准值＋1.3 地震作用标准值

7.3.2 框架结构梁、柱的截面设计

1. 框架梁

框架梁的纵筋和箍筋的配置，按受弯构件正截面承载力和斜截面承载力的计算和构造确定。此外，纵筋还应满足裂缝宽度的要求。纵筋的弯起和截断位置，一般应根据弯矩包络图用做材料图的方法进行。但应注意框架梁下部纵筋一般不在跨内截断。

2. 框架柱

框架柱属于偏心受压构件，一般在中间轴线上的框架柱，按单向偏心受压考虑；位于边轴线的角柱，则按双向偏心受压考虑。框架柱除进行正截面受压承载力计算外，还应进行斜截面抗剪承载力计算。对框架的边柱，如偏心距 $e_0 > 0.55h_0$ 时，尚应进行裂缝宽度验算。

7.3.3 框架结构平法施工图识读

1. 柱平法施工图

（1）断面注写方式

1）断面注写方式，是在分标准层绘制的柱（包括框架柱、框支柱、梁上柱、剪力墙上柱）平面布置图的柱断面上，分别在同一编号的柱中选择一个断面，以直接注写断面尺寸和配筋具体数值的方式来表达柱平面整体配筋，如图 7-19 所示。

2）柱编号由代号和序号组成，并应符合表 7-2 的规定。当纵筋采用两种直径时，须注写断面各边中部纵筋的具体数值（对于采用对称配筋的矩形断面柱，可仅在一侧注写中部纵筋，对称边省略不注）。当在某些框架柱的一定高度范围内，在其内部的中心位置设置芯柱时，其标注方式详见平法标准图集《混凝土结构施工图平面整体表示方法制图规则和构造详图（现浇混凝土框架、剪力墙、梁、板）》16G101-1（简称《16G101-1》）。

7-3

框架梁施工图的识读

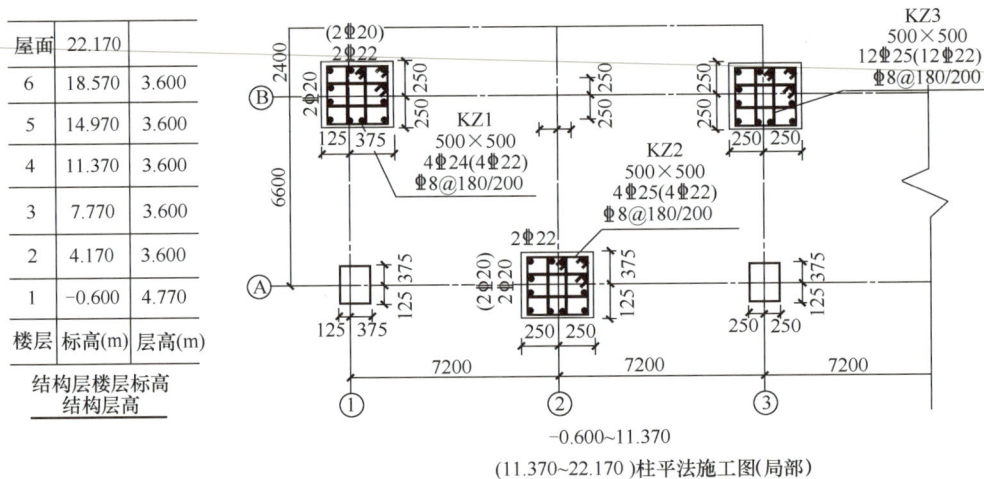

图 7-19 柱平法施工图断面注写方式

柱类型	代 号	序 号	柱类型	代 号	序 号
框架柱	KZ	××	梁上柱	LZ	××
框支柱	KZZ	××	剪力墙柱	QZ	××
芯柱	XZ	××			

柱编号　　　　　表 7-2

3）柱箍筋的注写应包括钢筋种类、直径与间距。当为抗震设计时，用斜线"/"区分柱端箍筋加密区与柱身非加密区长度范围内箍筋的不同间距。当箍筋沿柱全高为同一种间距时，则不使用"/"线。

4）断面注写方式中，当柱的分段断面尺寸和配筋均相同，仅分段断面与轴线的关系不同时，可将其编为同一柱号。但此时应在未画配筋的柱断面上注写该柱断面与轴线关系的具体尺寸。在一个柱平面布置图上加小括号"（　）"和尖括号"＜＞"来区分和表达不同标准层的注写数值，但与柱标高要一一对应。

5）采用断面注写方式绘制的柱施工图中，图名应注写各段柱的起止标高，自柱根部往上以变断面位置或断面未变但配筋改变处为界分段注写。框架柱和框支柱的根部标高为基础顶面标高；芯柱的根部标高系指根据结构实际需要而定的起始位置标高；梁上柱的根部标高为梁顶面标高；而剪力墙上柱的根部标高为墙顶部标高（柱筋锚在剪力墙顶部），但当柱与剪力墙重叠一层时，其根部标高为墙顶往下一层的结构层楼面标高。断面尺寸或配筋改变处常为结构层楼面标高处。

（2）列表注写方式

1）列表注写方式，就是在柱平面布置图上，先对柱进行编号（参照表7-1），然后分别在同一编号的柱中选择一个断面注写几何参数与配筋的具体数值，并配以各种柱断面形状及其箍筋类型图的方式，来表达柱平面整体配筋，如图7-20所示。

2）柱表应注写下列规定内容：

① 注写柱的编号；

② 注写各段柱的起止标高。

7-4

框架柱钢筋

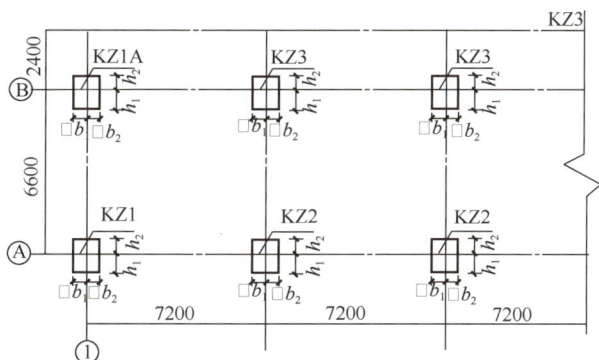

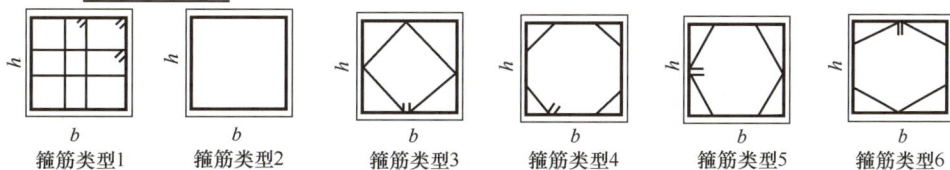

柱号	标高	$b \times h$	b_1	b_2	h_1	h_2	全部钢筋	角筋	b边一侧中部筋	h边一侧中部筋	箍筋类型号	箍筋
KZ1 KZJA	−0.600～11.370	500×500	125	375	125（250）	375（250）		4×25	2×22	2×22	1（4×4）	φ8@180/200
	11.370～22.170	500×500	125	375	125（250）	375（250）		4×22	2×20	2×22	1（4×4）	φ8@180/200
KZ3	−0.600～11.370	500×500	250	250	250	250	12×25				1（4×4）	φ8@180/200
	11.370～22.170	500×500	250	250	250	250	12×22					

图 7-20　柱平法施工图列表注写方式

对于矩形柱注写柱断面尺寸 $b \times h$ 及与轴线关系的几何参数代号 b_1、b_2 和 h_1、h_2 的具体数值，须对应于各段柱分别注写。其中 $b = b_1 + b_2$，$h = h_1 + h_2$。对于圆柱 $b \times h$ 改为圆柱直径 d，此时 $d = b_1 + b_2 = h_1 + h_2$。

注写柱纵筋。当柱的纵筋直径相同，各边根数也相同时（包括矩形柱、圆柱），将纵筋注写在"全部纵筋"一栏中；除此以外，柱纵筋分为角筋、断面 b 边中部筋和 h 边中部筋三项分别注写（对于采用对称配筋的矩形柱，可仅注一侧中部筋）。

在表中箍筋类型栏内注写箍筋类型号及箍筋肢数。各种箍筋类型图以及箍筋复合的具体方式，根据具体工程由设计人员画在表的上部或图中的适当位置，并在其上标注与表中相应的 b、h 和类型号。当为抗震设计时，确定箍筋肢数时要满足对纵筋"隔一拉一"以及箍筋肢距的要求。

在表中箍筋栏内注写箍筋，包括钢筋种类、直径和间距（间距表示方法及纵筋搭接时加密的表达同断面注写方式）。

2. 梁平法施工图

（1）平面注写方式

1）平面注写方式就是在梁的平面布置图上，分别在不同编号的梁中各选出一根，在其上注写断面尺寸和配筋具体数量的方式来表达梁平面整体配筋，如图 7-21 所示。平面注写包括集中标注与原位标注，集中标注表达梁的通用数值，原位标注表达梁的特殊数值。当集中标注中某项数值不适用于梁的某部位时，则应将该项数值在该部位原位标注，施工时，按照原位标注取值优选原则。图 7-22 为 KL1 梁平面注写方式实例，从梁中任一跨用引出线集中标注通用数值，而在梁各对应位置进行原位标注。

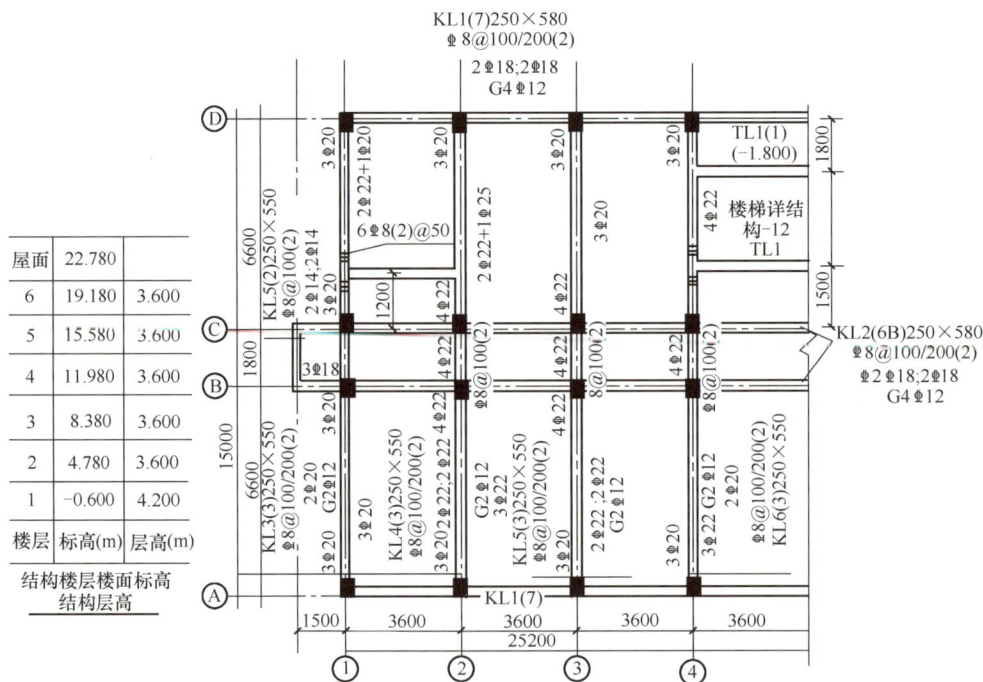

图 7-21　梁平法施工图平面标注方式

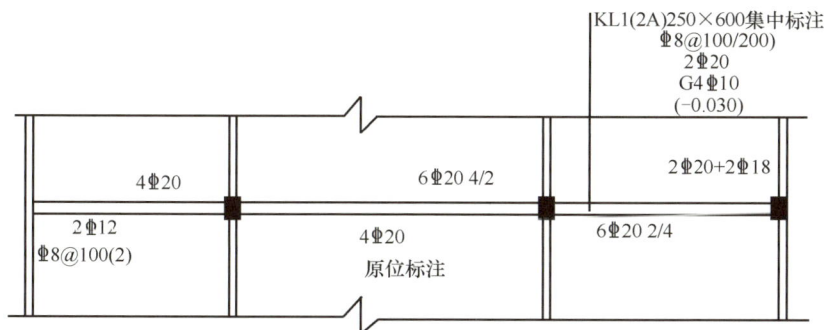

图 7-22　用平面注写方式表达 KL1 梁的配筋

2）梁的编号由梁的类型代号、序号、跨数和有无悬挑代号几项组成，按表 7-3 规定执行。例如 KL1（2A）表示：1 号框架梁，2 跨且一端有悬挑。类型栏中的悬挑梁指纯悬臂梁。非框架梁指没有与框架柱或剪力墙端柱等相连的一般楼面或屋面梁。

梁编号 表 7-3

梁类型	代号	序号	跨数代号
楼层框架梁	KL	××	（××）、（××A）或（××B）
屋面框架梁	WKL	××	（××）、（××A）或（××B）
框支梁	KZL	××	（××）、（××A）或（××B）
非框架梁	L	××	（××）、（××A）或（××B）
悬臂梁	XL	××	（××）、（××A）或（××B）
井字梁	JZL	××	（××）、（××A）或（××B）

注：（××A）为一端有悬挑，（××B）为两端有悬挑，悬挑不计入跨数。

3）梁集中标注的内容：按梁的编号、断面尺寸、箍筋、贯通纵筋（或架立筋）、梁侧面纵向构造钢筋或受扭钢筋配置、梁面相对高差等内容依次标注。其中前五项必须标注，最后一项有高差时标注，无高差时不注。

断面尺寸。当为等断面梁时，用 $b \times h$ 表示；当悬臂梁采用变截面高度时，用斜线分隔根部与端部的高度值，即为 $b \times h_1 / h_2$，h_1 为根部高度，h_2 为端部较小的高度。

梁的箍筋。包括箍筋的钢筋种类、直径、间距和肢数。当梁跨内箍筋全跨为同一间距和肢数时直接标注，肢数写在括号内。箍筋加密区与非加密区间距或肢数不同时应用斜线"/"分隔。当抗震结构中的非框架梁、悬挑梁、井字梁及非抗震结构中的各类梁采用不同箍筋间距及肢数时，应先注写端部箍筋的个数、钢筋种类、直径、肢数，在斜线后注写跨中部分的箍筋间距及肢数。

例如：Φ8-100/200（2）表示箍筋为 HRB400，直径为 8mm，加密区间距为 100mm，非加密区间距为 200mm，均为双肢箍。Φ8-100（4）/150（2）表示箍筋为 HRB400，直径为 8mm，加密区间距为 100mm，四肢箍；非加密区为间距 150mm，双肢箍。10Φ8-100（4）/200（2）表示直径为 8mm 的箍筋，梁两端各有 10 个四肢箍，间距为 100mm；梁跨中部分箍筋为双肢，间距 200mm。

梁的上部贯通筋或架立筋的根数。所注规格根数根据结构受力要求及箍筋肢数等构造要求确定。当同排纵筋中既有贯通筋又有架立筋时，应采用加号"＋"将两者相连，注写时须将梁角部贯通筋写在加号的前面，架立筋写在加号后面的括号内。当全部采用架立筋时，则将其全部写入括号内，因为架立筋与支座纵筋的搭接与纵筋之间的搭接长度是不同的。如 2Φ20＋（2Φ12）常用于四肢箍时，2Φ20 为梁角部贯通筋，2Φ12 为架立钢筋。单跨非框架梁时的架立筋不必加括号。

当梁上部纵筋和下部纵筋均为贯通筋，且多数跨相同时，可同时标注上部与下部贯通筋的配筋值，但应用分号"；"隔开来，少数跨不同时，采用原位标注来纠正。例如 2Φ18；2Φ20 表示上部配置 2Φ18 贯通筋，下部配置 2Φ20 贯通筋。

梁侧面纵向构造钢筋或受扭钢筋配置。当梁腹板高度 $h_w \geq 450$mm 时，须配置纵向构造钢筋，所注规格与根数应符合规范规定。此项注写以大写字母 G 打头，紧跟注写设置在梁两个侧面的总配筋值，且对称配置。当梁侧面需配置受扭纵向钢筋时，此项注写值以大写字母 N 打头，紧跟注写配置在梁两个侧面的总配筋值，且对称配置并同时满足梁侧面纵向构造钢筋的间距要求而不重复配置。如 G4Φ12 表示梁每侧各配置 2Φ12 纵向构造钢筋；N4Φ14 表示梁每侧各配置 2Φ14 受扭纵筋。受扭纵筋应按受拉考虑锚固与搭接，而架立钢筋搭接长度可取 150mm。

梁顶面标高相对于该结构楼面标高的高差值，有高差时，将其写入括号内。如（−0.100）表示梁面标高比该结构层标高低 0.1m。

4）梁原位标注内容为梁支座上部纵筋、下部纵筋、附加箍筋或吊筋及对集中标注的原位修正信息等。

梁支座上部纵筋，指该部位含贯通筋在内的所有纵筋，标注在梁上方该支座处。当上部纵筋多于一排时，用斜线"/"将各排纵筋自上而下分开。当同排纵筋有两种直径时，用加号"＋"将两种直径的纵筋相连，角部纵筋注写在加号前面。如 6Φ20 4/2 表示纵筋为 HRB400，上排为 4Φ20 而下排为 2Φ20；2Φ20＋2Φ18 表示支座上部纵筋一排共 4 根，角筋为 2Φ20。当梁中间支座两边的上部纵筋不同时（尽量直径相同，避免过多弯入柱内影响施工），须在支座两边分别标注；当梁中间支座两边的纵筋相同时，可仅在支座的一边标注配筋值，如图 7-22 所示。

梁的下部纵筋标注在梁下部跨中位置，标注方法同梁上部纵向钢筋。当下部纵筋均为贯通筋，且集中标注中已注写时，则不需在梁下部重复做原位标注。如图 7-22 所示，第二跨下部纵筋 6Φ20 2/4，则表示上一排纵筋为 2Φ20，下一排纵筋为 4Φ20，全部伸入支座锚固。

附加箍筋或吊筋应直接画在平面图中的主梁上，在引出线上注明其总配筋值（箍筋肢数注在括号内），如图 7-23 所示。当多数附加横向钢筋相同时，可在图纸上说明，仅对少数不同值在原位引注。

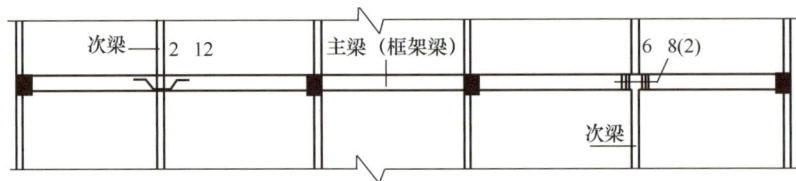

图 7-23　附加横向钢筋画法

对集中标注信息的修正。根据原位标注优先原则，当梁上集中标注的内容一项或几项不适用于某跨或某悬挑部分时，则在该跨或该悬臂部位原位注写其实际数值，如图 7-24 所示悬挑部分的箍筋为全跨Φ8@100 双肢箍。

井字梁一般由非框架梁组成，井字梁编号时，无论几根同类梁与其相交，均应作为一跨处理，井字梁相交的交点处不作为支座，如需设置附加箍筋时，应在平面图上注明。

（2）断面注写方式

断面注写方式，就是在分标准层绘制的梁平面布置图上，分别在不同编号的梁中各选一根用断面剖切符号引出配筋图，并在其上注写断面尺寸和配筋具体数值的方式来表达梁平面整体配筋，如图 7-24 所示。

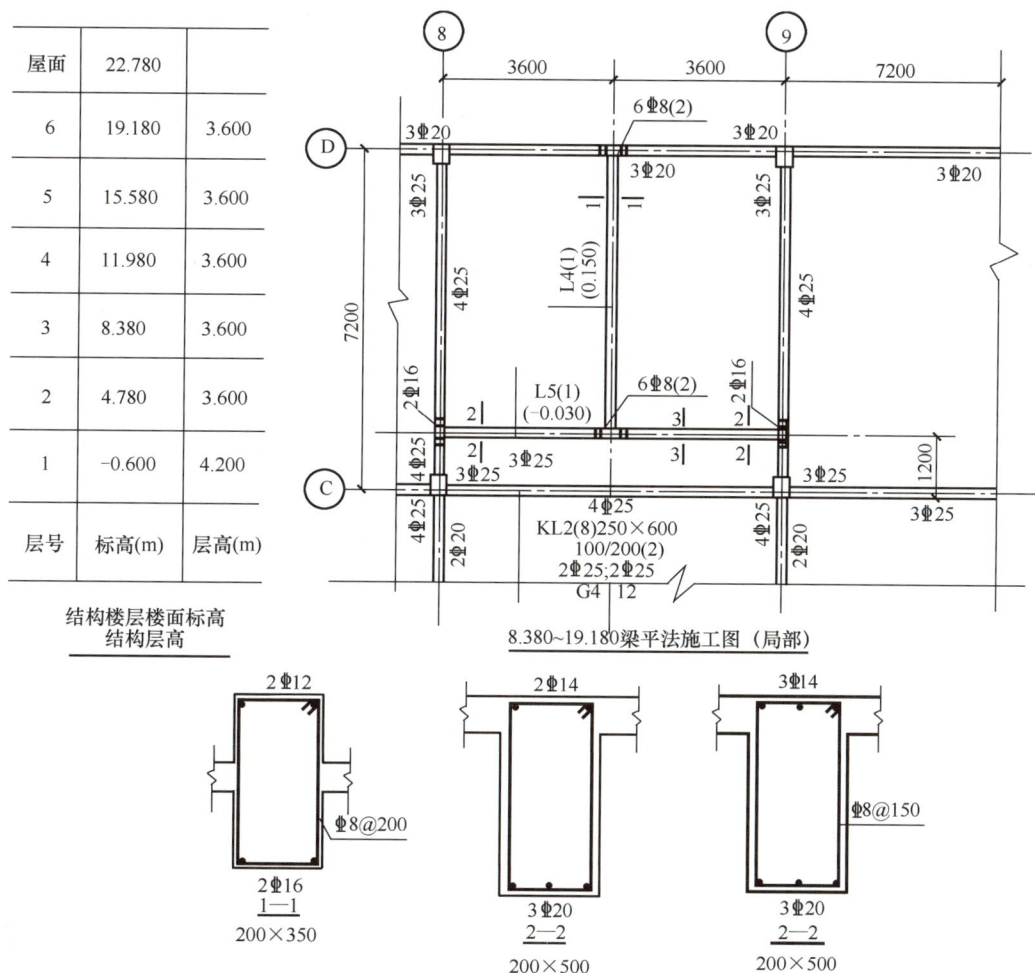

图 7-24　梁平法施工图断面标注方式

3. 构造详图

一套完整的平法施工图通常由各类构件的平法施工图和标准构造详图两个部分组成，构造详图是根据国家现行《混凝土结构设计规范（2015 年版）》GB 50010—2010、《高层建筑混凝土结构技术规程》JGJ 3—2010、《建筑抗震设计规范（2016 年版）》GB 50011—

2010 等有关规定，对各类构件的保护层厚度、锚固长度、钢筋接头做法、纵筋切断点位置、连接节点构造及其他细部构造进行适当的简化和归并后给出的标准做法，以供设计人员根据具体工程选用，并作为施工图的重要组成部分。设计人员也可根据工程实际情况，按国家有关规范对其作出必要的修改，并在结构施工说明中加以阐述。平法标准图集《16G101-1》已有现成标准构造详图可供选择，而且有关构造已在前文中有详细叙述，这里不再重复。

7.4　框架结构的构造要求

学习目标

（1）了解现浇框架结构非抗震设计的构造要求。

（2）掌握现浇框架结构抗震设计的构造措施。

在我国，几乎找不到不需要抗震的地区，平时我们所看到框架梁都是抗震的，所以，我们学习的重点放在抗震上面。万一用到了非抗震框架结构，也不要紧，我们学会了抗震框架结构的构造，就很容易掌握非抗震框架结构的构造，只需要把非抗震框架结构与抗震框架结构的区别拣出来就可以了，非抗震框架结构和抗震框架结构的最大区别在于把抗震的锚固长度 l_{aE}（l_{abE}）换成 l_a（l_{ab}），此外，非抗震框架梁没有抗震框架梁所要求的上部通长钢筋和箍筋加密区等构造要求。

1. 框架结构抗震等级

（1）划分依据：设防烈度、结构类型和房屋高度。

（2）划分等级：一、二、三、四级，其中一级抗震要求最高。

（3）混凝土结构抗震等级见表 7-4。

混凝土结构抗震等级表　　　　　　　表 7-4

结构类型		设防烈度								
		6		7			8			9
框架结构	高度(m)	≤24	>24	≤24	>24		≤24	>24		≤24
	普通框架	四	三	三	二		二	一		一
	大跨度框架	三		二			一			一
框架-剪力墙结构	高度(m)	≤60	>60	<24	24~60	>60	<24	24~60	>60	≤24 24~50
	框架	四	三	四	三	二	三	二	一	二 一
	剪力墙	三		三		二	二		一	二 一
剪力墙结构	高度(m)	≤80	>80	<24	24~80	>80	<24	24~80	>80	≤24 24~60
	剪力墙	四	三	四	三	二	三	二	一	二 一
部分框支剪力墙结构	剪力墙 高度(m)	≤80	>80	≤24	25~80	>80	≤24	25~80		╱
	剪力墙 一般部位	四	三	四	三	二	三	二		╱
	剪力墙 加强部位	三	二	三	二	一	二	一		╱
	框支层框架	二		二		一	一			╱

续表

结构类型			设防烈度					
			6		7		8	9
筒体结构	框架-核心筒	框架	三		二		一	一
		核心筒	二		二		一	一
	筒中筒	内筒	三		二		一	一
		外筒	三		二		一	一
板柱-剪力墙结构	高度(m)		≤35	>35	≤35	>35	≤35	>35	
	板柱及周边框架		三	二	二	二	一	一	
	剪力墙		二	二	二	一	二	一	
单层厂房结构	铰接排架		四		三		二	一

2. 一般构造要求

（1）混凝土强度等级：一级框架梁、柱和节点≥C30，其他各类构件≥C20。

（2）钢筋种类：纵筋宜用 HRB400 级、HRB500 级钢筋；箍筋宜用 HRB400 和 HPB300 级钢筋。

（3）要求：一、二级抗震等级框架，其纵筋抗拉强度实测值与屈服强度实测值比值 ≥1.25，屈服强度实测值与屈服强度标准值的比值≥1.3。

注意：施工中，不宜采用较高强度等级钢筋代替原设计中的纵筋。

（4）钢筋锚固及其搭接：

纵向钢筋最小锚固长度 l_{aE}（l_{abE}）和搭接长度 l_{lE} 按表 7-5 取用。

抗震设计普通钢筋的锚固长度 l_{aE}（l_{abE}）和搭接长度 l_{lE}　　　表 7-5

抗震等级	钢筋锚固长度 l_{aE}	钢筋搭接长度 l_{lE}		
		钢筋接头面积百分率≤25%	钢筋接头面积百分率50%	钢筋接头面积百分率100%
特一级、一级、二级	$l_{aE}=1.15l_a$	$l_{lE}=1.38l_a$	$l_{lE}=1.61l_a$	$l_{lE}=1.84l_a$
三级	$l_{aE}=1.05l_a$	$l_{lE}=1.26l_a$	$l_{lE}=1.47l_a$	$l_{lE}=1.68l_a$
四级	$l_{aE}=l_a$	$l_{lE}=1.20l_a$	$l_{lE}=1.40l_a$	$l_{lE}=1.60l_a$

3. 框架梁纵向钢筋的构造（对屋面框架梁来说也完全适用）

（1）框架梁上部纵筋的构造

框架梁上部纵筋包括：上部通长筋、支座上部纵向钢筋（习惯称为支座负筋）和架立筋。

1）框架梁上部通长筋的构造

上部通长筋是抗震的构造要求，根据抗震规范的要求，抗震框架梁应该有两根上部通长筋，通长筋可为相同或不同直径采用搭接、机械连接或对焊连接的钢筋。

当上部通长筋的直径小于支座负筋时，处于跨中的上部通长筋就在支座负筋的分界处

（$l_n/3$），与支座负筋进行连接，根据抗震的构造要求，框架梁需要两根直径在 14mm 以上的上部通长筋，工程中直径在 14mm 以下的钢筋才采用绑扎连接，直径在 14mm 以上的钢筋都采用机械连接或对焊连接，如图 7-25 所示。

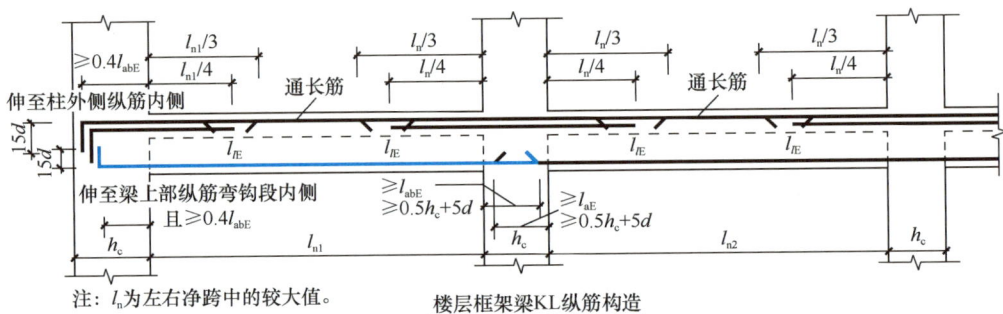

图 7-25　楼层（屋面）框架梁纵筋的构造

2）框架梁支座负筋的延伸长度

对于框架梁来说，端支座和中间支座的支座负筋是不同的。端支座的支座负筋延伸长度：第一排支座负筋从柱边开始延伸至 $l_{n1}/3$；第二排支座负筋从柱边开始延伸至 $l_{n1}/4$（其中 l_{n1} 是边跨的净跨长度）。中间支座的支座负筋延伸长度：第一排支座负筋从柱边开始延伸至 $l_n/3$；第二排支座负筋从柱边开始延伸至 $l_n/4$（其中 l_n 是支座两边的净距长度）。

3）框架梁架立筋的构造

架立筋是梁的一种纵向构造钢筋，当梁顶面箍筋转角处无纵向适量钢筋时，应设置架立筋，架立筋的作用就是形成钢筋骨架和承受温度收缩应力。

框架梁不一定需要具有架立筋，当框架梁为双肢箍时，梁上部通长筋充当了架立筋，这时就不需要再另设架立筋了；当框架梁为四肢箍时，梁上部纵筋必须把架立筋也标注上。架立筋与支座负筋的搭接长度为 150mm。

（2）框架梁下部纵筋

框架梁下部纵筋的配筋方式：基本上按跨布置的，即在中间支座锚固，当相邻两跨的下部纵筋直径相同时，可以把它们做贯通筋处理，但是，框架梁下部纵筋贯通就很难找到连接点，梁的下部纵筋不能在下部跨中进行连接，也不能在支座内连接，所以抗震框架梁下部纵筋在中间支座之内，是进行锚固，而不是进行钢筋连接，如图 7-25 所示。

（3）框架梁中间支座的节点构造

1）框架梁上部纵筋在中间支座的节点构造

在中间支座的框架梁上部纵筋一般是支座负筋。当支座两边的支座负筋直径相同、根数相等时，这些钢筋都是贯通穿过中间支座的。由于这些钢筋在中间支座左右两边的延伸长度相等（都等于 $l_n/3$），所以常被形象地称为"扁担筋"。

当支座两边的支座负筋直径相同，根数不相等时，把"根数相等"部分的支座负筋贯通穿过中间支座，而将根数多出来的支座负筋弯锚入柱内。

在施工图设计中要尽量避免出现支座两边的支座负筋直径不相同的情况。设计时应注意：对于支座两边不同配筋值的上部纵筋，宜尽可能选用直径相同（不同根数），使其贯穿支座，避免支座两边不同直径的上部纵筋均在支座内锚固。

2）框架梁下部纵筋在中间支座的节点构造

从图 7-26 中可以看出，框架梁下部纵筋一般都以"直形钢筋"在中间支座锚固，其锚固长度同时满足两个条件：即锚固长度$\geqslant l_{aE}$；锚固长度$\geqslant 0.5h_c + 5d$，式中 h_c 为柱截面沿框架方向的高度，d 为钢筋直径，即超过柱中心线 $5d$。

（4）框架梁端支座的节点构造（图 7-26）。

1）框架梁纵筋在楼层端支座的锚固

框架梁纵筋在端支座上的锚固有如下规定：

①上部纵筋和下部纵筋都要伸至柱外侧纵筋内侧，弯 $15d$，其弯折段之间要保持一定净距。

②上部纵筋和下部纵筋锚入柱内的直水平段均应$\geqslant 0.4l_{aE}$。

③当柱宽度较大时，上部纵筋和下部纵筋伸入柱内的直锚长度$\geqslant l_{aE}$ 且$\geqslant 0.5h_c + 5d$，不必进行弯锚，如图 7-26 所示。

l_{aE} 是直锚长度标准，当弯锚时，在弯折点处钢筋锚固机理发生本质的变化，所以，不应以 l_{aE} 作为衡量弯锚总长度的标准，否则属于概念错误。应当注意保证水平段$\geqslant 0.4l_{aE}$ 非常必要，而不应该采用加长直钩长度使总锚长等于 l_{aE} 的错误方法。

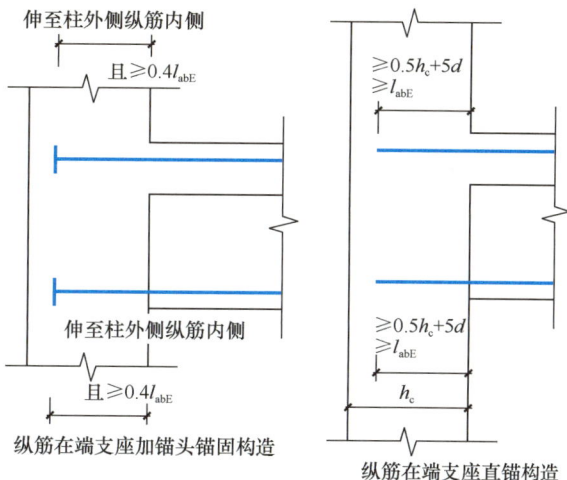

图 7-26　纵向钢筋在端支座的锚固

无论框架梁的上部纵筋和下部纵筋，其端部都要弯 $15d$ 的直钩，如图 7-25 所示，这是一个构造要求。构造要求是混凝土结构的一种技术要求，构造要求是不需经过计算的，是必须执行的。

2）框架梁纵筋在顶层端支座的锚固如图 7-27～图 7-29 所示。

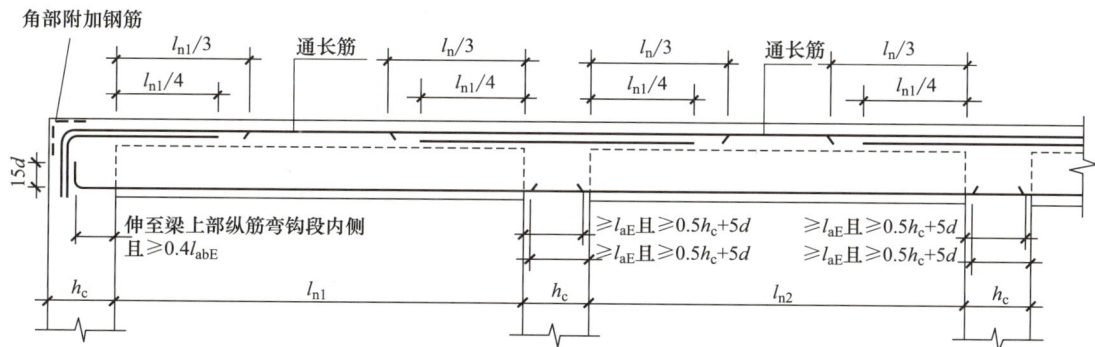

图 7-27　框架梁下部纵筋在顶层端支座弯锚

$\geqslant l_{aE}$且$\geqslant 0.5h_c + 5d$

h_c

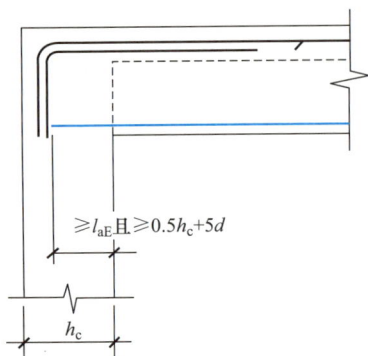

图 7-28　框架梁下部纵筋在顶层端支座直锚

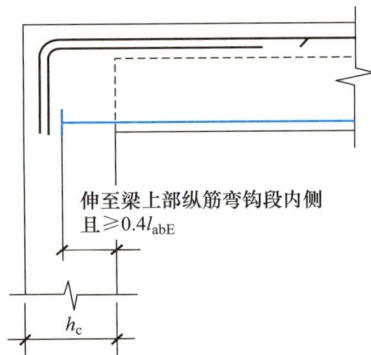

伸至梁上部纵筋弯钩段内侧
且$\geqslant 0.4l_{abE}$

h_c

图 7-29　框架梁下部纵筋在顶层端支座加锚头锚固

（5）抗震框架梁箍筋的构造（图 7-30）。

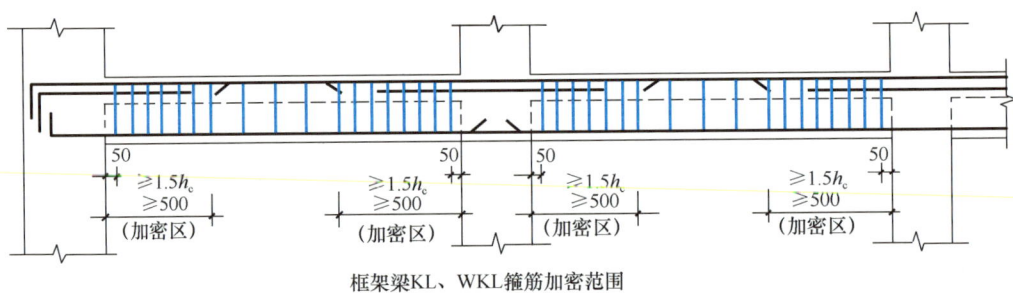

50　50　50　50

$\geqslant 1.5h_c$　$\geqslant 1.5h_c$　$\geqslant 1.5h_c$　$\geqslant 1.5h_c$
$\geqslant 500$　$\geqslant 500$　$\geqslant 500$　$\geqslant 500$
（加密区）　（加密区）　（加密区）　（加密区）

框架梁KL、WKL箍筋加密范围

图 7-30　抗震框架梁箍筋的构造

1）梁支座附近设箍筋加密区，其长度$\geqslant 500$mm 且$\geqslant 1.5h_b$（一级抗震等级是$2h_b$），h_b是梁截面高度。

2）第一个箍筋在距支座边缘 50mm 处开始设置。

3）当箍筋为多肢复合箍筋时，应采用大箍套小箍的形式。

屋面梁箍筋与楼层梁箍筋构造是类似的。框架梁梁端箍筋加密区的构造要满足表 7-6 所列的要求。

框架梁梁端箍筋加密区的构造　　　　　　　　　　　　　　　表 7-6

抗震等级	加密区长度(mm)	箍筋最大间距(mm)	最小直径(mm)
一级	$2h$ 和 500 中的较大值	纵向钢筋直径的 6 倍,梁高的 1/4 和 100 中的最小值	10
二级	1.5h 和 500 中的较大值	纵向钢筋直径的 8 倍,梁高的 1/4 和 100 中的最小值	8
三级		纵向钢筋直径的 8 倍,梁高的 1/4 和 150 中的最小值	8
四级		纵向钢筋直径的 8 倍,梁高的 1/4 和 150 中的最小值	6

（6）框架梁侧面纵筋的构造

框架梁侧面纵筋俗称"腰筋"，它包括梁侧面构造钢筋和侧面抗扭钢筋。

1）框架梁侧面构造钢筋的构造

当梁的腹板高度$h_w \geqslant 450$mm 时，在梁的两个侧面应沿高度配置纵向构造钢筋，每侧纵向构造钢筋的截面面积≥有效截面面积（$b×h_w$）0.1%，其间距不宜大于200mm，侧面纵向构造钢筋在梁的腹板高度上均匀布置，如图7-31所示。梁侧面纵向构造钢筋的搭接和锚固长度可取为$15d$。

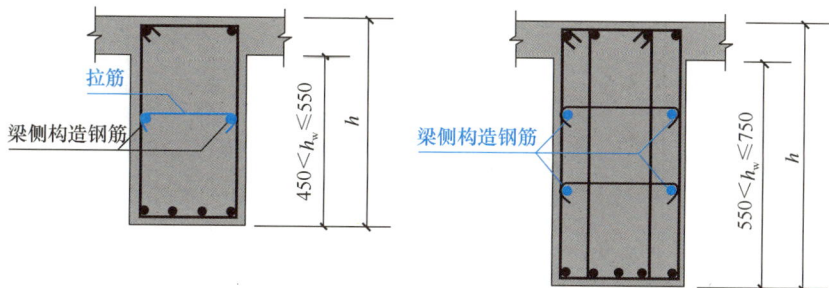

图7-31　梁侧面构造箍筋和拉筋的构造

2）框架梁侧面构造钢筋的拉筋的构造

拉筋直径同箍筋直径，拉筋间距为非加密区箍筋间距的两倍，当设有多排拉筋时，上下两排拉筋竖向错开设置，就是俗话说的"隔一拉一"。拉筋弯钩135°，弯钩的平直长度为$10d$和75mm中的最大值，拉筋要求拉住两个方向上的钢筋，就是拉筋紧靠纵向钢筋并钩住箍筋。

4. 抗震框架柱纵向钢筋连接的构造

（1）抗震框架柱纵向钢筋的一般连接构造

1）柱纵筋的非连接区，就是柱纵筋不允许在这个区域之内进行连接，无论是绑扎搭接连接、机械连接和焊接连接都要遵守这项规定。基础顶面以上有一个"非连接区"，其长度是≥$H_n/3$（H_n是从基础顶面到顶板梁底的柱的净高）。知道了柱纵筋非连接区的范围，就知道了柱纵筋切断点的位置，这个"切断点"可以选定在非连接区的边缘。

柱纵筋为什么要切断呢？因为工程施工是分楼层进行的，在进行基础施工的时候，有柱纵筋的基础插筋，以后，在进行每一楼层施工的时候，楼面上都要伸出柱纵筋的插筋，柱纵筋的"切断点"就是下一楼层伸出的插筋与上一楼层柱纵筋的连接点，如图7-32所示。

工程中，当钢筋直径在14mm以下时才使用绑扎搭接连接，而当钢筋直径在14mm以上时使用机械连接或对焊连接。

2）当上柱钢筋比下柱钢筋多时的连接构造：上柱多出的钢筋伸入下柱（楼面以下）$1.2l_{aE}$。

3）当下柱钢筋比上柱钢筋多时的连接构造：下柱多出的钢筋伸入楼层梁，从梁底算起伸入楼层梁的长度为$1.2l_{aE}$，如果楼层框架梁的截面高度小于$1.2l_{aE}$，则下柱多出的钢筋可以伸出楼面以上。

（2）抗震框架边柱和角柱柱顶纵向钢筋的构造（图7-33）。

（3）抗震框架中柱柱顶纵向钢筋的构造（图7-34）。

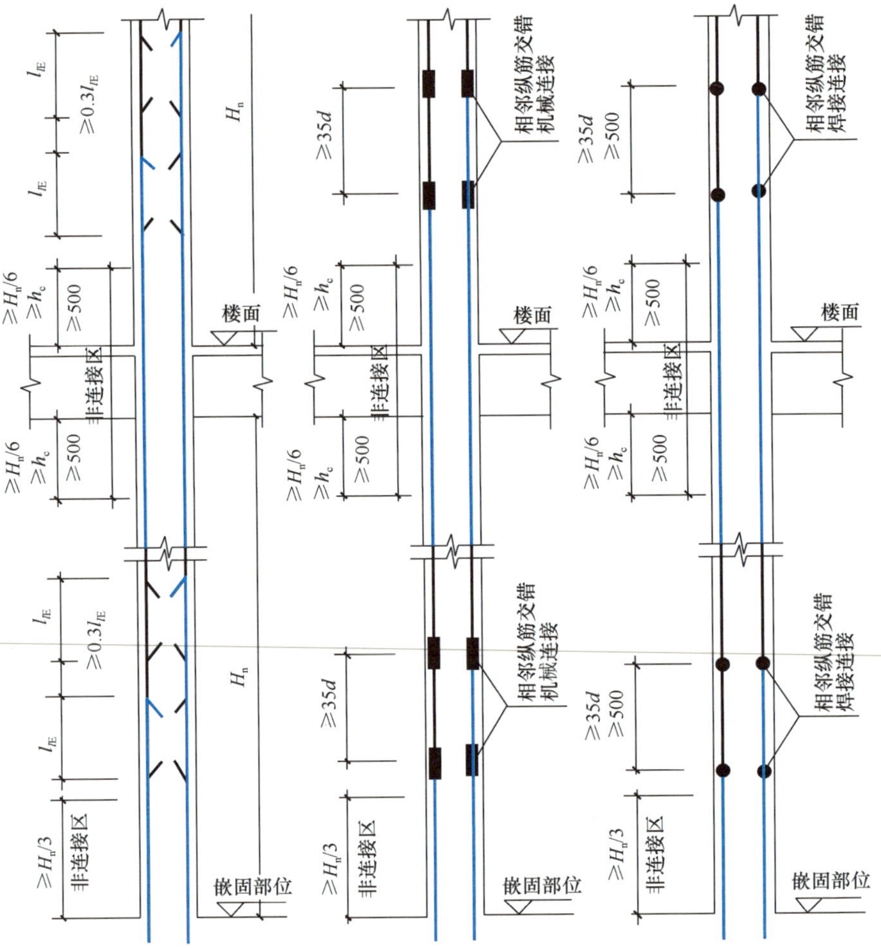

图 7-32　抗震框架柱纵向钢筋连接的构造

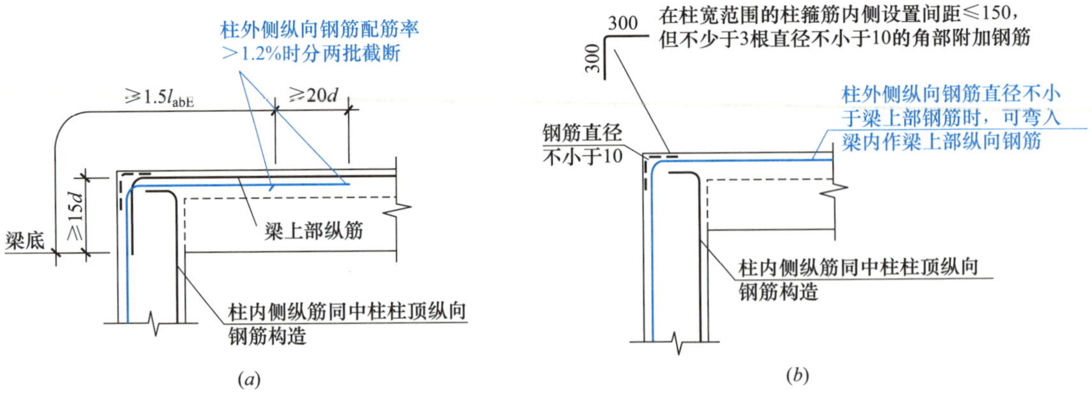

图 7-33　抗震框架边柱和角柱柱顶纵向钢筋构造（一）

（a）柱入梁；（b）柱筋作为梁上部钢筋使用

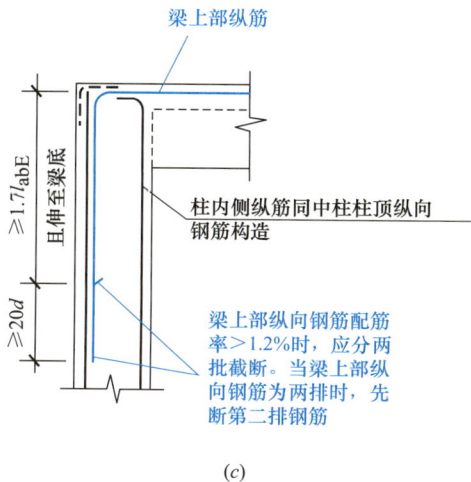

图 7-33 抗震框架边柱和角柱柱顶纵向钢筋构造 (二)

（c）梁入柱

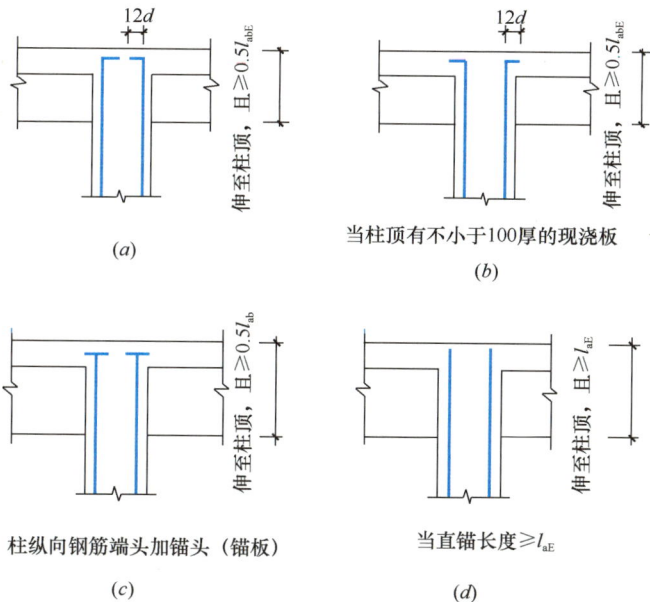

图 7-34 抗震框架中柱柱顶纵向钢筋的构造

节点 a：当柱纵筋直锚长度$< l_{aE}$ 时，柱纵筋伸至柱顶后向内弯折$12d$，但必须保证柱纵筋伸入梁内的长度$\geq 0.5l_{aE}$。

节点 b：当柱纵筋直锚长度$< l_{aE}$，且顶层为现浇混凝土板，板厚$\geq 100\text{mm}$ 时，柱纵筋伸至柱顶后向外弯折$12d$。

节点 c：当柱纵筋直锚长度$< l_{aE}$ 时，柱纵筋伸至柱顶后加锚头。

节点 d：当柱纵筋直锚长度$\geq l_{aE}$ 时，可以直锚伸至柱顶。

（4）抗震框架柱箍筋的构造

1）抗震框架柱箍筋加密区范围如图 7-35 所示。

在前面我们已经讲了框架柱"非连接区"的构造，现在，我们要把本单元的前后内容联系起来，前面讲到的框架柱纵筋"非连接区"，就是现在要讲的"箍筋加密区"，如图 7-35 所示。刚性地面：就是横向压缩变形小、竖向比较坚硬的地面属于刚性地面。岩板地面是刚性地面，混凝土强度等级 ≥C30，厚度 ≥200mm 的混凝土地面是刚性地面。

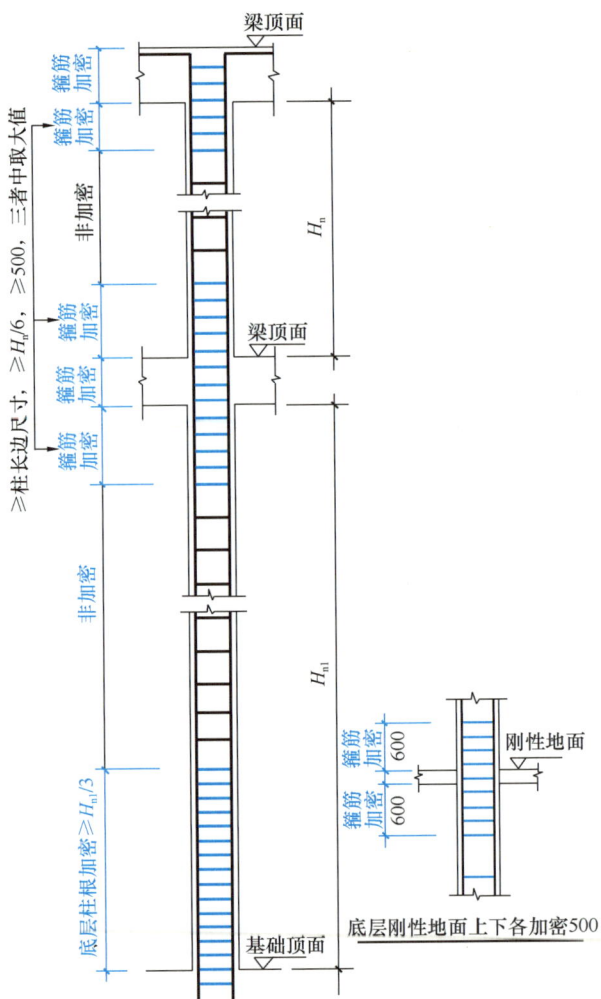

图 7-35　抗震框架柱箍筋加密区的范围

2）抗震框架柱柱端箍筋加密区的构造要求见表 7-7。

抗震框架柱柱端箍筋加密区的构造要求　　　　　　　　　　表 7-7

抗震等级	箍筋最大间距（mm）	箍筋最小直径（mm）
一级	纵向钢筋直径的 6 倍和 100 中的较小值	10
二级	纵向钢筋直径的 8 倍和 100 中的较小值	8
三级	纵向钢筋直径的 8 倍和 150（柱根 100）中的较小值	8
四级	纵向钢筋直径的 8 倍和 150（柱根 100）中的较小值	6（柱根 8）

3）柱的箍筋的形式如图 7-36 所示。

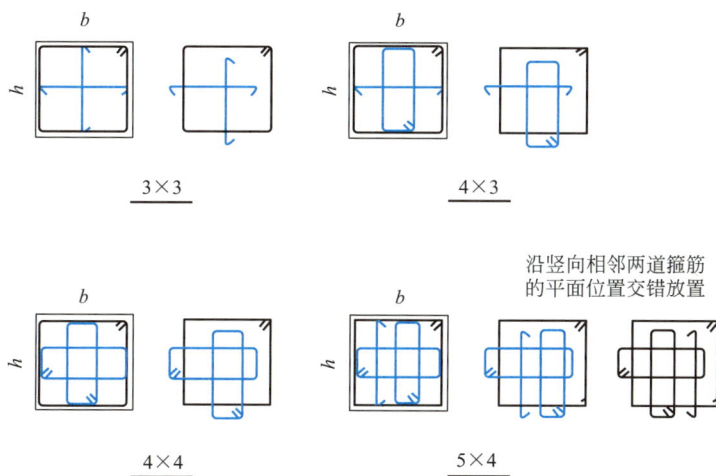

图 7-36　柱的箍筋形式

【课堂练习 7-1】　解读某框架结构施工图图 7-37～图 7-46，三级抗震，混凝土为 C30，层高为 3.6m，分组回答下列问题：

（1）框架结构Ⓑ轴线与②轴线相交的柱从基础到顶层的配筋是如何设置的？

（2）二层的框架梁（KL2、KL3）跨中及支座的配筋是多少？是如何设置的？

（3）Ⓑ轴线中柱的中间节点、顶节点，Ⓐ轴线边柱的端节点、顶节点分别有哪些构造要求？

（4）该框架结构施工图中采取了哪些抗震构造措施？

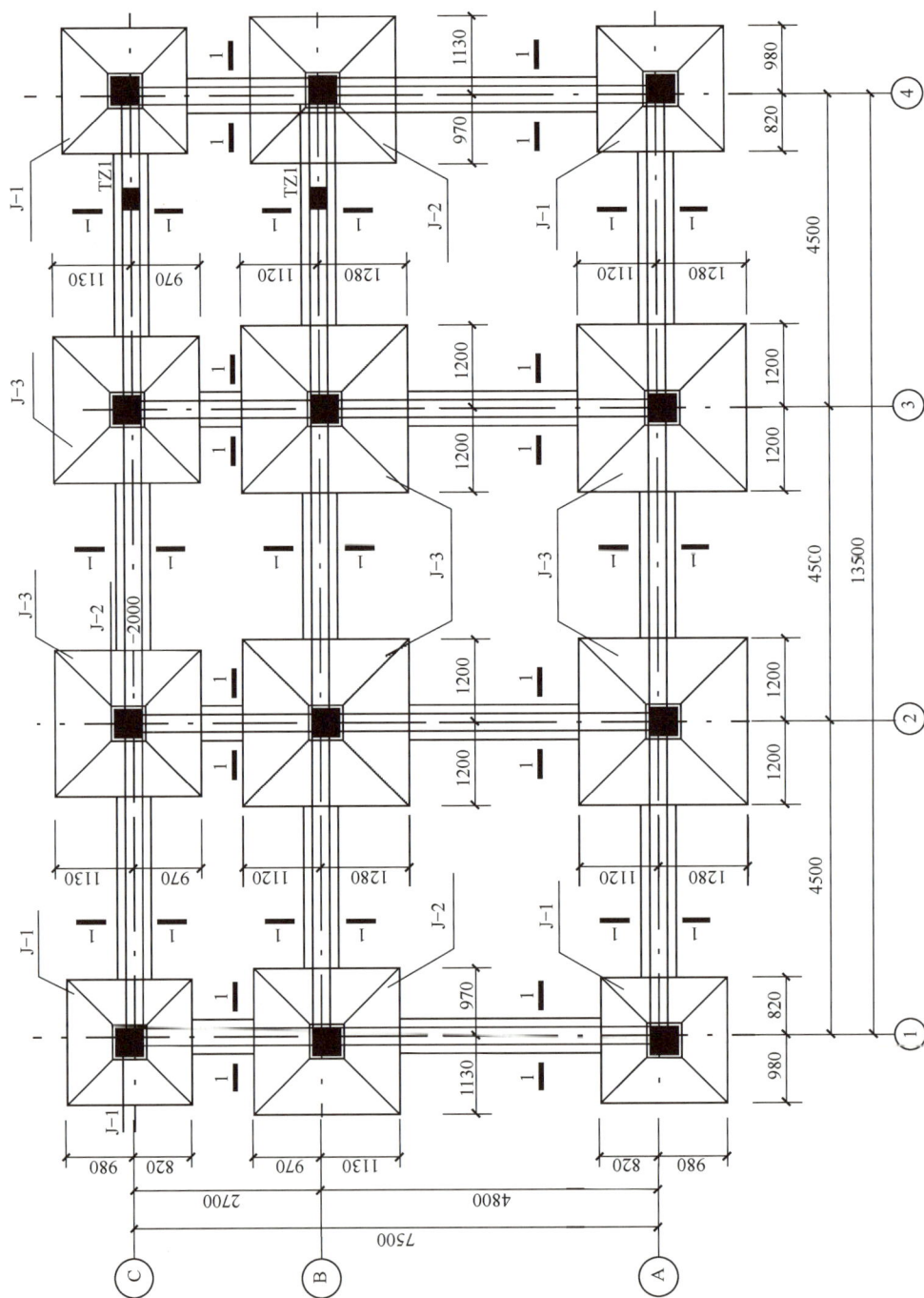

图 7-37 基础平面布置图

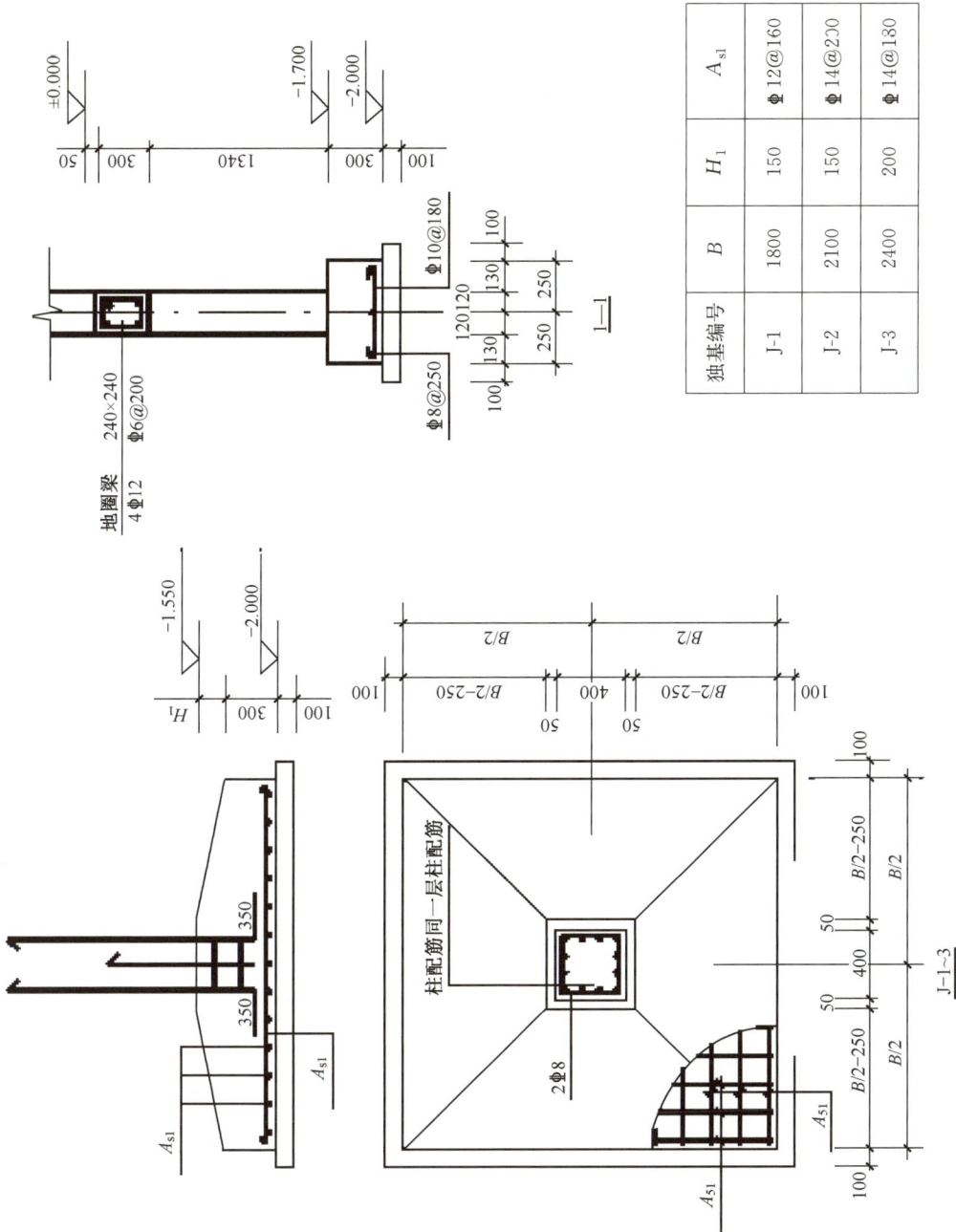

独基编号	B	H_1	A_{s1}
J-1	1800	150	Φ12@160
J-2	2100	150	Φ14@220
J-3	2400	200	Φ14@180

图7-38 基础配筋施工图

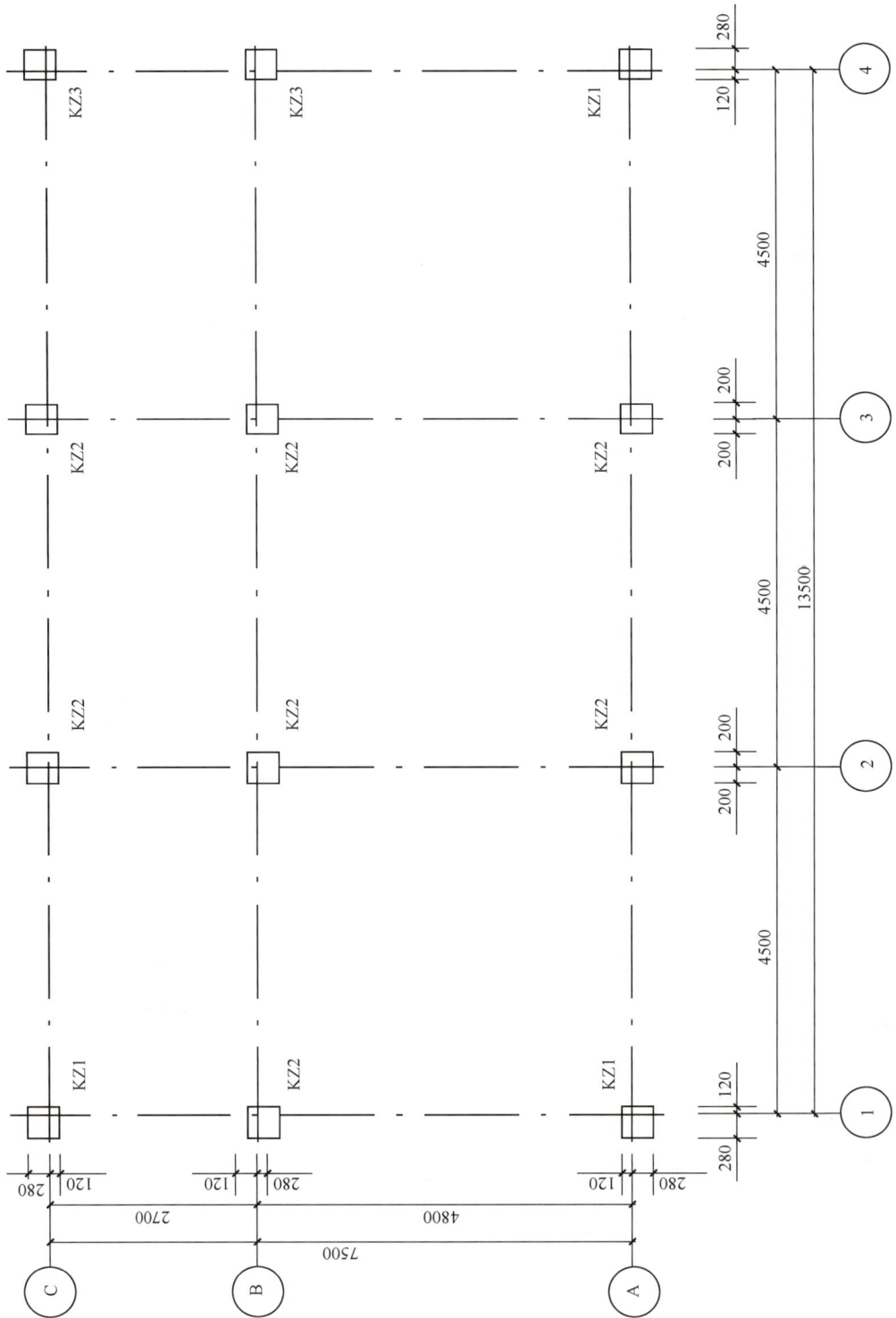

图 7-39 柱平面布置图

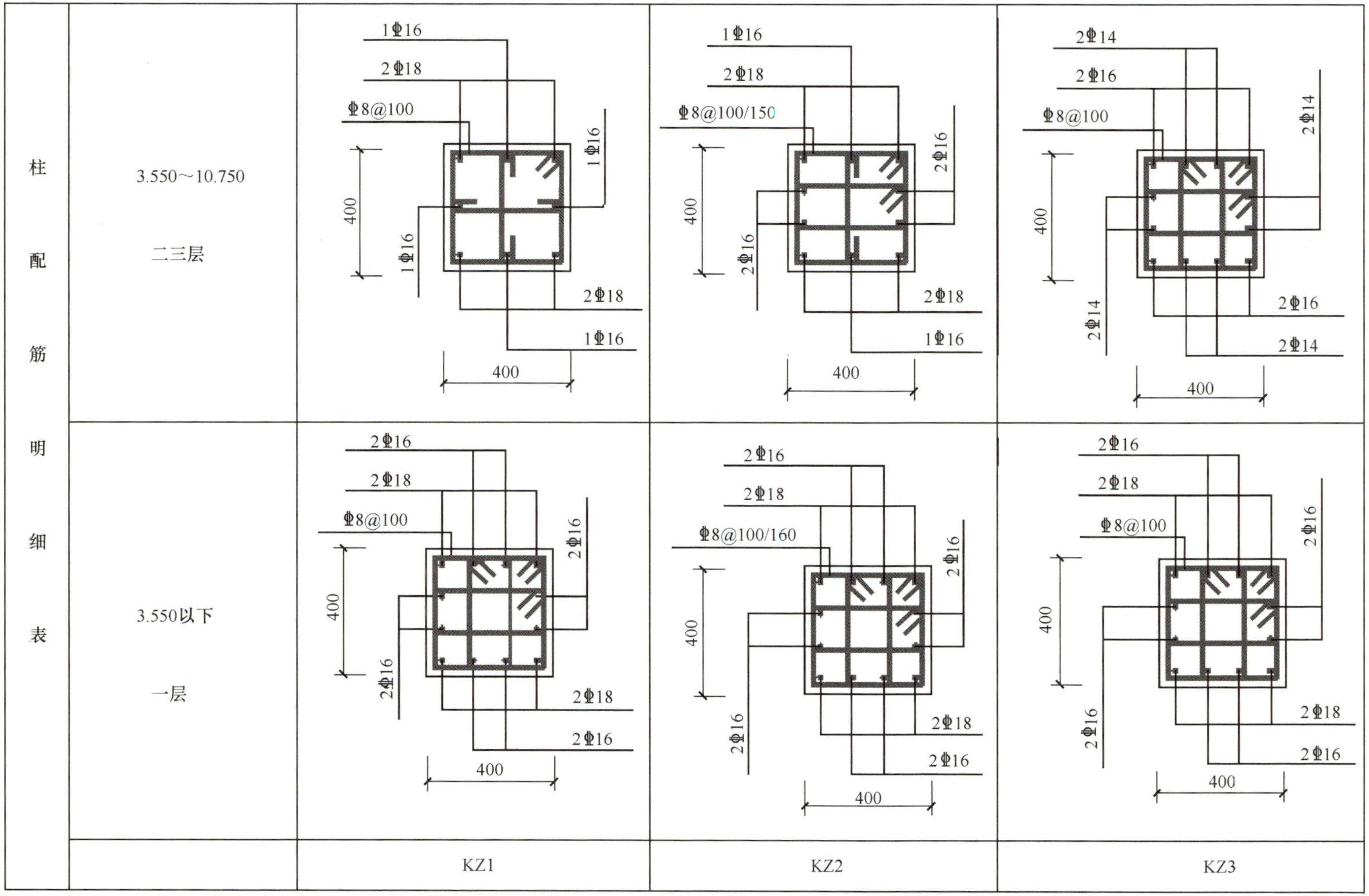

图7-40 柱配筋明细表

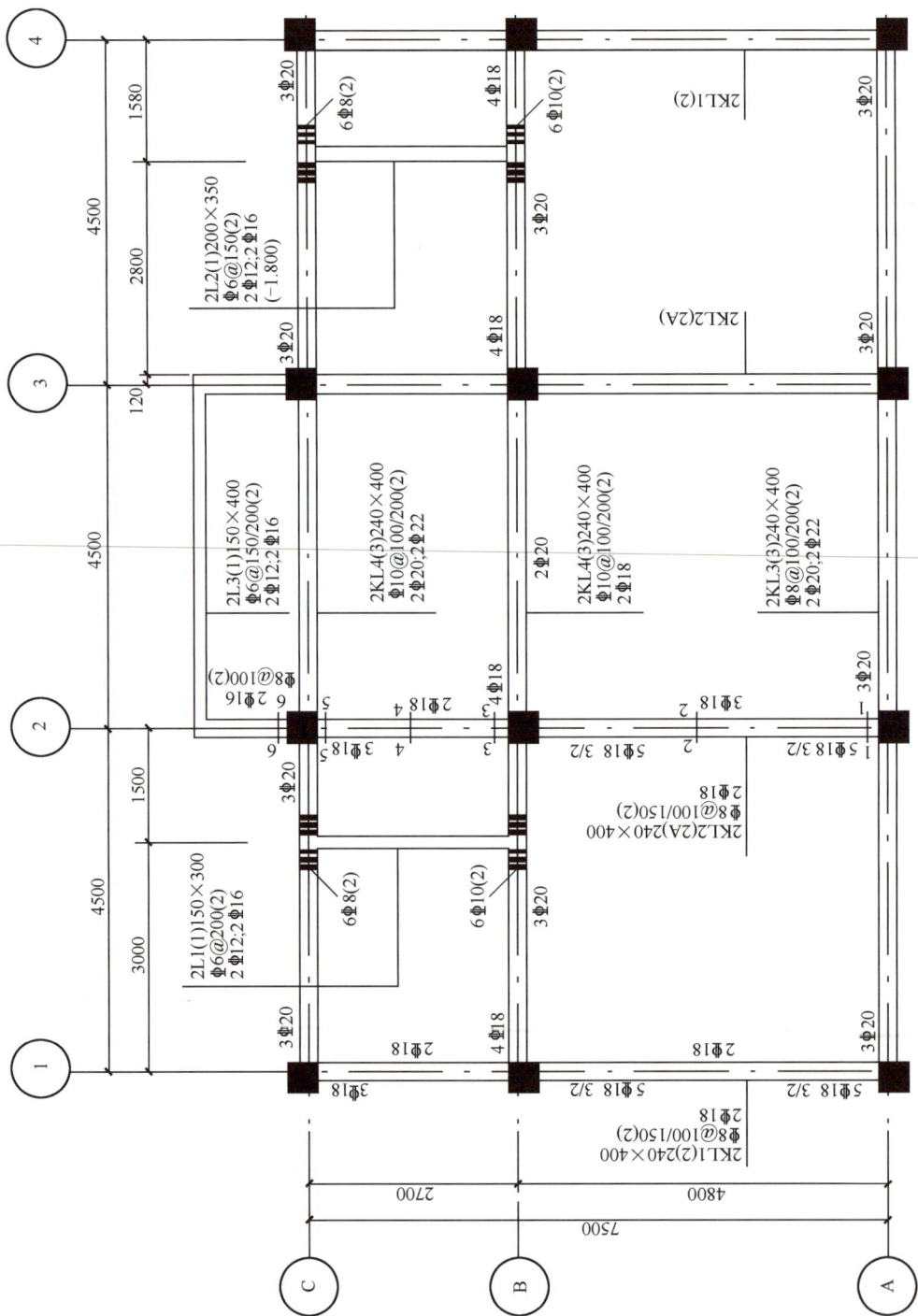

图 7-41　二层梁平法施工图

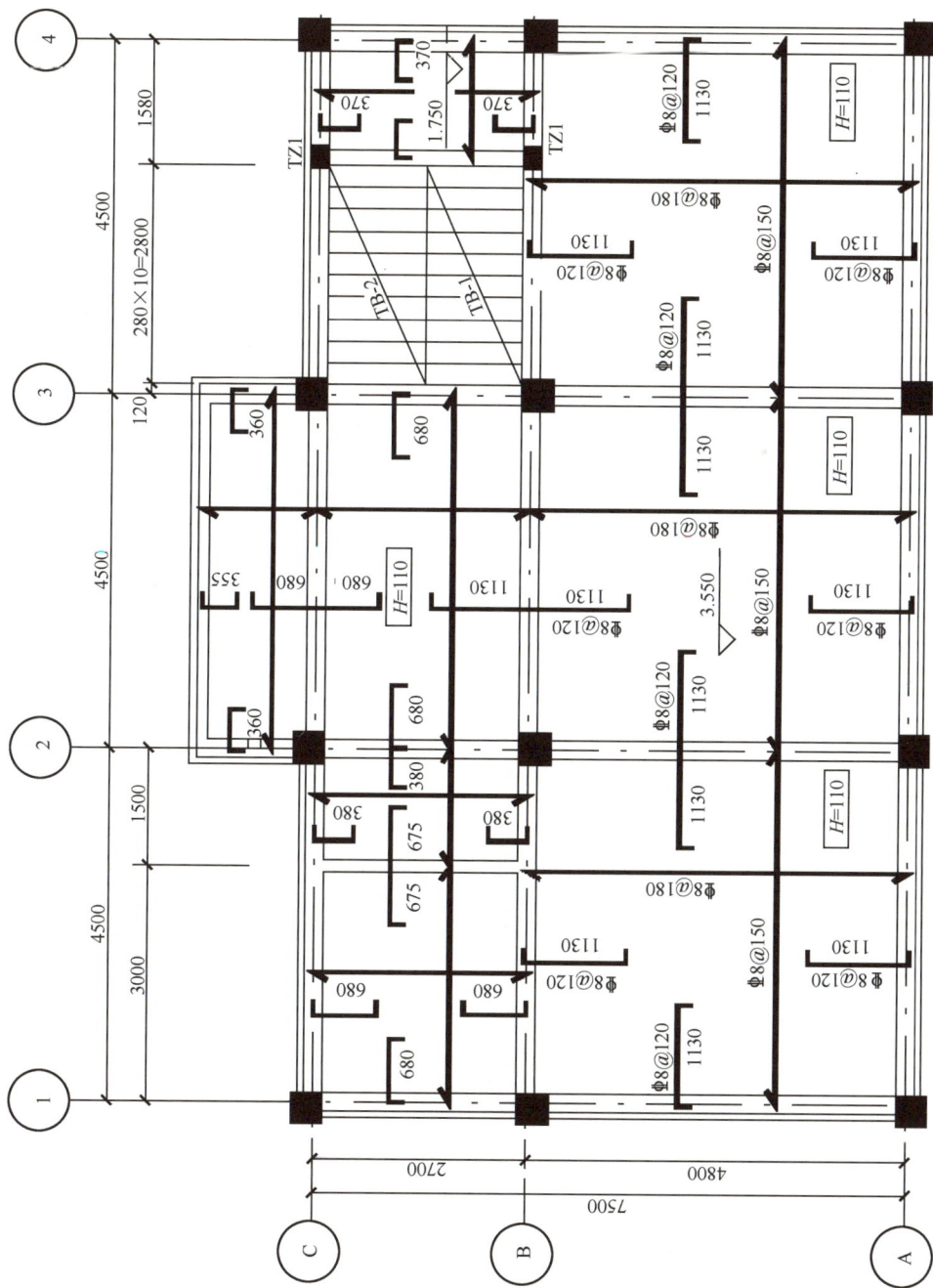

图 7-42　二层结构平面图

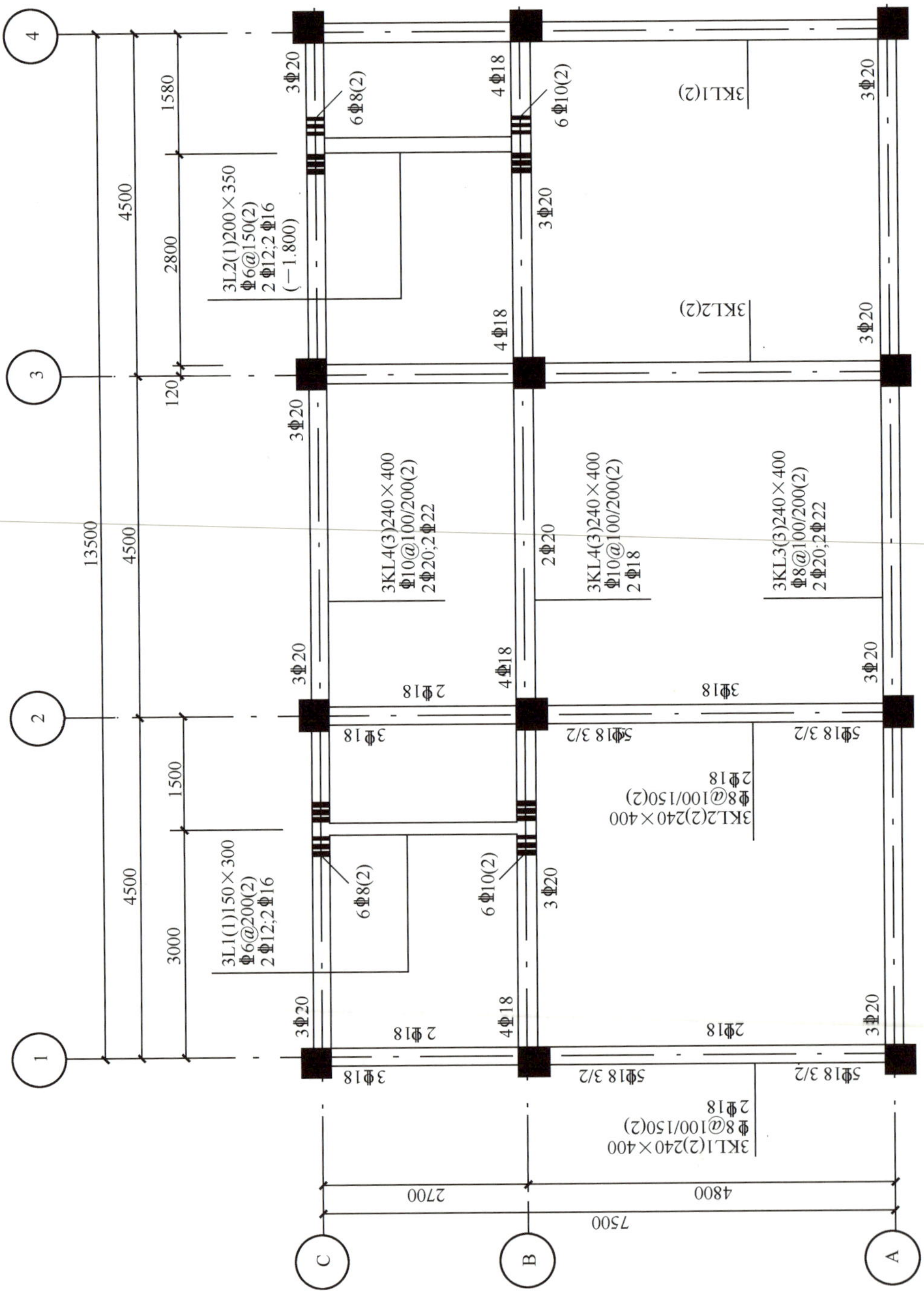

图 7-43 三层梁平法施工图

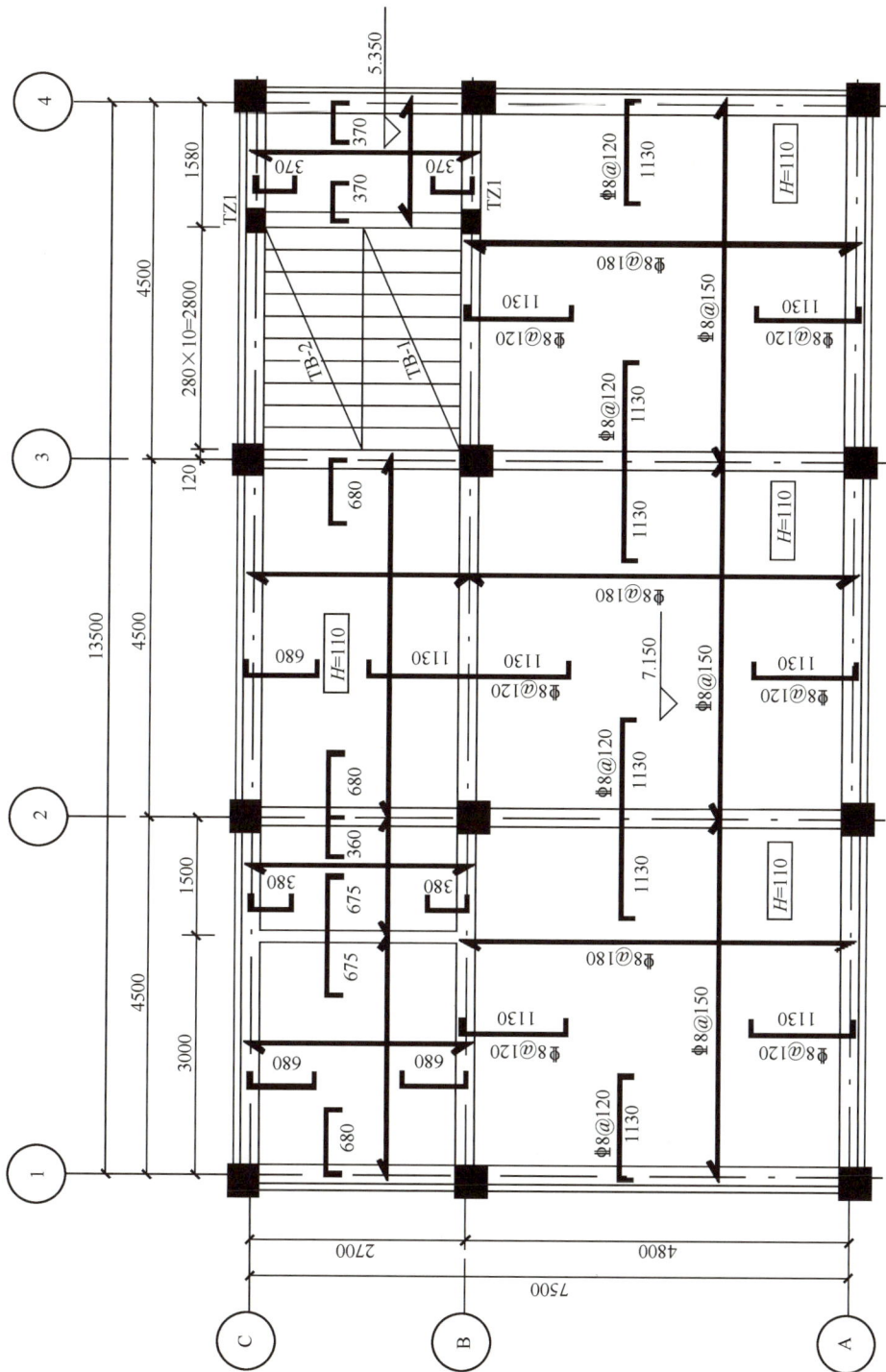

图 7-44 三层结构平面图

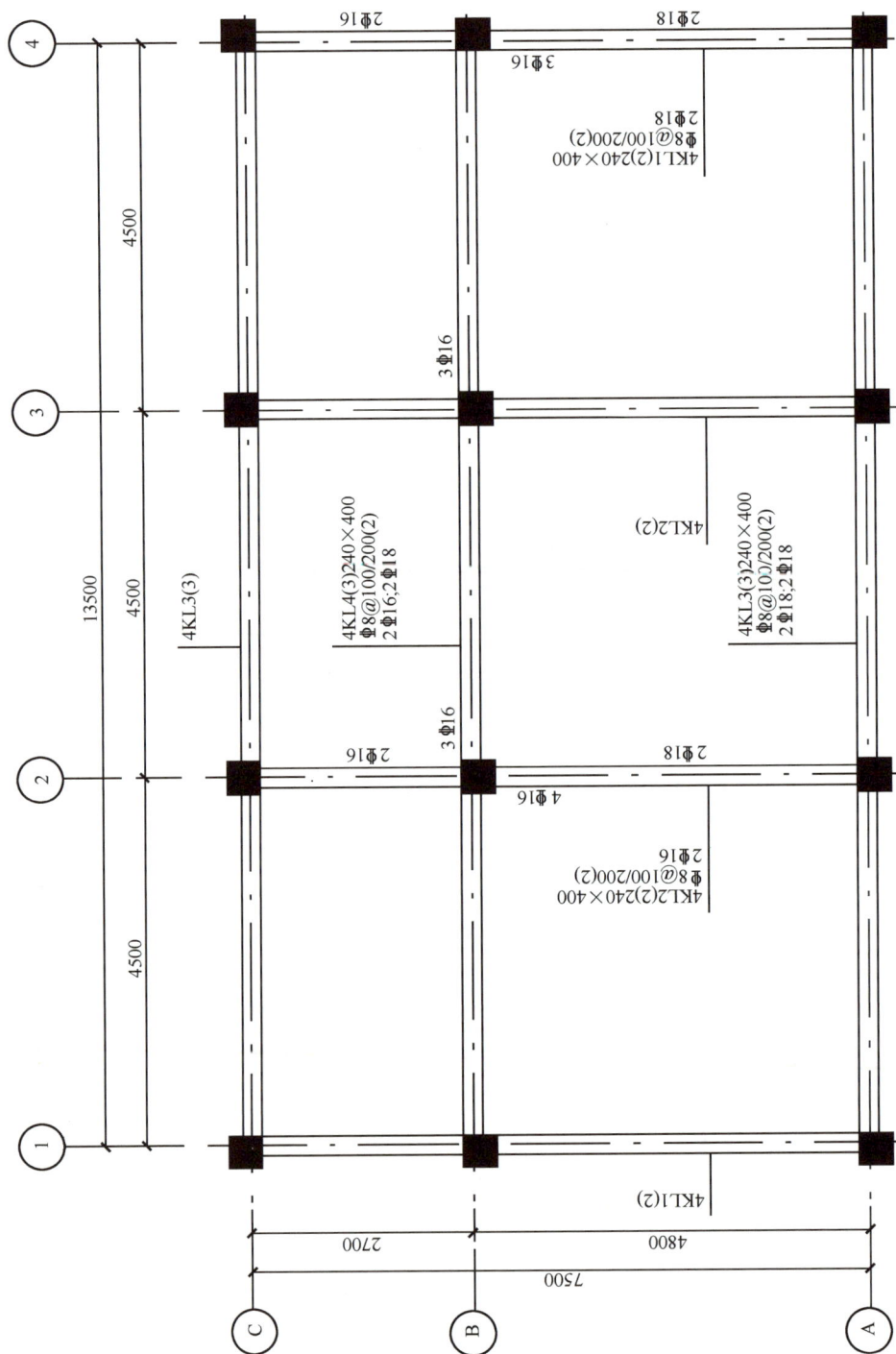

图 7-45 屋面梁平法施工图

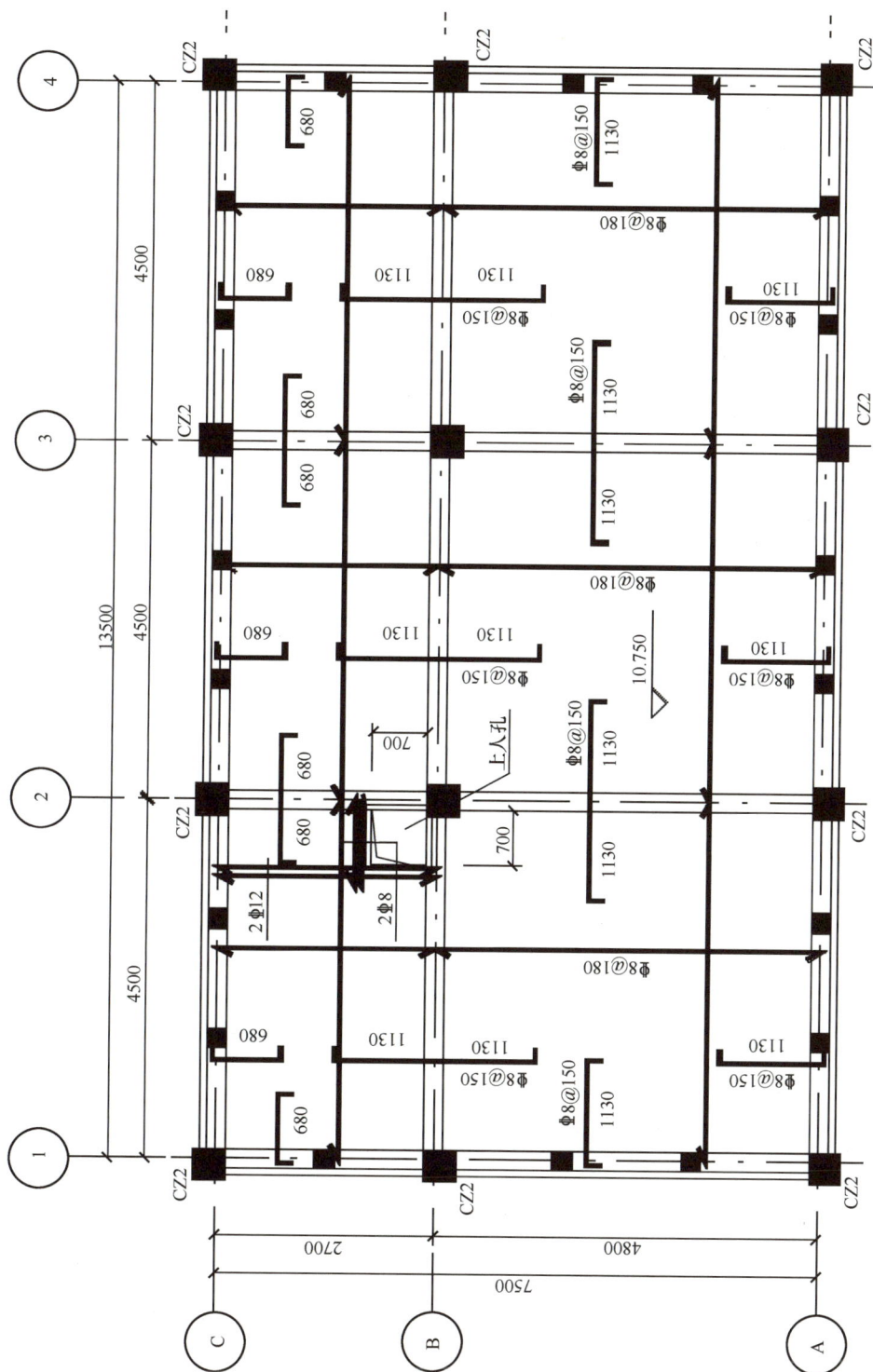

图7-46　屋面结构平面图

◆ **思政拓展**

　　万丈高楼平地起，一栋一栋的高楼是用钢筋和混凝土一点一点筑造而成的。现场施工是一项既需要专业技术又考验吃苦精神的工作。我们必须不畏困难，不怕失败，乐观向上，服从项目任务安排的时间进度要求，勇于从失败中总结教训、成功中总结经验；奋勇争先，积极进取，勇于承担工作任务，并保质保量按时完成。

思 考 题

1. 钢筋混凝土框架结构的布置有哪几种方案？各有什么特点？
2. 按施工方法不同，钢筋混凝土框架结构有哪几种形式？各有什么优缺点？
3. 简述现浇框架的节点构造要求，并比较有无抗震设防要求时框架节点构造的异同。
4. 现浇框架顶层边节点梁柱钢筋的搭接方案有哪两种？各用于什么情况？

单元 8 钢筋混凝土剪力墙结构

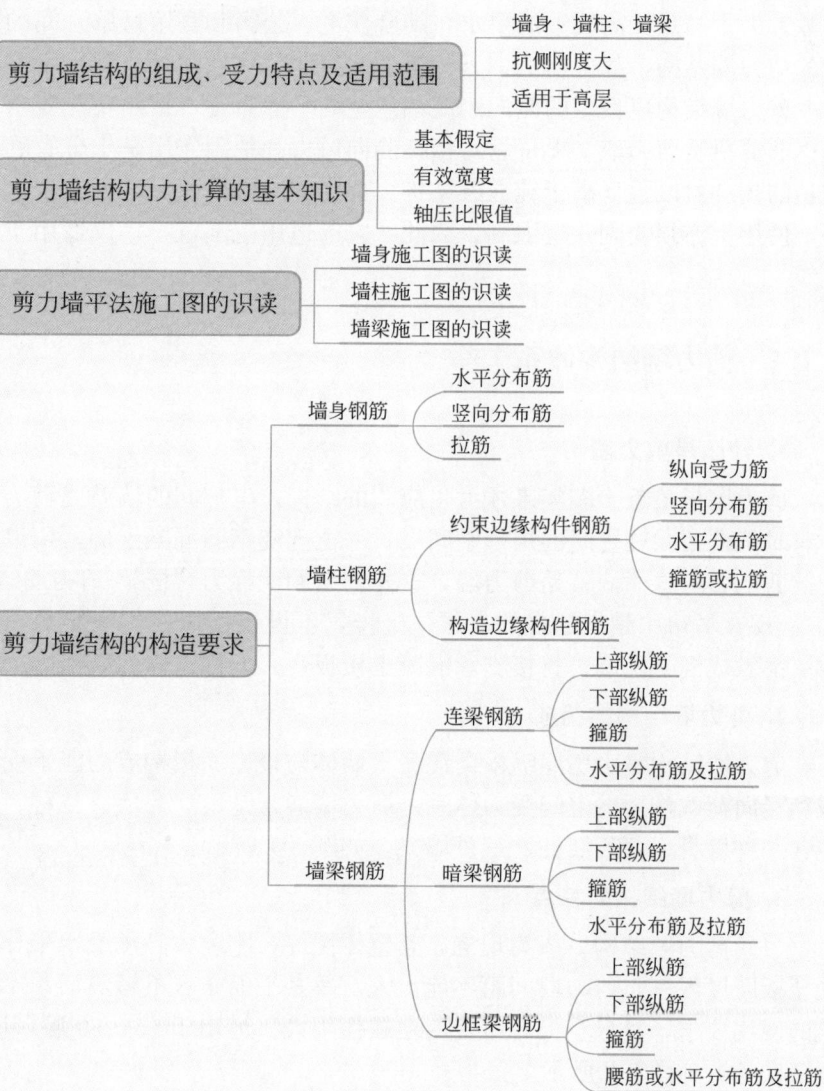

引言

　　剪力墙结构体系具有较强的抗震性能，适用于高层住宅、宾馆等建筑，近几年剪力墙结构大量应用，学生应如何明确剪力墙结构体系？如何应用剪力墙结构的抗侧刚度去进行结构的抗震、受力分析？如何掌握剪力墙结构的构造要求和抗震构造措施？如何结合施工特点识读剪力墙结构的施工图？本单元将一一叙述，教你掌握和运用。

思维导图

```
                    ┌─ 剪力墙结构的组成、受力特点及适用范围 ─┬─ 墙身、墙柱、墙梁
                    │                                          ├─ 抗侧刚度大
                    │                                          └─ 适用于高层
                    │
                    ├─ 剪力墙结构内力计算的基本知识 ─┬─ 基本假定
                    │                                ├─ 有效宽度
                    │                                └─ 轴压比限值
                    │
钢筋混凝土          ├─ 剪力墙平法施工图的识读 ─┬─ 墙身施工图的识读
剪力墙结构          │                          ├─ 墙柱施工图的识读
                    │                          └─ 墙梁施工图的识读
                    │
                    │                          ┌─ 墙身钢筋 ─┬─ 水平分布筋
                    │                          │            ├─ 竖向分布筋
                    │                          │            └─ 拉筋
                    │                          │
                    │                          │            ┌─ 约束边缘构件钢筋 ─┬─ 纵向受力筋
                    │                          │            │                    ├─ 竖向分布筋
                    │                          ├─ 墙柱钢筋 ─┤                    ├─ 水平分布筋
                    │                          │            │                    └─ 箍筋或拉筋
                    │                          │            └─ 构造边缘构件钢筋
                    └─ 剪力墙结构的构造要求 ─┤
                                               │            ┌─ 连梁钢筋 ─┬─ 上部纵筋
                                               │            │            ├─ 下部纵筋
                                               │            │            ├─ 箍筋
                                               │            │            └─ 水平分布筋及拉筋
                                               │            │
                                               │            │            ┌─ 上部纵筋
                                               └─ 墙梁钢筋 ─┼─ 暗梁钢筋 ─┼─ 下部纵筋
                                                            │            ├─ 箍筋
                                                            │            └─ 水平分布筋及拉筋
                                                            │
                                                            │            ┌─ 上部纵筋
                                                            └─ 边框梁钢筋 ─┼─ 下部纵筋
                                                                         ├─ 箍筋
                                                                         └─ 腰筋或水平分布筋及拉筋
```

8.1　概　　述

学习目标

（1）了解剪力墙结构的布置。

（2）明确剪力墙的分类及其受力特点。

从结构体系上看，早期多采用钢筋混凝土纯框架结构。由于它平面布置灵活，空间大，能适应较多功能的需要，因此成为高层建筑的主要结构形式。如北京饭店、上海的国际饭店、长城饭店等。但是，这种结构的侧向刚度较小，在一般节点连接情况下，当承受侧向的风力或地震作用时，将会有较大的侧向变形。因此，限制了这种结构形式的高度和层数。为了满足更高层数的要求，结合住宅、公寓和宾馆对单开间的需求，出现了较高层数的剪力墙结构，如广州的白云宾馆和北京前门住宅工程，都采用了这种结构形式。

剪力墙结构以良好的侧向刚度和规整的平面布置，按照功能要求，设置自下而上的现浇钢筋混凝土剪力墙，无疑它对抵抗侧向风力和地震作用是十分有利的，因此，它所允许建造的高度可以远远高于纯框架结构。剪力墙结构的不足之处在于，平面布置的灵活性较差，使用上亦须受到一定限制。因此，它的适用范围较小，仅适用于住宅、公寓和宾馆等建筑。

8.1.1　剪力墙结构体系

1. 什么是剪力墙

剪力墙是最近十多年来才大量应用的结构，电梯间的墙就是剪力墙，还有，框架结构中有时把框架梁柱之间的矩形空间设置一道现浇钢筋混凝土墙，用以加强框架的空间刚度和抗剪能力，这面墙就是剪力墙，这样的结构就称为"框架-剪力墙结构"，简称"框-剪结构"。现在城市中越来越多的高层住宅楼，不设置框架柱、框架梁，而是把所有的外墙和内墙都做成混凝土墙，直接支承混凝土楼板，人们称这样的结构为"纯剪结构"。

2. 剪力墙结构的组成

剪力墙结构是由房屋纵横向混凝土墙体与楼屋面板构成的能承受房屋的全部的水平荷载和竖向荷载作用的空间受力体系。剪力墙通常是由"一墙、二柱、三梁"组成的，其中包含一种墙身、两种墙柱、三种墙梁，如图8-1所示。

3. 剪力墙结构的特点

（1）剪力墙结构一般为现浇。其整体性好，刚度大，承受水平作用时侧移小。但由于受楼板跨度限制，剪力墙间距不能太大。故其平面布置不够灵活，不能很好满足大开间建筑的使用要求，且自重大，所受的地震作用大。适用于15～50层，用于高层住宅、旅馆、写字楼等，如图8-2所示。

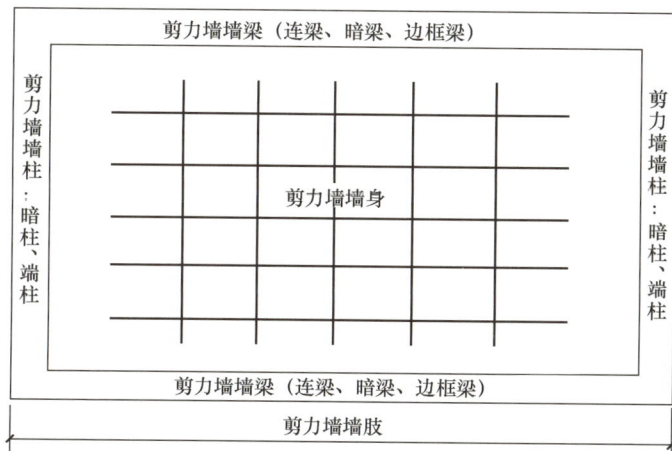

图 8-1 剪力墙的组成

广州白云宾馆
剪力墙结构
33层，112.45m
1976年建成

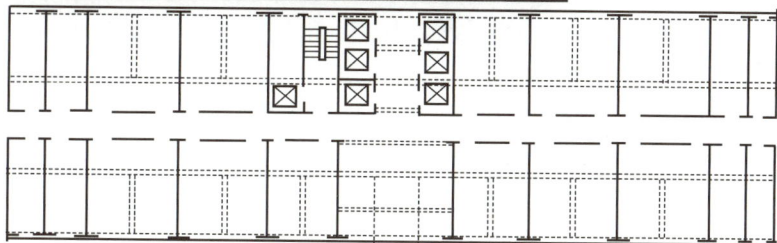

图 8-2 广州白云宾馆

（2）楼盖内无次梁，楼板直接支承在墙上，墙体同时也是维护和分隔房间的构件。

（3）剪力墙的间距受到楼板构件跨度的限制，一般为3～8m，房间墙面及顶棚平整，无需吊顶，层高较小，因而剪力墙结构适合于具有小房间的住宅、旅馆等建筑，无论在地震区或非地震区，它都得到了广泛的应用。

（4）剪力墙结构比框架结构刚度大，空间整体性好，用钢量省，具有良好的抗震性能。高层剪力墙结构以弯曲变形为主。

（5）众所周知，地震冲击波是以震源为中心的球面波，因此地震作用包括水平地震作用和竖向地震作用。在震中附近，地震力以竖向地震作用为主；在远离震中的地方，地震作用以水平地震作用为主。一般抗震设计主要考虑水平地震作用，水平地震作用来回摆动，为了加强墙肢抵抗水平地震作用，在墙肢边缘处对剪力墙进行竖向加强带"边缘构件"（暗柱、端柱）的设置。边缘构件与墙身是一个共同工作的整体，属于同一个墙肢；为了抵抗竖向地震力，在楼层处对剪力墙进行水平加强带"墙梁"（连梁、暗梁、边框梁）的设置。剪力墙主要是抵抗水平地震作用，其主要受力筋就是水平分布筋，因此，剪力墙的保护层厚度是针对水平分布筋而言的；剪力墙中的"边缘构件"不是墙身的支座，而是与墙身一起共同工作的整体。所以剪力墙水平分布钢筋必须伸到边缘构件外侧纵筋的内侧收边 $15d$，而不是满足锚固长度的概念。

4. 剪力墙结构的布置

剪力墙结构的布置要满足以下几方面要求：

（1）剪力墙在平面上应沿结构的主轴方向双向或多向布置，宜使两个方向的刚度接近，避免结构某一方向刚度很大而另一方向刚度较小。

（2）剪力墙结构的平面形状力求简单、规则、对称，墙体布置力求均匀，使质量中心与刚度中心尽量接近。

（3）剪力墙墙体沿建筑物高度宜贯通对齐，上下不错层、不中断，墙厚度沿竖向宜逐渐减薄，尽量避免竖向刚度突变，在同一结构单元内宜避免错层及局部夹层。

（4）剪力墙墙肢截面宜简单、规则，内外墙应对直拉通。

（5）剪力墙的门窗洞口宜上下对齐、成列布置，以形成明显的墙肢和连梁，不宜采用错洞墙。洞口设置应避免墙肢刚度相差悬殊。墙段的高度与墙段长度之比不宜小于3，墙段长度不宜大于8m。

（6）当建筑使用功能要求有底层大空间时，可采用底层大空间剪力墙结构（即框支剪力墙），但必须保证一定数量的落地剪力墙：在矩形平面的建筑中，落地横向剪力墙的数量不能太少，非抗震设计时不宜少于全部横向剪力墙的30%，抗震设计时不宜少于全部横向剪力墙的50%。底层落地剪力墙和筒体应加厚，并可提高混凝土强度等级以补偿底层的刚度。落地剪力墙和筒体的洞口宜布置在墙体的中部。

（7）框支剪力墙结构中框支梁上方的一层墙体不宜在边端设门洞，且不得在中柱上方设门洞。落地剪力墙尽量少开门窗洞，若必须开洞时宜布置在墙体的中部。

8.1.2　剪力墙的分类及其受力特点

1. 剪力墙的分类

为了满足使用要求，常常需要在剪力墙上开门窗洞口。理论分析和试验表明，剪力墙的受力特点和变形形态主要取决于剪力墙上的开洞情况。洞口存在与否，洞口的大小和位置都将影响剪力墙的受力特性。

（1）按墙肢截面长度与宽度之比分类如图8-3所示。

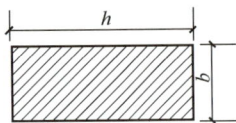

图 8-3　墙截面

$\dfrac{h}{b}$ <5：柱（一般宜不大于4）；

$\dfrac{h}{b}=5\sim8$：短肢剪力墙；

$\dfrac{h}{b}>8$：普通剪力墙。

注：异型柱形式——柱宽等于墙厚，如图 8-4 所示。

8-2

剪力墙的分类

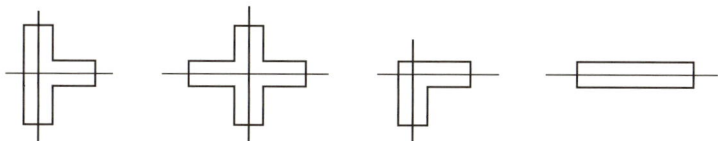

图 8-4 异型柱截面形式

（2）按墙面开洞情况分类

剪力墙结构中的墙体既承受竖向荷载，又承受水平荷载，其中承受平行于墙面的水平荷载是墙体的主要作用。剪力墙平面内的刚度很大，而平面外的刚度很小，为了保证剪力墙的侧向稳定，各层楼盖对它的支撑作用很重要。在水平荷载作用下，墙体如同一根底部嵌固于基础顶面的直立悬臂深梁，墙体属于压、弯、剪复合受力状态。

剪力墙结构的内力和位移与墙体开洞大小有关，根据墙体的开洞大小和截面应力的分布特点，可将剪力墙分为整截面剪力墙、整体小开口剪力墙、联肢剪力墙和壁式框架四类，如图 8-5 所示。

2. 剪力墙结构的受力特点

（1）整截面剪力墙结构

1）定义

当洞口面积小于整墙截面面积的 15％，且孔洞间距及洞口至墙边距离均大于洞口长边尺寸时，可以忽略洞口的影响，这种墙体称为整截面剪力墙，如图 8-6 所示。

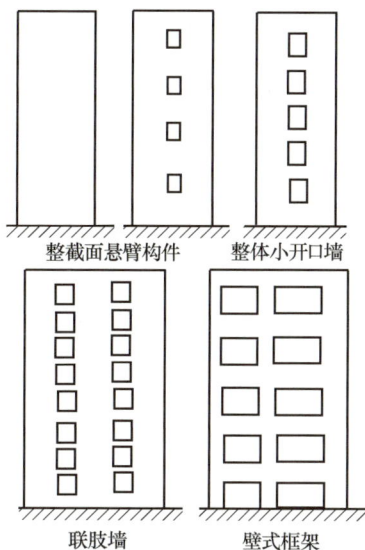

整截面悬臂构件　　整体小开口墙

联肢墙　　　　壁式框架

图 8-5 剪力墙结构的类型

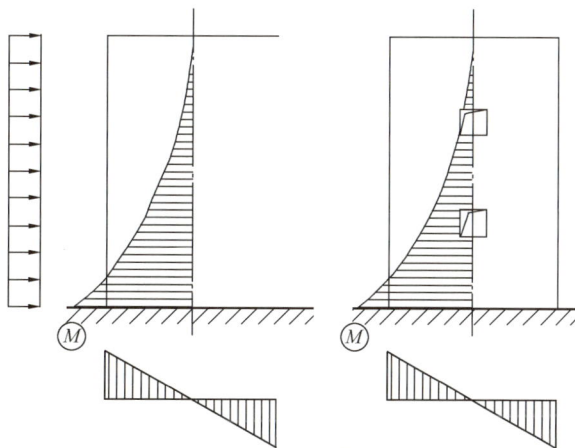

图 8-6 整截面剪力墙内力分析

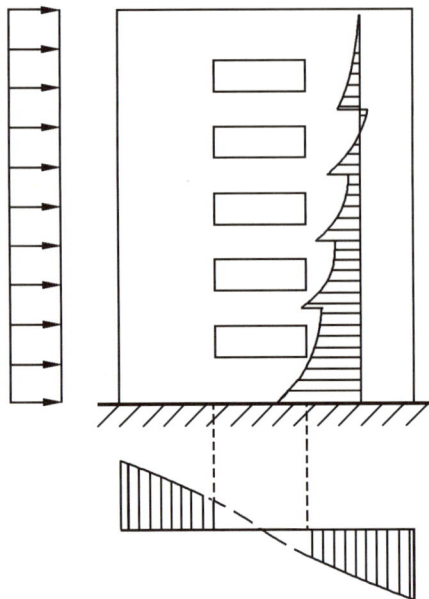

图 8-7　整体小开口剪力
墙结构内力分析

2）受力特点

如同一个整体的悬臂墙。在墙肢的整个高度上，弯矩图既不突变，也无反弯点，变形以弯曲型为主。

（2）整体小开口剪力墙结构

1）定义

开洞面积大于 16％但仍较小，或孔洞间净距、孔洞至墙边净距不大于孔洞长边尺寸的墙为整体小开口剪力墙，这时孔洞对墙的受力变形有一定影响，如图 8-7 所示。

2）受力特点

弯矩图在连系梁处发生突变，但在整个墙肢高度上没有或仅仅在个别楼层中才出现反弯点。整个剪力墙的变形仍以弯曲型为主。

（3）双肢及多肢剪力墙结构

1）定义

开洞较大、洞口成列布置的墙为双肢或多肢剪力墙，如图 8-8 所示。

2）受力特点：与整体小开口墙相似。

（4）壁式框架结构

1）定义

洞口尺寸大、连梁线刚度大于或接近墙肢线刚度的墙为壁式框架，如图 8-9 所示。

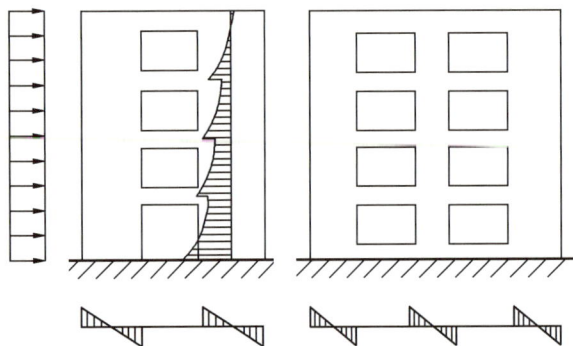

图 8-8　双肢及多肢剪力墙结构内力分析

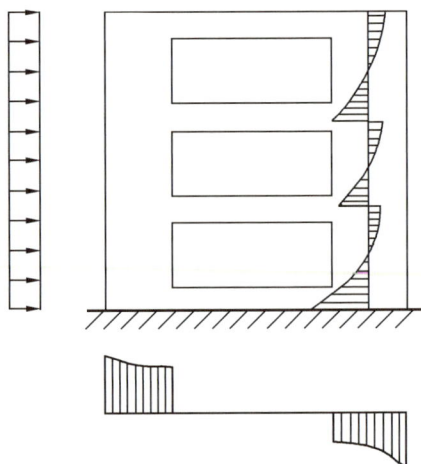

图 8-9　壁式框架结构内力分析

2）受力特点

柱的弯矩图在楼层处有突变，而且在大多数楼层中都出现反弯点。整个剪力墙的变形以剪切型为主，与框架的受力相似。

8.2　简述剪力墙结构设计

学习目标

(1) 确定剪力墙的厚度。

(2) 了解剪力墙在竖向荷载及水平荷载作用下的内力分析法。

(3) 非常熟练地解读剪力墙结构平法施工图。

8.2.1　基本假定

剪力墙结构体系是空间结构体系。对这种结构体系精确分析是十分复杂的。实际工程中，为了简化计算，剪力墙结构体系在水平荷载作用下的内力和位移计算通常采用下列两项基本假定：

1. 楼板在其自身平面内刚度无限大。楼板在其自身平面内刚度很大，可视作无限大；而在平面外，由于刚度很小，可忽略不计。

2. 各片剪力墙在自身平面内的刚度很大，而平面外的刚度很小，可忽略不计。这样在进行剪力墙结构分析时，可将纵向剪力墙与横向剪力墙分别考虑。在横向水平分力作用下，可只考虑横向作用而忽略纵墙作用，反之，在纵向水平分力作用下，可只考虑纵墙作用而忽略横墙。根据上述假定，可分别按照纵、横两个方向进行计算，从而将计算大为简化。

8.2.2　剪力墙有效翼缘宽度 b_f

实际上由于纵墙与横墙在其交接面上位移必须连续，因此，可以考虑把正交方向的墙作为翼缘部分参与工作，如图 8-10 所示。根据《混凝土结构设计规范（2015 年版）》GB 50010—2010 的规定，在承载力计算中，剪力墙的翼缘计算宽度可取剪力墙的间距、门窗洞间翼墙的宽度、剪力墙厚度加两侧各 6 倍翼墙厚度、剪力墙墙肢总高度的 1/10 四者中的最小值，见表 8-1。根据《高层建筑混凝土结构技术规程》JGJ 3—2010 的规定，剪力墙的翼墙长度小于翼墙厚度的 3 倍或端柱截面边长小于 2 倍墙厚时，按无翼墙、无端柱考虑。

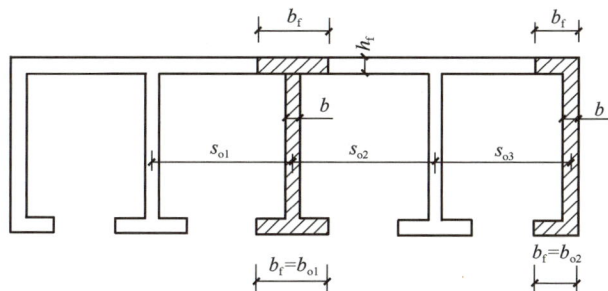

图 8-10　剪力墙翼缘

剪力墙有效翼缘宽度   表 8-1

考虑方式	截面形式	
	T 形或 I 形	L 形或 [形
按剪力墙间距 S_0 计算	$b + \dfrac{S_{01}}{2} + \dfrac{S_{02}}{2}$	$b + \dfrac{S_{03}}{2}$
按翼缘厚度 h_f 计算	$b + 12h_f$	$b + 6h_f$
按门窗洞口计算	b_{01}	b_{02}
按剪力墙总高度计算	$b + H/10$	$b + H/20$
	$0.15H$	$0.15H$

8.2.3　剪力墙的厚度

剪力墙厚度的大小与建筑物的层数、高度、荷载大小、抗侧刚度、截面承载力、平面外稳定、开裂、减轻自重、轴压比的要求及施工条件等因素有关，一般根据结构的刚度和承载力要求确定。对于有抗震设防要求的剪力墙，底部加强部位的厚度宜适当增大，剪力墙最小厚度的选用还需要保证墙体本身的稳定和施工方便。在工程设计时，根据经验及相关公式来确定剪力墙的厚度。

一、二级抗震等级的剪力墙厚度：底部加强部位不应小于 200mm，其他部位不应小于 160mm；一字形独立剪力墙底部加强部位不应小于 220mm，其他部位不应小于 180mm。

三、四级抗震等级的剪力墙厚度：不应小于 160mm，一字形独立剪力墙的底部加强部位尚不应小于 180mm。

非抗震设计时厚度不应小于 160mm。

在剪力墙井筒中，分隔电梯井或管道井的墙肢截面厚度可适当减小，但不宜小于 160mm。

工程中一般墙厚 $b_w \geqslant 160$ ，采用厚度为 200mm、220mm、250mm、300mm 等。

8.2.4　剪力墙在竖向荷载作用下的内力分析

竖向荷载通过楼板传送到墙，各片墙的竖向荷载可按照它的受荷面积计算。竖向荷载除了在连梁（门窗洞口上的梁）内产生弯矩外，在墙肢内主要是产生轴向力。可用比较简单的力法确定其内力。

如果楼板中有大梁，传到墙上的集中荷载可按 45° 扩散角向下扩散到整个墙截面。所以，除了考虑大梁下的局部承压外，可按分布荷载计算集中力对墙面的影响，如图 8-11 所示。当纵墙和横墙是整体联结时，一个方向墙上的荷载可以向另一个方向墙扩散。因此，在楼板以下一定距离以外，可以认为竖向荷载在两方向墙内均匀分布。

8-3

剪力墙结构
设计

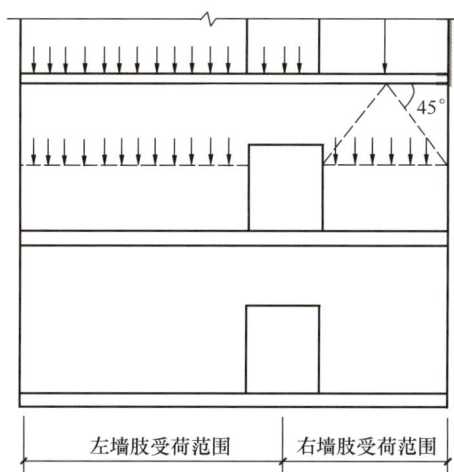

图 8-11 竖向荷载分布

8.2.5 剪力墙在水平荷载作用下的内力分析

在水平荷载作用下，剪力墙处于二维应力状态。剪力墙随着类型的不同其计算方法与计算简图的选取也不同。

1. 材料力学分析法

此分析法适用于整截面剪力墙或小开口整体剪力墙。对于整体墙，为方便计算，仍采用材料力学中有关公式进行计算并进行局部弯曲修正。一般可将总力矩的 85% 按材料力学方法计算墙肢弯矩和轴力，将总力矩的 15% 按墙肢的刚度进行分配。

2. 连续化方法

此方法适用于联肢剪力墙（双肢剪力墙或多肢剪力墙）。将结构进行某些简化，进而得到比较简单的解析法。计算双肢墙和多肢墙的连续连杆法就属于这一类。此方法是将每一楼层的连梁假想为在层高内均布的一系列连续连杆（图 8-12），由连杆的位移协调条件建立墙的内力微分方程，从中求解出内力。

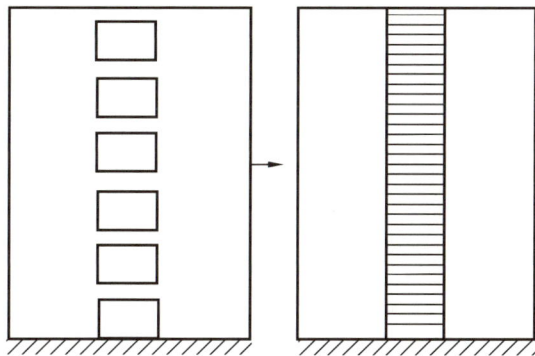

图 8-12 连续连杆法计算简图

3. 壁式框架分析法

此分析法适用于壁式框架。此法是将开有较大洞口的剪力墙视为带刚域的框架（图 8-13），用 D 值法进行求解，也可以用杆件有限元和矩阵位移法借助计算机进行求解。

4. 有限元法和有限条法

有限元法是剪力墙应力分析中一种比较精确的方法，而且对各种复杂几何形状的墙体都适用，如图 8-14 所示。

它是将剪力墙结构进行等效连续化处理后，取条带进行计算。

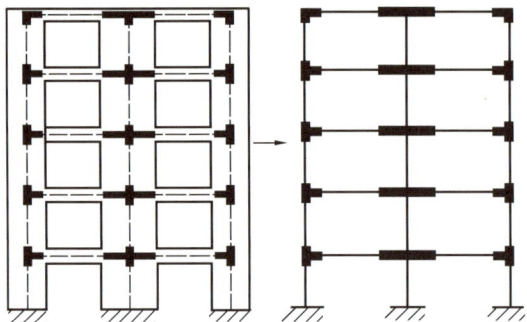

图 8-13　壁式框架分析法计算简图

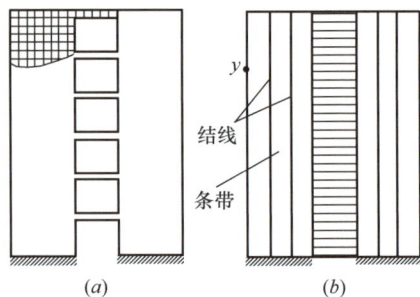

图 8-14　有限元和有限条计算简图
（*a*）有限单元；（*b*）有限条带

8.2.6　剪力墙结构平法施工图识读

1. 断面注写方式

（1）剪力墙由剪力墙柱、剪力墙身、剪力墙梁三类构件组成。断面注写方式，是在标准层绘制的剪力墙平面布置图上，以直接在墙柱、墙身、墙梁上注写断面尺寸和配筋具体数值的方式来表达剪力墙平面整体配筋，如图 8-15 所示。

（2）选用适当比例原位放大绘制剪力墙平面布置图，其中对墙柱绘制配筋断面图；对所有墙柱、墙身、墙梁按表 8-2 规定分别进行编号，并分别在相同编号的墙柱、墙身、墙梁选择一根墙柱、一道墙身、一根墙梁进行注写，其注写方式按下列规定进行：

1）从相同编号的墙柱中选择一个断面，标注全部纵筋及箍筋的具体数值（表达出箍筋复合的具体方式以及钢筋种类、直径、间距）。

2）从相同的墙身中选一道墙身，按顺序引注墙编号（应包括注写在括号内墙身双向分布筋的排数）、墙身厚度、水平分布筋、竖向分布筋和拉筋的具体数值（图 8-15）。

3）从相同编号的墙梁中选一根墙梁，按顺序引注的内容为：

① 当连梁无斜向交叉暗撑时，注写：墙梁编号、墙梁截面尺寸 $b \times h$、墙梁箍筋、上部纵筋、下部纵筋和墙梁顶面标高高差的具体数值。即相对于墙梁所在结构层楼面标高的高差值，高于者为正值，反之为负值，无高差时不注。

② 当连梁设有斜向交叉暗撑时，还要以 JC 打头附加注写一根暗撑的全部纵筋。并标注×2，表明有两根暗撑相互交叉，以及箍筋的具体数值（用斜线分隔箍筋加密与非加密

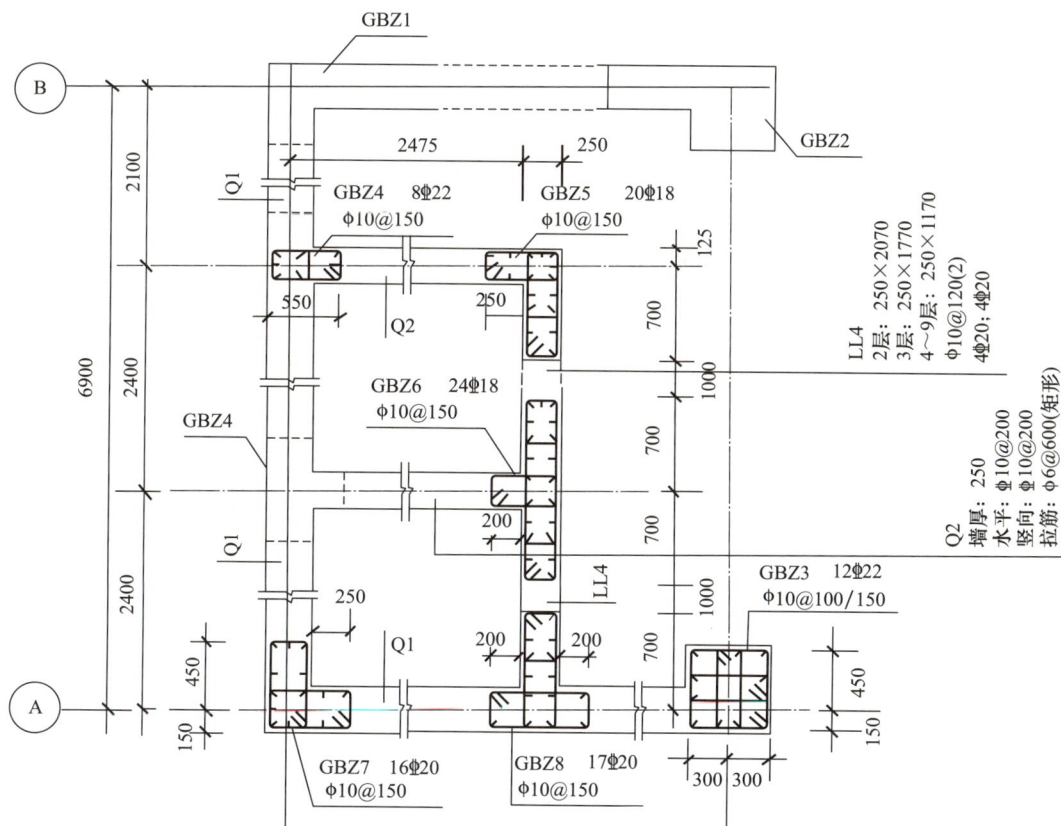

图 8-15　剪力墙平法施工图截面注写方式

剪力墙构件编号 表 8-2

墙柱	约束边缘构件	YBZ	××
	构造边缘构件	GBZ	××
	非边缘暗柱	AZ	××
	扶壁柱	FBZ	××
墙身	墙身	Q	××(×排)
墙梁	连梁	LL	××
	连梁(对角暗撑配筋)	LL(JC)	××
	连梁(交叉斜筋配筋)	LL(J×)	××
	连梁(集中对角斜筋配筋)	LL(D×)	××
	连梁(跨高比不小于5)	LLk	××
	暗梁	AL	××
	边框梁	BKL	××

区的不同间距），交叉暗撑断面尺寸按标准构造详图施工时可不注。

③ 当连梁设有斜向交叉钢筋时，还要以 JG 打头附加注写一道斜向钢筋的配筋值，并标注×2，表示共两道斜向交叉钢筋。

④ 当墙身水平分布钢筋不能满足剪力墙梁的梁侧面纵向构造钢筋的要求时，应补充注明梁侧面纵筋的具体数值，注写时以大写字母 G 打头，紧跟注写一侧的直径与间距，两侧面对称配置。

2. 列表注写方式

（1）列表注写方式，是对应于剪力墙平面布置图上的编号，分别在剪力墙柱表、剪力墙身表和剪力墙梁表中，用绘制断面配筋图并注写几何尺寸与配筋具体数值的方式，来表达剪力墙平面整体配筋，如图 8-16 所示。

（2）剪力墙柱、剪力墙身和剪力墙梁的编号按表 8-2 的规定进行。

（3）剪力墙柱表中应表达的内容为：

1）注写墙柱编号和绘制墙柱的断面配筋图，并标注几何尺寸。几何尺寸注写要求同断面注写方式。

2）注写各段墙起止标高。自墙柱根部往上以变断面位置或断面未变但配筋改变处为界分段注写。根部标高指基础顶面标高（如为框支剪力墙结构则指框支梁顶面标高）。

3）注写各段墙柱纵向钢筋和箍筋，注写值应与在表中绘制的断面配筋图对应一致。纵向钢筋注写总配筋值，箍筋的注写方式同框架柱。对于约束边缘各墙柱 YDZ、YAZ、YYZ、YJZ，应注写本单元图 8-17 中的阴影部位内的箍筋与非阴影区布置的拉筋（或箍筋），所有墙柱的搭接做法同前所述。

（4）剪力墙身表中应表达的内容为：

1）注写剪力墙身编号（含水平与竖向分布筋的排数，注写在括号内）。

2）注写各段墙身起止标高，从墙身根部往上以变断面位置或断面未变但配筋改变处为界注写。根部标高规定同墙柱。

3）注写水平分布筋、竖向分布筋和拉筋的钢筋种类、直径与间距。所注写的数值指一排水平分布和竖向分布筋的规格与间距。

（5）剪力墙梁表中应表达的内容为：

1）注写墙梁的编号。

2）注写墙梁所在的楼层号。

3）注写墙梁顶面标高的高差（标注方法同一般楼面梁）。

4）注写墙梁断面尺寸 $b \times h$，上部纵筋、下部纵筋、箍筋的具体数值。

5）当连梁设有斜向交错暗撑 LL（JC）或斜向交叉钢筋 LL（JG）时，注写一根暗撑或斜向交叉钢筋的配筋总数，并标注 ×2。

6）墙梁侧面纵筋的注写方法同断面注写方式。

3. 剪力墙洞口的表示方法

（1）无论采用列表注写方式还是断面注写方式，剪力墙上洞口位置均在剪力墙体布置图上原位表达（采用加阴影线表示）。

（2）洞口的表示方法为：

1）在剪力墙平面图上绘制洞口示意，并标注洞口中心的平面定位尺寸。

2）在洞口中心位置引注：洞口编号（矩形洞口为 JD××；圆形洞口为 YD××，××表示序号）。

剪 力 墙 梁 表						
编号	所在楼层号	相对标高差	梁截面 $b×h$	上部纵筋	下部纵筋	箍筋
LL1	2-9	0.800	300×2000	4Φ22	4Φ22	Φ8@100(2)
	10 15	0.800	250×2000	4Φ20	4Φ20	Φ8@100(2)
	1		250×1200	4Φ20	4Φ20	Φ8@100(2)
LL2	3	−1.200	300×2520	4Φ22	4Φ22	Φ8@150(2)
	4	−0.900	300×2070	4Φ22	4Φ22	Φ8@150(2)
	5-9	−0.900	300×1770	4Φ22	4Φ22	Φ8@150(2)
	10-15	−0.900	250×1770	4Φ22	4Φ22	Φ8@150(2)
LL3	2		300×2070	4Φ22	4Φ22	Φ8@100(2)
	3		300×1770	4Φ22	4Φ22	Φ8@100(2)
	4-9		300×1770	4Φ22	4Φ22	Φ8@100(2)
	10-5		250×1170	3Φ22	3Φ22	Φ8@100(2)
AL1	2-9		300×450	3Φ20	3Φ12	Φ8@150(2)
	10-15		250×450	3Φ18	3Φ18	Φ8@150(2)
BKL1	1		500×750	4Φ22	4Φ22	Φ8@150(2)

剪 力 墙 身 表					
编号	标 高	墙厚	水平分布筋	垂直分布筋	拉筋
Q1	−0.030~30.270	300	Φ12@250	Φ12@250	Φ6@500
	30.270~55.470	250	Φ10@250	Φ10@250	Φ6@500

−0.030~55.470 剪力墙平法施工图
注：剪力墙柱见图(b)

暗梁、边框梁布置简图

（a）

屋面	55.470	3.300
15	51.870	3.600
14	48.270	3.600
13	44.670	3.600
12	41.070	3.600
11	37.470	3.600
10	34.870	3.600
9	30.270	3.600
8	26.670	3.600
7	23.070	3.600
6	19.470	3.600
5	15.870	3.600
4	12.270	3.600
3	8.670	3.600
2	4.470	4.200
1	−0.030	4.500
−1	−4.530	4.500
−2	−9.030	4.500
层号	层高(m)	标高(m)

结构层墙面标高
结构层高

剪力墙柱表			
截面			
编号	GDZ1	GDZ2	GJZ1
标高	4.470~30.270 (30.270~55.470)	4.470~55.470 / 55.470~58.770	4.470~30.270 (30.270~55.470)
纵筋	29Φ22	20Φ22 / 12Φ20	24Φ20(24Φ18)
箍筋	Φ10@100/200(2) (Φ10@100/200)	Φ8@100/200 / Φ8@100/200	Φ8@150 Φ8@150

4.470~58.770 剪力墙平法施工图（部分剪力墙柱表）

（b）

图 8-16 剪力墙平法施工图（部分剪力墙柱表）

3）洞口几何尺寸，矩形为洞口宽 b×洞高 h，圆形洞口为圆口直径 D。

4）洞口中心相对标高，洞口中心比楼（地）面结构标高高时为正值，反之为负值。

5）洞口边的补强钢筋。

8.3　剪力墙结构的构造要求

8.3.1　剪力墙结构的混凝土强度等级

　　为了保证剪力墙的承载能力、变形能力和耐久性，剪力墙混凝土的强度等级不宜太低。剪力墙结构的混凝土强度等级不应低于 C20，筒体结构的核心筒和内筒的混凝土强度等级不低于 C30。但剪力墙的混凝土等级不宜超过 C60。

8.3.2　轴压比限值

　　钢筋混凝土剪力墙的高度较大，竖向荷载也较大，作用在剪力墙上的轴压力也随之加大。当偏心受压剪力墙所受轴力较大时，压区高度增大，与偏心受压的钢筋混凝土柱类似，延性就会降低，对抗震性能不利。因此，与钢筋混凝土框架柱类似，地震作用下剪力墙具有良好的延性，就需要限制剪力墙轴压比的大小。

　　截面受压区高度不仅与轴压比有关，而且还与截面的形状有关。在相同的轴压力作用下，带翼缘的剪力墙延性较好，一字形截面剪力墙最为不利，上述规定没有区分工字形、T 形和一字形截面，因此，设计时对一字形截面剪力墙墙肢的轴压比应从严掌握。

　　墙肢的轴压比是指重力荷载代表值作用下墙肢承受的轴压力设计值（N）与墙肢的全截面面积（A_w）和混凝土抗压强度设计值（f_c）乘积之比值。它是影响剪力墙在地震作用下塑性变形能力的重要因素，相同条件的剪力墙，轴压比低的，其延性大；轴压比高的，其延性小。因而规定了轴压比的限值，见表 8-3。

表 8-3

剪力墙轴压比限值

抗震等级（设防烈度）	一级（9 度）	一级（7、8 度）	二级、三级
轴压比限值	0.4	0.5	0.6

8.3.3　边缘构件的设计

　　剪力墙两端和洞口两侧设置的暗柱、端柱、翼墙柱等称之为剪力墙边缘构件。边缘构件可分为约束边缘构件与构造边缘构件。

约束边缘构件的设置部位是指一、二级抗震等级设计的剪力墙底部加强部位及相邻的上一层墙肢端部。什么是"底部加强部位"？其高度应从地下室顶板算起，取底部两层和墙体总高度的 $\dfrac{1}{10}$ 二者的较大值，即"底部加强部位"的第一层和第二层（甚至第三层）的墙肢端部采用约束边缘构件，而以上楼层采用构造边缘构件。

构造边缘构件的设置部位是指一、二级抗震等级设计剪力墙的其他部位以及按三、四级抗震等级设计和非抗震设计的剪力墙墙肢端部。

对于一、二、三级抗震等级的剪力墙，在重力荷载代表值作用下，当墙肢底截面轴压比不大于表 8-4 的规定时，可按规定设置构造边缘构件。

剪力墙设置构造边缘构件的最大轴压比　　　　　　　　　　表 8-4

抗震等级（设防烈度）	一级（9 度）	一级（7、8 度）	二级、三级
轴压比	0.1	0.2	0.3

对延性要求比较高的剪力墙，在可能出现塑性铰的部位应设置约束边缘构件，其他部位可设置构造边缘构件。约束边缘构件的截面尺寸及配筋都比构造边缘构件要求高，其长度及箍筋配置量都需要满足计算和构造要求。

1. 约束边缘构件

对于一、二、三级抗震等级的剪力墙，在重力荷载代表值作用下，当墙肢底截面轴压比大于表 8-4 的规定时，其底部加强部位及其上一层墙肢应按下列规定来设置约束边缘构件。

约束边缘构件沿墙肢的长度 l_c 及配箍特征值 λ_v 宜满足表 8-5 的要求，箍筋的配置范围及相应的配箍特征值 λ_v 和 $\lambda_c/2$ 的区域如图 8-17 所示。

约束边缘构件设计的主要措施是加大边缘构件的墙肢长度 l_c 及其体积配箍率 ρ_v，体积配箍率 ρ_v 由配箍特征值 λ_v 计算，其体积配箍率 ρ_v 应符合式（8-1）的要求。约束边缘构件沿墙肢方向的长度 l_c 和箍筋配箍特征值 λ_v 宜符合表 8-5 的要求。

8-4

边缘构件

$$\rho_v \geqslant \lambda_v \frac{f_c}{f_{yv}} \qquad (8-1)$$

式中　ρ_v——箍筋的体积配箍率。可以计入箍筋、拉筋以及符合构造要求的水平分布筋，计入的水平分布筋的体积配箍率不应大于总体积配箍率的 30％；

　　　λ_v——约束边缘构件配箍特征值；

　　　f_c——混凝土轴心抗压强度设计值，混凝土强度等级低于 C35 时，应取 C35 的混凝土轴心抗压强度设计值；

　　　f_{yv}——箍筋、拉筋或水平分布筋的抗拉强度设计值。

剪力墙约束边缘构件阴影部分的竖向钢筋除应满足正截面受压（受拉）承载力计算要求外，其配筋率应满足表 8-6 的要求。

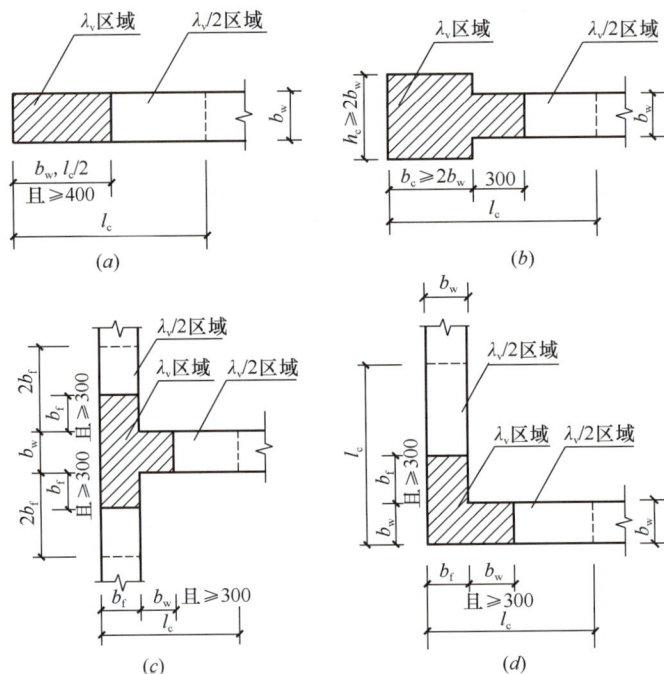

图 8-17　剪力墙的约束边缘构件标准类

（a）约束边缘暗柱；（b）约束边缘端柱；（c）约束边缘翼墙；（d）约束边缘转角墙

约束边缘构件沿墙肢的长度 l_c 及其配箍特征值 λ_v 　　　　　　表 8-5

抗震等级（设防烈度）		一级（9 度）		一级（7、8 度）		二级、三级	
重力荷载代表值作用下的轴压比		≤0.2	>0.2	≤0.3	>0.3	≤0.4	>0.4
λ_v		0.12	0.20	0.12	0.20	0.12	0.20
l_c (mm)	暗柱	$0.20h_w$	$0.25h_w$	$0.15h_w$	$0.20h_w$	$0.15h_w$	$0.20h_w$
	端柱、翼墙或转角墙	$0.15h_w$	$0.20h_w$	$0.10h_w$	$0.15h_w$	$0.10h_w$	$0.15h_w$

注：1. 当两侧翼墙的长度小于其厚度的 3 倍时，可视为无翼墙的剪力墙；当端柱截面边长小于墙厚 2 倍时，可以视为无端柱的剪力墙。

2. 约束边缘构件沿墙肢长度 l_c 除满足表 8-5 的要求外，且不宜小于墙厚和 400mm；当有端柱、翼墙或转角墙时，尚不应小于翼墙厚度或端柱沿墙肢方向截面高度加 300mm。

3. 约束边缘构件的箍筋或拉筋沿竖向的间距，对一级抗震等级不宜大 100mm，对二、三级抗震等级不宜大于 150mm；箍筋、拉筋沿水平方向的肢距不宜大于 300mm，不应大于竖向钢筋间距的 2 倍。

4. h_w 为剪力墙的墙肢截面高度。

5. 体积配箍率计算可适当计入满足构造要求且在墙端有可靠锚固的水平分布钢筋的截面面积。

约束边缘构件阴影区的配筋率 　　　　　　表 8-6

抗震等级	一级	二级	三级
最小配筋率	1.2% 且不少于 8φ16	1.0% 且不少于 6φ16	1.0% 且不少于 6φ14

约束边缘构件中的纵向钢筋宜采用 HRB400 级或 HRB335 级钢筋。

约束边缘构件的构造如图 8-18 所示。

2. 构造边缘构件

剪力墙端部设置的构造边缘构件（暗柱、端柱、翼墙和转角墙）的范围，应按图 8-19 所示的确定，构造边缘构件的纵向钢筋除应满足正截面受压（受拉）承载力的计算要求外，还应符合表 8-7 的要求。

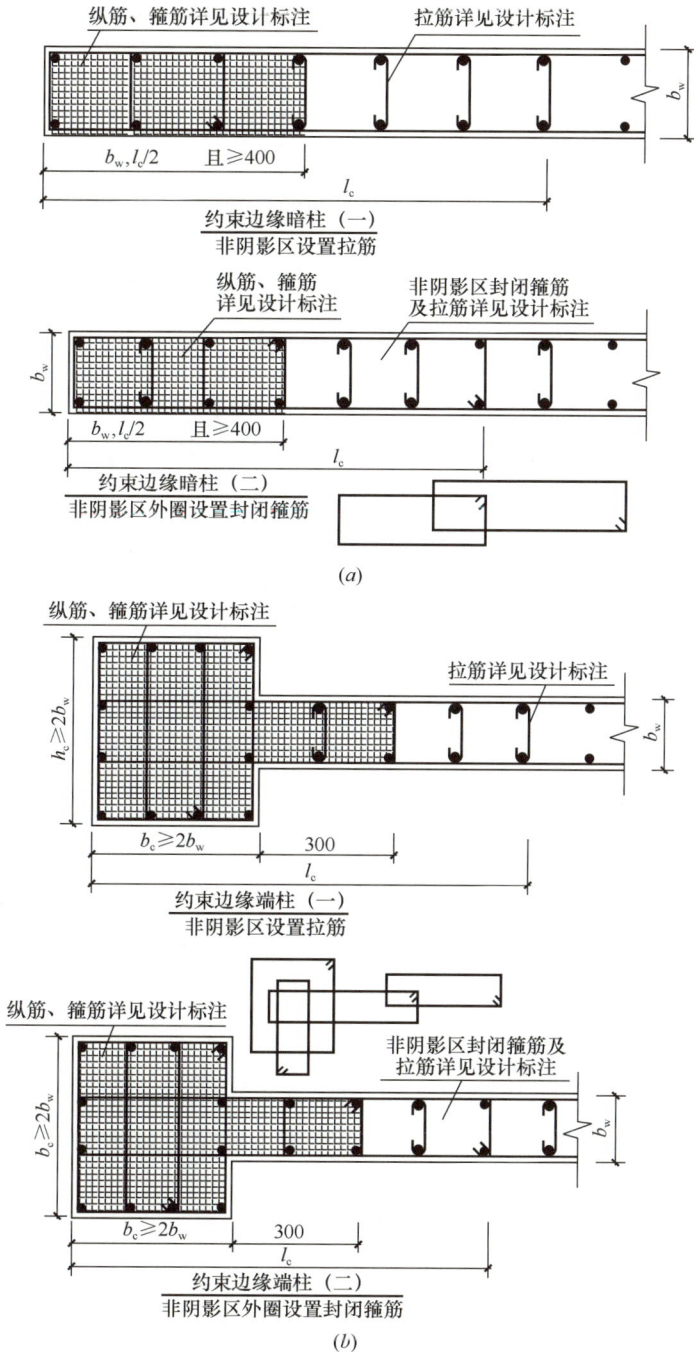

图 8-18　约束边缘构件的构造（一）

（a）约束边缘暗柱的构造；（b）约束边缘端柱的构造

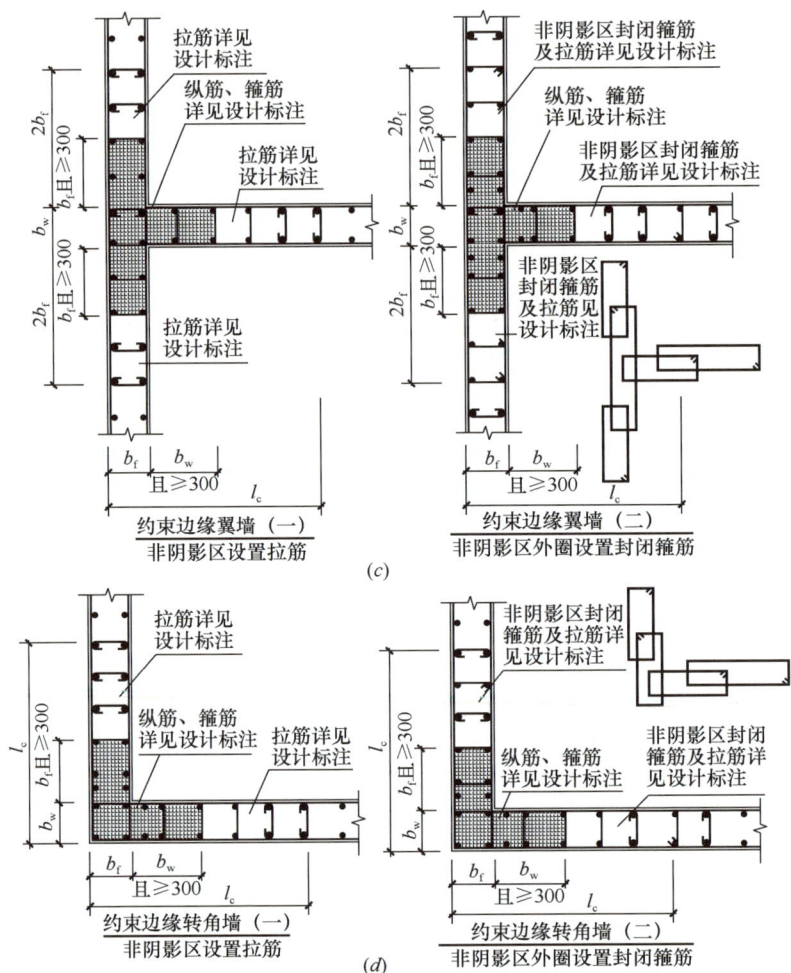

约束边缘翼墙（一）
非阴影区设置拉筋

(c)

约束边缘翼墙（二）
非阴影区外圈设置封闭箍筋

约束边缘转角墙（一）
非阴影区设置拉筋

(d)

约束边缘转角墙（二）
非阴影区外圈设置封闭箍筋

图 8-18　约束边缘构件的构造（二）

（c）约束边缘翼墙的构造；（d）约束边缘转角墙的构造

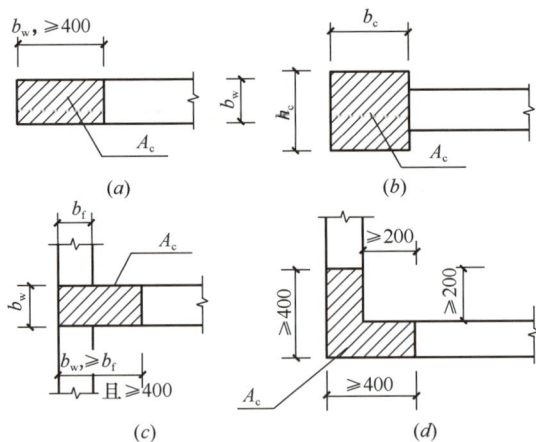

图 8-19　剪力墙的构造边缘构件

（a）构造边缘暗柱；（b）构造边缘端柱；（c）构造边缘翼墙；（d）构造边缘转角墙

剪力墙构造边缘构件的构造配筋要求　　　　表 8-7

抗震等级	底部加强部位			其他部位		
	纵向钢筋最小配筋量（取较大值）	箍筋、拉筋		纵向钢筋最小配筋量（取较大值）	箍筋、拉筋	
		最小直径（mm）	最大间距（mm）		最小直径（mm）	最大间距（mm）
一	$0.010A_c$,6 ϕ 16	8	100	$0.008A_c$,6 ϕ 14	8	150
二	$0.008A_c$,6 ϕ 14	8	150	$0.006A_c$,6 ϕ 12	8	200
三	$0.006A_c$,6 ϕ 12	6	150	$0.005A_c$,4 ϕ 12	6	200
四	$0.005A_c$,4 ϕ 12	6	200	$0.004A_c$,4 ϕ 12	6	250

注：1. A_c 为图 8-18 中所示的阴影面积。

2. 对其他部位，拉筋的水平间距不应大于纵向钢筋间距的 2 倍，转角处宜设置箍筋。

3. 当端柱承受集中荷载时，应满足框架柱的配筋要求。

构造边缘构件中的纵向钢筋宜采用 HRB400 级或 HRB335 级钢筋。

3. 约束边缘构件和构造边缘构件的特点

（1）从它们的构造可以看到，约束边缘构件要比构造边缘构件"强"一些，因而在抗震作用上也强一些，所以，约束边缘构件应用在抗震等级较高的建筑，有时候，底部的楼层（如第一层和第二层）采用约束边缘构件，而以上的楼层采用构造边缘构件。

（2）约束边缘构件是由 λ_v 区域和 $\lambda_v/2$ 区域组成，λ_v 区域的钢筋构造就是大箍套小箍，$\lambda_v/2$ 区域的钢筋构造就是加密拉筋，每个竖向分布筋都设置拉筋。

（3）剪力墙约束边缘构件纵向钢筋连接的构造如图 8-20 所示。

此构造适用于约束边缘构件阴影部分和构造边缘构件的纵向钢筋。

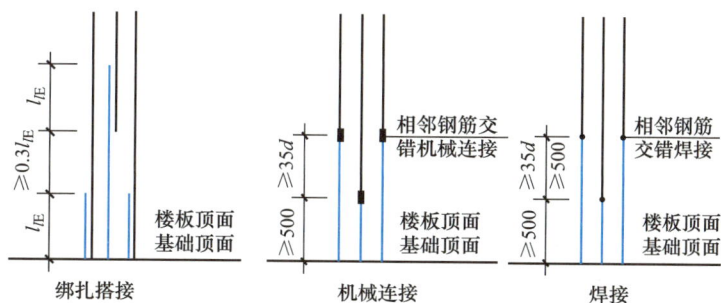

图 8-20　剪力墙边缘构件纵向钢筋连接的构造

8.3.4　剪力墙的抗震构造措施

8-5

剪力墙的构造要求

1. 剪力墙保护层厚度

从抵抗水平地震力出发设计的剪力墙，其主要受力钢筋就是水平分布筋。我们讲述梁、柱保护层时说过，保护层是针对梁、柱的主要受力钢筋（即梁、柱纵筋）而言的，现在，剪力墙的保护层是针对水平分布筋而言。工程中剪力墙保护层厚度一般取 20～35mm，地下室常取 30～35mm，其他部位常取20～25mm。

2. 剪力墙钢筋布置

剪力墙的墙身就是一道钢筋混凝土墙，常见的厚度在 200mm 以上，一般配置两排钢筋网。当然，更厚的墙也可能配置三排以上的钢筋网。

剪力墙墙身的钢筋网设置水平分布筋和竖向分布筋，布置钢筋时，把水平分布筋放在外侧，竖向分布筋放在水平分布筋的内侧。剪力墙墙身采用拉筋把外侧的钢筋网和内侧的钢筋网连接起来。如果剪力墙墙身设置三排或更多排钢筋网时，拉筋还要把中间排的钢筋网固定起来。剪力墙的各排钢筋网的钢筋直径和间距是一致的，这也为拉筋的连接创造了条件，剪力墙墙身分布钢筋的配筋方式如图 8-21 所示。

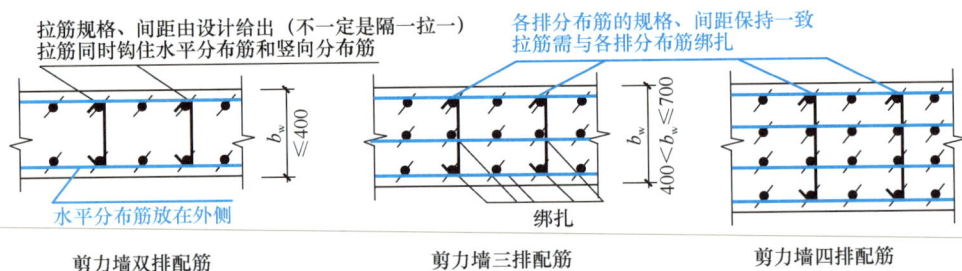

图 8-21　剪力墙墙身分布钢筋的配筋方式

3. 剪力墙水平分布筋的构造

（1）端部无暗柱时剪力墙水平分布筋的构造

剪力墙水平分布筋是剪力墙墙身的主筋，水平分布筋除了抗拉以外，很重要的一个作用就是抗剪，理解剪力墙水平分布筋抗剪作用十分重要，所以，剪力墙水平分布筋必须伸到墙肢的尽端才能真正起到抗剪作用，如图 8-22 所示。

8-6
墙身钢筋

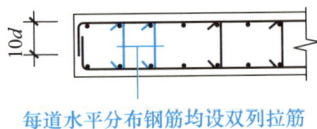

图 8-22　端部无暗柱时剪力墙水平分布筋的构造

（2）端部有暗柱时剪力墙水平分布筋的构造

为了加强墙肢抵抗水平地震作用的能力，需要在墙肢边缘处对剪力墙墙身进行加强，即在墙肢边缘设置"边缘构件"（暗柱或端柱），暗柱或端柱不是墙身的支座，而是与墙身共同工作的一个整体，属于同一个墙肢，所以说，剪力墙水平分布筋要从暗柱纵筋的外侧插入暗柱，伸到暗柱外侧纵筋的内侧加内收边 $10d$，而不是只伸入暗柱一个锚固长度。暗柱虽然有箍筋，但是暗柱的箍筋不能承担剪力墙墙身的抗剪功能，如图 8-23 所示。

剪力墙水平分布筋在暗柱的外侧与暗柱的箍筋平行，而且与暗柱箍筋处于同一垂直层面，即在暗柱箍筋之间插空通过暗柱。剪力墙水平分布筋配置按墙肢长度考虑，不扣住暗

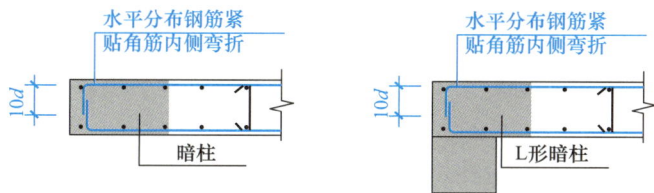

图 8-23　端部有暗柱时剪力墙水平分布筋的构造

柱长度。"剪力墙墙肢"就是一个剪力墙的整个直段，其长度算至墙外皮（包括暗柱）。

（3）剪力墙水平分布筋搭接构造

剪力墙水平分布筋的搭接长度≥$1.2l_{aE}$（$1.2l_a$），沿高度每隔一根错开搭接，相邻两个搭接区之间错开的净距离≥500mm，如图 8-24 所示。

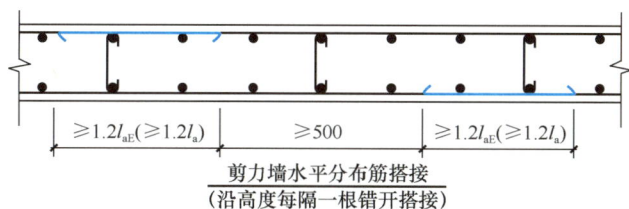

图 8-24　剪力墙水平分布筋搭接构造

（4）剪力墙外侧水平分布筋连续通过转角的构造—转角墙（一）

剪力墙的外侧水平分布筋从暗柱纵筋的外侧通过暗柱，绕出暗柱的另一侧以后同另一侧的水平分布筋搭接≥$1.2l_{aE}$（$1.2l_a$），上下相邻两排水平分布筋交错搭接，错开距离≥500mm，如图 8-25 所示。对于剪力墙水平分布筋在转角墙处的连接，有两种需注意：第一种情况是：当剪力墙转角墙两侧的水平分布筋直径不同时，要转到直径较小的一侧搭接，以保证直径较大一侧的水平分布筋抗剪能力不减弱；第二种情况是：当剪力墙转角墙的另外一侧不是墙身而是连梁的时候，墙身的外侧水平分布筋不能拐到连梁外侧搭接，而应该把连梁的外侧水平分布筋拐过转角墙，与墙身的水平分布筋进行搭接。

8-7

地下室剪力墙钢筋

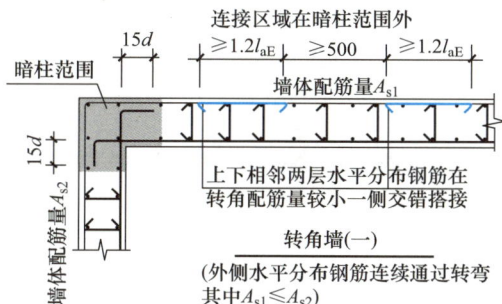

图 8-25　剪力墙外侧水平分布筋连续通过转角构造

剪力墙的内侧水平分布筋伸至转角墙对边纵筋内侧后加外收边 $15d$。

当剪力墙为三排、四排配筋时，中间各排水平分布筋构造同剪力墙内侧钢筋。

（5）剪力墙水平分布筋连接区域在暗柱范围外的构造如图 8-26 所示。

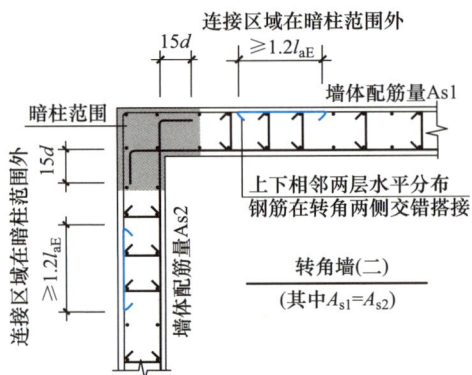

图 8-26　连接区域在暗柱范围外的构造

（6）剪力墙外侧水平分布筋在转角处搭接构造如图 8-27 所示。

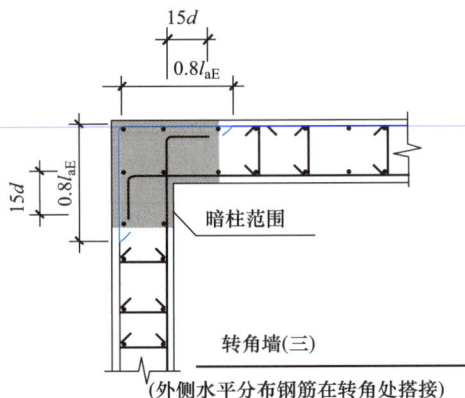

图 8-27　剪力墙水平分布筋在转角处搭接构造

（7）剪力墙水平分布筋在翼墙暗柱范围内的构造

端墙两侧的水平分布筋伸至翼墙对边，顶着暗柱外侧纵筋的内侧加外收边 $15d$，如图 8-28 所示。

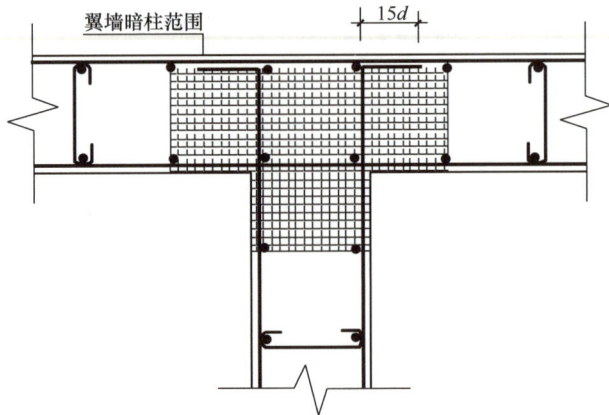

图 8-28　剪力墙水平分布筋在翼墙暗柱范围内的构造

（8）剪力墙水平分布筋与端柱的锚固构造

当剪力墙水平分布筋伸入端柱的直锚长度$\geq l_{aE}$（l_a）时，可不必上下弯折，但必须伸至端柱对边竖向钢筋内侧位置。其他情况，剪力墙水平分布筋必须伸至端柱对边竖向钢筋内侧位置，且直锚长度$\geq 0.6l_{aE}$（l_a），然后弯折收边$15d$，如图 8-29 所示。

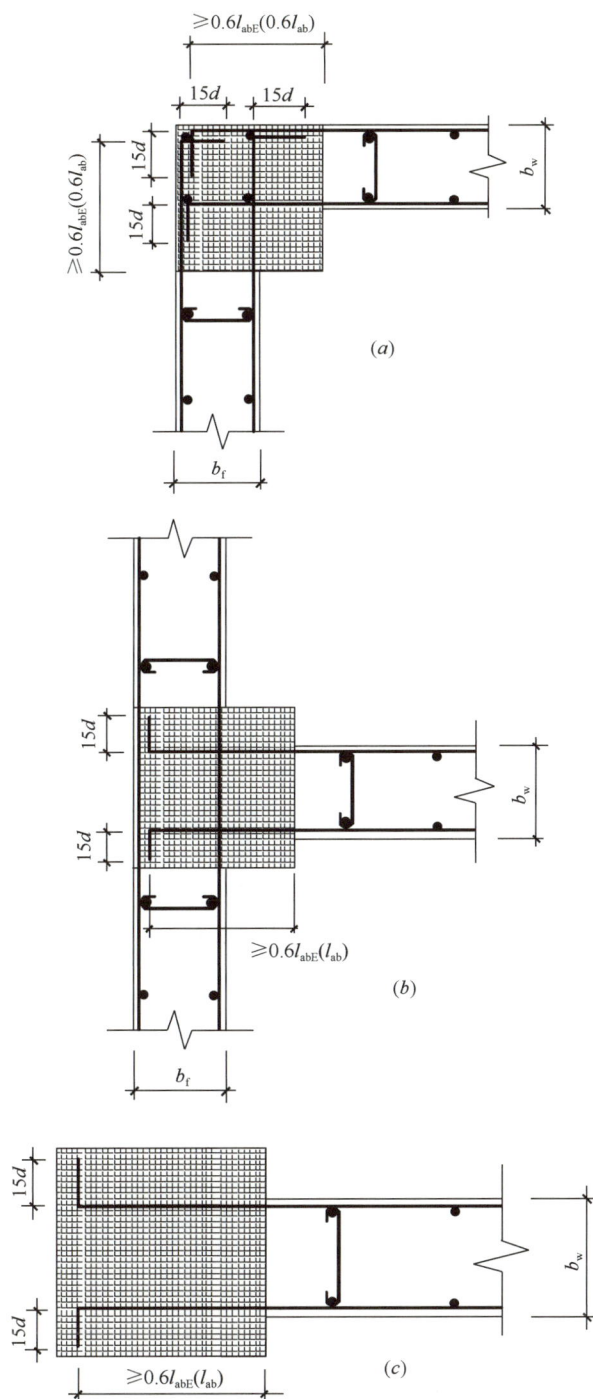

图 8-29　剪力墙水平分布筋与端柱的锚固构造

（9）当剪力墙水平方向厚度不同时水平分布筋的构造要求如图 8-30 所示。

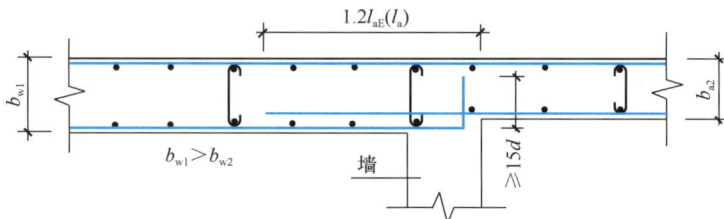

图 8-30　剪力墙水平方向厚度不同时水平分布筋的构造

4. 剪力墙中竖向分布筋的构造

在地震作用下，剪力墙墙身竖向分布筋承受拉弯作用，不抗剪，一般剪力墙墙身中的竖向分布筋按构造设置。

剪力墙中的竖向分布筋与暗柱的关系是：由于暗柱本身已经设置了竖向钢筋（暗柱的纵筋），所以在暗柱的内部不需要再布置墙身的竖向分布筋，剪力墙墙身竖向分布筋在暗柱之外进行布置，第一根竖向分布筋距暗柱主筋中心 1/2 竖向分布筋间距的位置绑扎。剪力墙竖向分布筋和暗柱纵筋要求"坐底"，即插筋伸至基础梁底部，支在梁底部纵筋上。

剪力墙竖向分布筋与楼层的关系是：如果当前层是中间楼层，则剪力墙竖向分布筋穿越楼层直伸入上一层；如果当前层是顶层，则剪力墙竖向分布筋应该穿越顶层锚入现浇板内（或锚入边框梁），如图 8-32 所示。

（1）剪力墙竖向分布筋在楼层处的连接构造如图 8-31 所示。

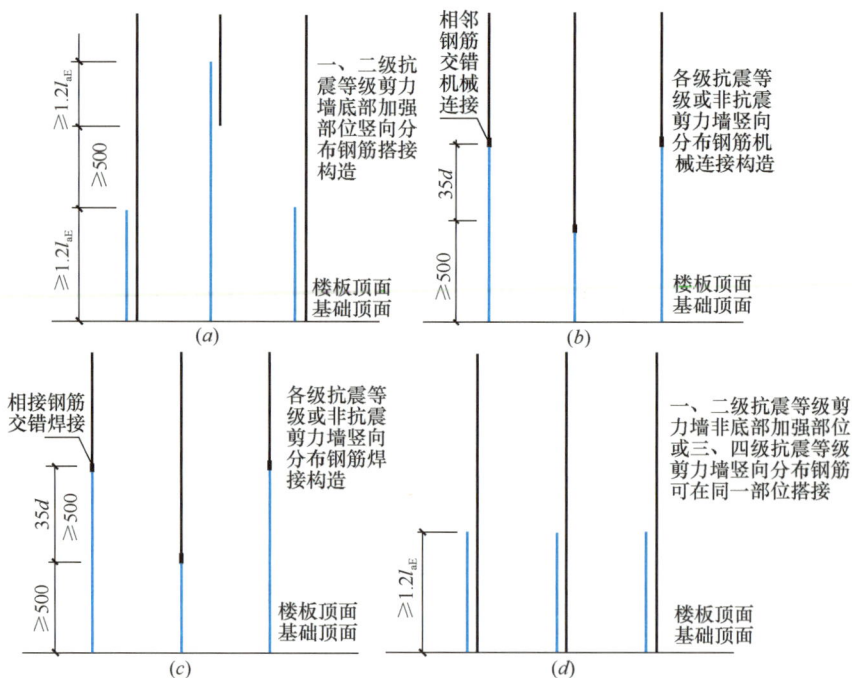

8-8

地下室剪力墙止水钢板

图 8-31　剪力墙竖向分布筋在楼层处的连接

（2）剪力墙竖向分布筋在顶层处的构造如图 8-32 所示。

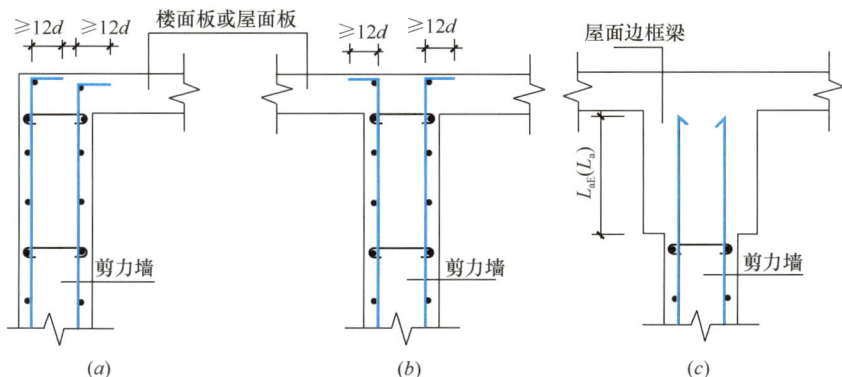

图 8-32 剪力墙竖向分布筋在顶层处的构造

（3）剪力墙竖向分布筋在连梁处的锚固构造如图 8-33 所示。

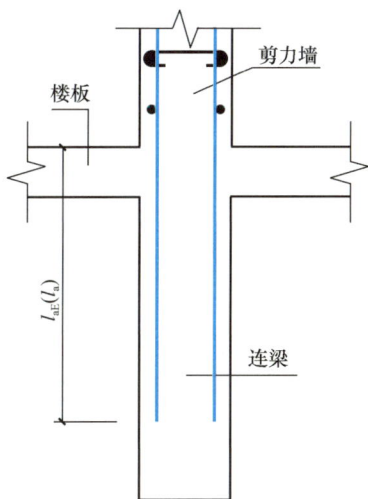

8-9

剪力墙的混凝土浇筑

图 8-33 剪力墙竖向分布筋在连梁处的锚固构造

（4）剪力墙在楼层处厚度不同时竖向分布筋的构造如图 8-34 所示。

（5）剪力墙边缘构件纵向钢筋连接构造如图 8-35 所示。

5. 剪力墙中拉筋的构造

剪力墙身采用拉筋把外侧的钢筋网和内侧的钢筋网连接起来。如果剪力墙墙身设置三排或多排的钢筋网，拉筋还要把中间排的钢筋网固定起来。剪力墙各排钢筋网的钢筋直径和间距是一致的，这为拉筋的连接创造了条件。拉筋要求拉住两个方向上的钢筋，即同时钩住水平分布筋和竖向分布筋，由于剪力墙墙身的水平分布筋放在最外侧，所以拉筋连接外侧钢筋网和内侧钢筋网，也就是把拉筋钩在水平分布筋的外侧。拉筋需要与各排分布筋绑扎。

剪力墙中的拉筋是左右、上下采用"隔一拉一"或"隔二拉一"的方法，形成"梅花"状。拉筋的最大间距不大于 600mm，如图 8-36、图 8-37 所示。

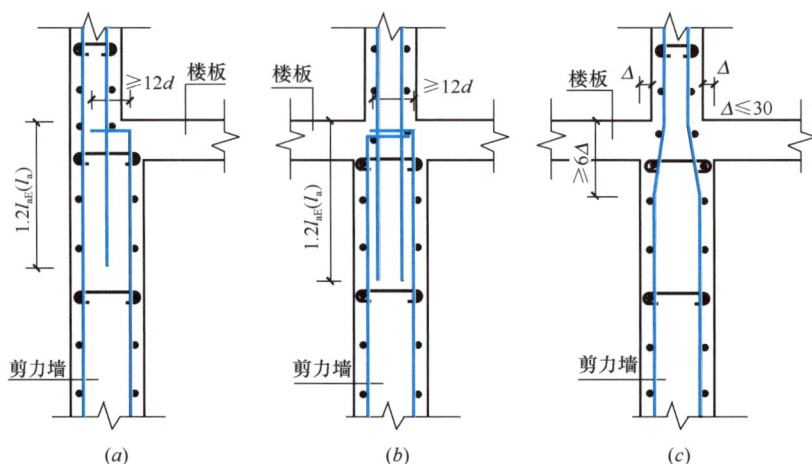

图 8-34　剪力墙在楼层处厚度不同时竖向分布筋的构造

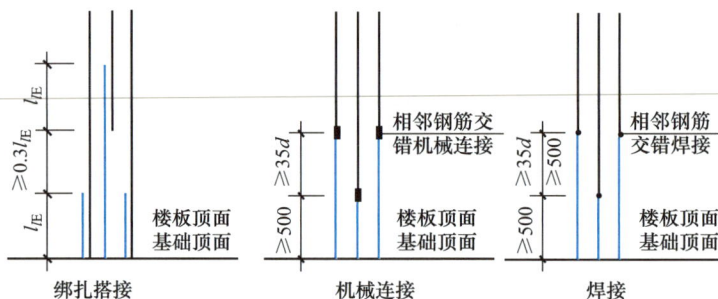

图 8-35　剪力墙边缘构件纵向钢筋连接的构造

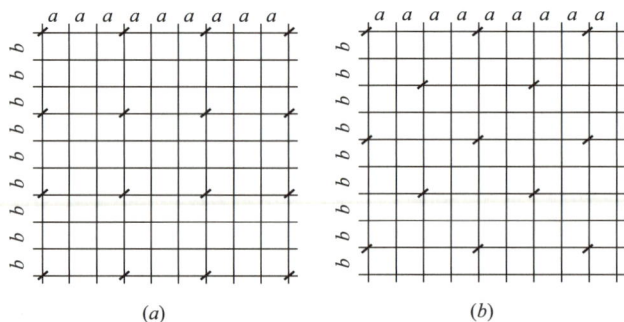

图 8-36　剪力墙中水平方向的拉筋

（a）拉结筋@3a3b 矩形（a≤200、b≤200）；（b）拉结筋@4a4b 梅花（a≤150、b≤150）

6. 剪力墙在 LL、AL、BKL 处的配筋构造

（1）剪力墙在连梁（LL）处的配筋构造

连梁（LL）其实是一种特殊的墙身，它是上下楼层窗（门）洞口之间的那部分水平的窗间墙（至于同一楼层相邻两个窗口之间的垂直窗间墙，一般是暗柱）。

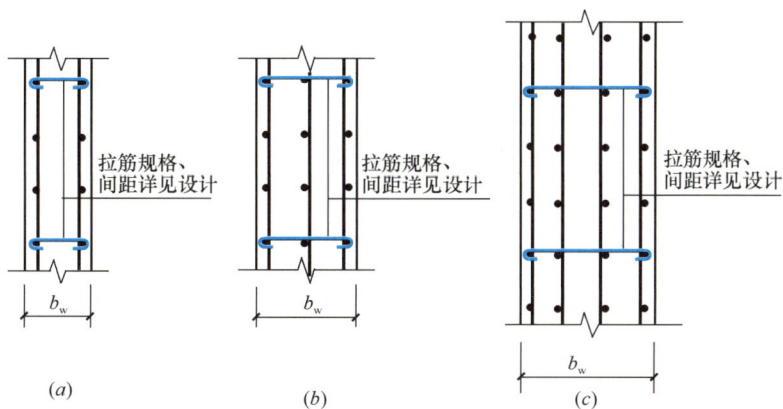

图 8-37　剪力墙竖直方向的拉筋

（a）$b_w \leqslant 400$；（b）$400 < b_w \leqslant 700$；（c）$b_w > 700$

对于整个剪力墙而言，基础是其支座，但对于连梁而言，其支座就是墙柱和墙身。所以连梁钢筋的设置，具备"有支座"的构件的特点，与梁有些类似。连梁主筋锚固起点应从暗柱或端柱的边缘算起，如图 8-38 所示。

连梁的侧面筋，即为剪力墙的水平分布筋，剪力墙水平分布筋从连梁的外侧通过连梁。连梁的箍筋直径和间距指的是跨中的间距，而支座范围内的箍筋间距就是 150mm（设计时不必进行标注），楼层连梁和顶层连梁的杆件构造要求如图 8-38 所示。

连梁的拉筋直径是：当梁宽≤350mm 时为 6mm，梁宽＞350mm 时为 8mm，拉筋的间距是箍筋间距的两倍，竖向沿侧面水平筋隔一拉一。

（2）剪力墙在暗梁（AL）、边框梁（BKL）处的配筋构造

1）剪力墙在暗梁处的配筋构造

暗梁是剪力墙的"加强带"，是隐藏在墙身内部看不见的构件，暗梁一般设置在剪力墙靠近楼板底部的位置，就像砖混结构中的圈梁那样。暗梁不是梁，所以暗梁的配筋就是按照如图 8-39 所示标注的钢筋截面全长贯通布置的，需要说明的是：有的人一提到暗梁就想到门窗洞口的上方，其实，墙身洞口上方的暗梁是"洞口补强暗梁"。

暗梁的纵筋是沿墙肢方向贯通布置，而暗梁的箍筋也是沿墙肢方向全长均匀布置，不存在箍筋加密区和非加密区。暗梁是剪力墙的一部分，所以，暗梁纵筋不存在"锚固"的问题，只有"收边"的问题。

剪力墙墙身水平分布筋按其间距在暗梁箍筋的外侧布置，当设计未注写时，暗梁侧面构造钢筋同剪力墙水平分布筋。在暗梁上部和下部纵筋的位置上不需要布置水平分布筋。

暗梁的箍筋在墙肢的全长布置箍筋，但是暗梁在暗柱内部是不布置箍筋的，距离暗柱主筋中心为暗梁箍筋间距的 1/2 的地方布置暗梁的第一根箍筋。暗梁的拉筋直径是：当梁宽≤350mm 时为 6mm，梁宽＞350mm 时为 8mm，拉筋的间距是箍筋间距的两倍，竖向沿侧面水平筋隔一拉一。

2）剪力墙在边框梁处的配筋构造

边框梁一般也是设置在楼板以下的部位，边框梁也不是梁，所以，边框梁的配筋构造

8-10

墙梁及洞口补强

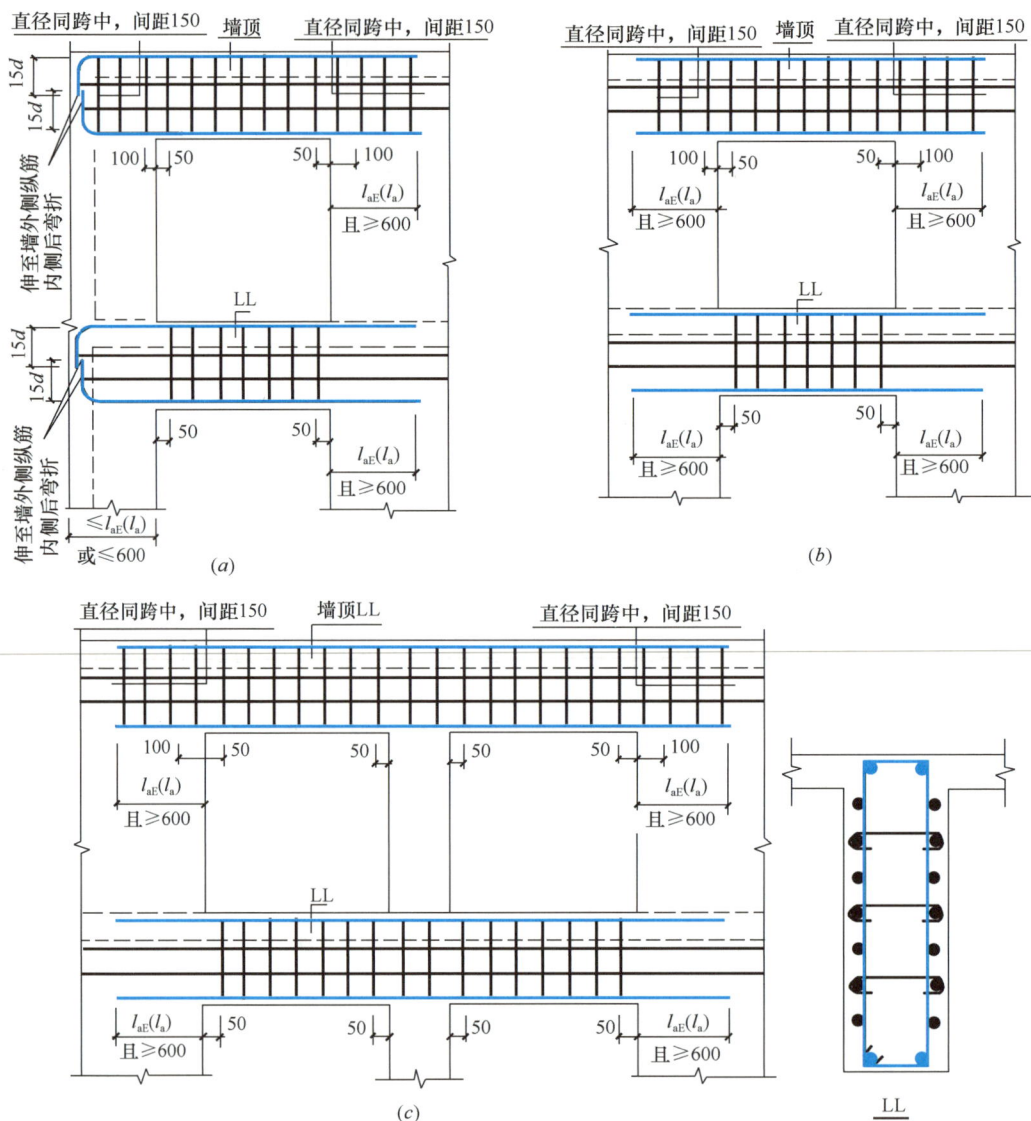

图 8-38　剪力墙在连梁（LL）处的配筋构造

（a）洞口连梁（端部墙肢较短）；（b）单洞口连梁（单跨）；（c）双洞口连梁（双跨）

就是按照如图 8-39 所示标注的钢筋截面全长贯通布置的，边框梁纵筋不存在"锚固"的问题，只有"收边"的问题，边框梁一般都与端柱发生联系，边框梁纵筋在端柱纵筋之内伸入端柱，边框梁纵筋伸至端柱对边之后加弯 15d，当伸至对边≥l_{aE}（l_a）时可不设置弯钩。与框架梁有上部非贯通纵筋和箍筋加密区，存在很大的差异。

剪力墙墙身水平分布筋按其间距在边框梁箍筋内侧通过，剪力墙竖向分布筋穿越边框梁。

边框梁的箍筋也是沿墙肢方向全长均匀布置，不存在箍筋加密区和非加密区。边框梁的拉筋直径是：当梁宽≤350mm 时为 6mm，梁宽＞350mm 时为 8mm，拉筋的间距是箍筋间距的两倍，竖向沿侧面水平筋隔一拉一。

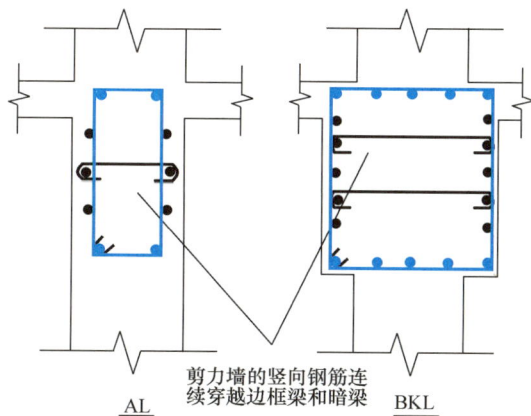

剪力墙的竖向钢筋连续穿越边框梁和暗梁

AL   BKL

图 8-39　剪力墙在暗梁（AL）、边框梁（BKL）处的配筋构造

7. 剪力墙洞口补强构造

（1）洞口 b（D）≤800 时的构造如图 8-40 所示。

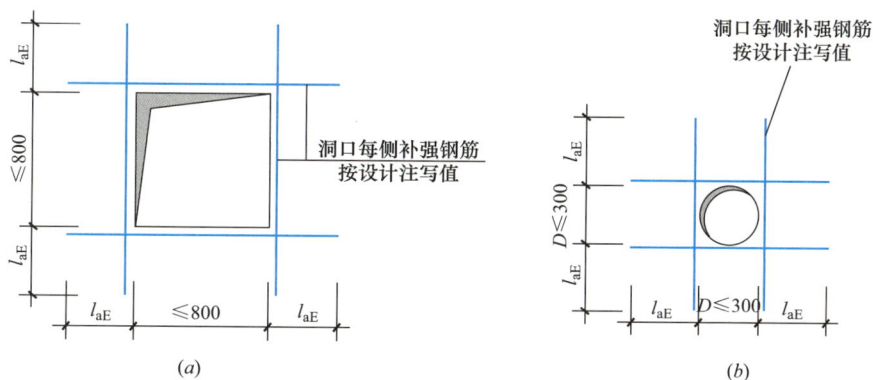

图 8-40　洞口≤800mm 时的构造

（a）矩形洞宽和洞高≤800mm 时的构造；（b）圆形洞口直径≤300mm 时的构造

（2）洞口 b（D）＞800 时的构造如图 8-41 所示。

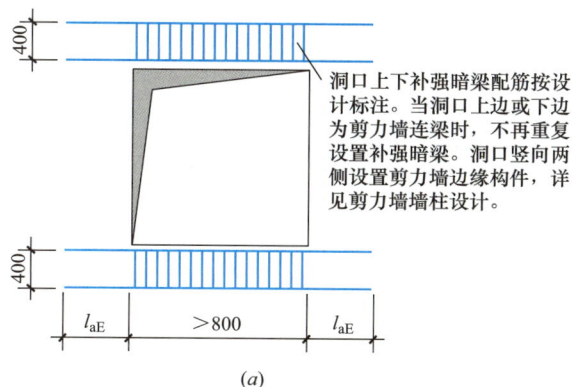

洞口上下补强暗梁配筋按设计标注。当洞口上边或下边为剪力墙连梁时，不再重复设置补强暗梁。洞口竖向两侧设置剪力墙边缘构件，详见剪力墙墙柱设计。

图 8-41　洞口＞800mm 时的构造（一）

（a）矩形洞宽和洞高＞800mm 时的构造

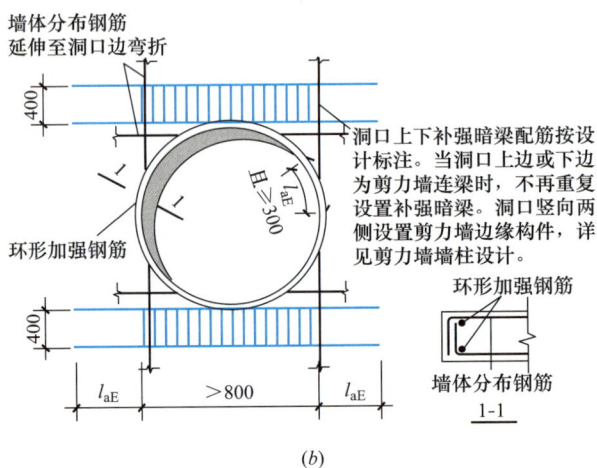

图 8-41　洞口＞800mm 时的构造（二）

（b）圆形洞口直径＞300mm 时的构造

（3）梁中洞口的构造如图 8-42 所示。

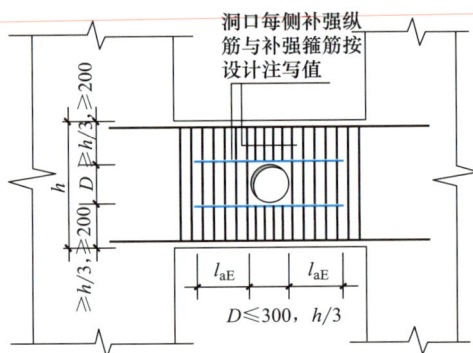

图 8-42　连梁中部圆形洞口构造

思 考 题

1. 剪力墙结构的抗震等级是依据什么划分的？划分结构抗震等级的意义是什么？
2. 简述剪力墙结构的受力特点。
3. 剪力墙结合施工因素有哪些构造要求？
4. 连梁有哪些构造要求？

单元9　钢筋混凝土框架-剪力墙结构

引言

　　框架-剪力墙结构是一种将框架结构和剪力墙结构有机地结合起来、融为一体、取长补短广泛用于高层建筑的结构，学生如何了解框架-剪力墙结构的受力特点？如何了解框架-剪力墙结构中剪力墙是如何布置的？框架-剪力墙结构中的框架结构与剪力墙结构是如何协调工作的？如何掌握框架-剪力墙结构的构造要求和抗震构造措施？如何结合施工特点识读框架-剪力墙结构施工图？本单元将一一叙述，教你掌握和运用。

思维导图

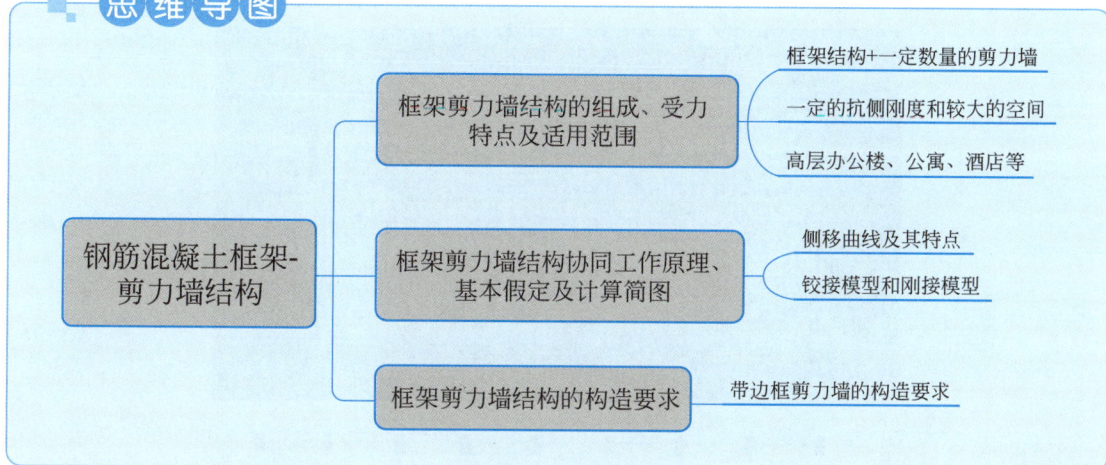

9.1　概述

学习目标

　　（1）了解框架-剪力墙结构的受力和变形特点。
　　（2）明确框架-剪力墙结构中剪力墙的布置要求。

9.1.1　框架-剪力墙结构体系

1. 框架-剪力墙结构的组成

　　框架-剪力墙结构，是在框架结构的基础上增设一定数量的纵向和横向剪力墙所组成的结构，竖向荷载由框架和剪力墙等竖向承重单体共同承担，水平荷载则主要由剪力墙这一具有较大刚度的抗侧力单元来承担。

由于框架-剪力墙结构只是在部分位置上设置剪力墙，因此这种结构体系综合了框架和剪力墙结构的优点，并在一定程度上规避了两者的缺点，达到了扬长避短的目的，使得建筑功能要求和结构设计协调得比较好。它既具有框架结构平面布置灵活、使用方便的特点，又有较大的刚度和较好的抗震能力，无论从使用上，还是从受力、变形性能上看，框架-剪力墙结构都是一种比较好的结构体系，因而在高层建筑中应用非常广泛，常用于15～30层的办公楼、公寓、旅馆等，如图 9-1 所示。

2. 框架-剪力墙结构的特点

（1）框架-剪力墙结构是把框架和剪力墙结合在一起，共同抵抗竖向和水平荷载的一种体系，它利用剪力墙的高抗侧力刚度和承载力，弥补框架结构柔性大、侧移大的弱点，其中水平荷载主要是由剪力墙承受。由于它只在部分位置上有剪力墙，又保持了框架结构具有大空间、立面易于变化等优点，因此，框架-剪力墙结构是一种较好的结构体系。

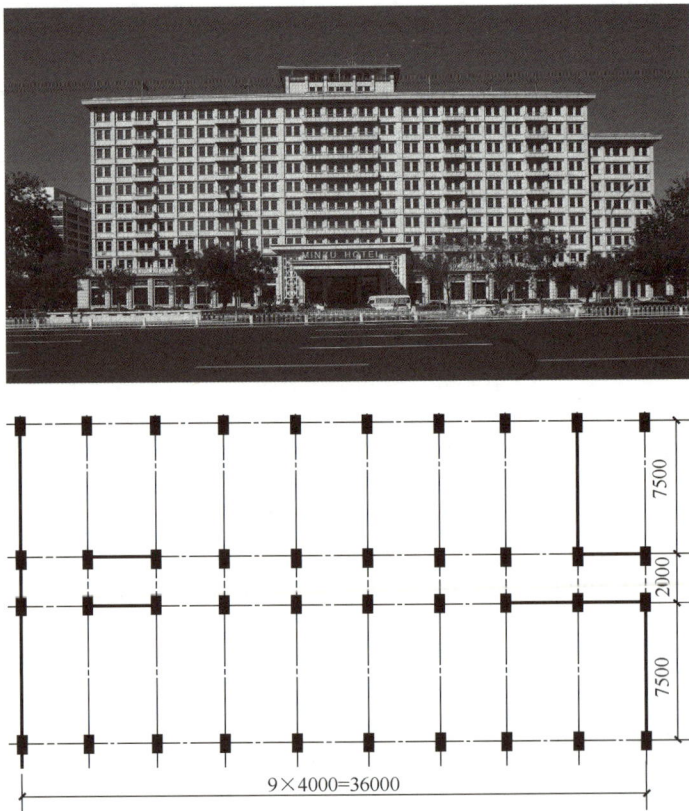

图 9-1　北京民族饭店（1959 年建成，12 层框架-剪力墙结构）

（2）变形特点（水平荷载作用下的变形形式）

1）框架结构：其变形属于剪切型。

2）剪力墙结构：其变形属于弯曲型。

3）框架-剪力墙结构：其变形属于弯剪型，因为框架-剪力墙结构中既有框架又有剪力墙，受到各层楼盖的约束，它们不能像单独的框架和剪力墙那样自由地变形，各层楼盖因其巨大的水平刚度迫使框架和剪力墙变形协调一致，所以其整体变形呈弯剪型，如图 9-2 所示。

（3）框架-剪力墙结构具有多道抗震防线，是一种抗震性能很好的结构体系。

（4）框架-剪力墙结构在水平力作用下，水平位移是由楼层层间位移与层高之比 $\dfrac{\Delta_u}{h}$ 控制，而不是顶点位移控制。层间位移最大值发生在 $(0.4\sim0.8)\,h$ 范围内的楼层。

（5）框架-剪力墙结构在水平力作用下，框架上下各楼层的剪力取用比较接近，梁、柱的弯矩和剪力值变化较小，使得梁、柱构件规格较少，有利于施工。

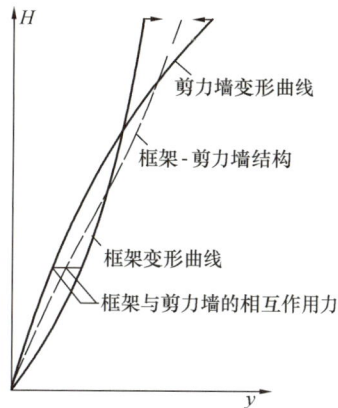

图 9-2　框架与剪力墙的侧移曲线

3. 框架-剪力墙结构中的梁

（1）普通框架梁：按框架梁设计。

（2）连梁：按双肢或多肢剪力墙设计。

（3）一端与墙肢相连，一端与框架柱相连：应设计为强剪弱弯，刚度应乘以折减系数 β，β 值不宜小于 0.5。

9.1.2　框架-剪力墙结构中剪力墙的布置

框架-剪力墙结构中，由于剪力墙的侧向刚度比框架大很多，剪力墙的数量和布置对结构的整体刚度和刚度中心位置影响很大，所以确定剪力墙的数量并进行合理的布置是这种结构设计中的关键问题。

1. 剪力墙的数量

在框架-剪力墙结构中，结构的侧向刚度主要由同方向各片剪力墙截面弯曲刚度的总和控制，结构的水平位移随侧向刚度的增大而减小。为满足结构水平位移的限值要求，建筑物愈高，所需要的值愈大。但剪力墙数量也不宜过多，否则地震作用相应增加，还会使绝大部分水平地震被剪力墙吸收，框架的作用不能充分发挥，既不合理也不经济。一般以满足结构的水平位移限值作为设置剪力墙数量的依据较为合适。

框架梁截面尺寸一般根据工程经验确定，框架柱截面尺寸可根据轴压比要求确定。框架梁、柱截面尺寸确定之后，应在充分发挥框架抗侧移能力的前提下，按层间弹性位移角限值的要求确定剪力墙数量。在初步设计阶段，可根据房屋底层全部剪力墙截面面积 A_w 和全部柱截面面积 A_c 之和与楼面面积 A_f 的比值，或者采用全部剪力墙截面面积 A_w 与楼面面积 A_f 的比值，来粗估剪力墙的数量。根据工程经验，$(A_w+A_c)/A_f$ 或 A_w/A_f 比值大致位于表 9-1 的范围内。层数多、高度大的框架-剪力墙结构体系，宜取表 9-1 中的上限值。

底层剪力墙（柱）截面面积与楼面面积的比值　　　　　表 9-1

设计条件	$(A_w+A_c)/A_f$	A_w/A_f
7度，Ⅱ类场地	3%～5%	2%～3%
8度，Ⅱ类场地	4%～6%	3%～4%

2. 剪力墙的布置

（1）框架-剪力墙结构应设计为双向抗侧力体系，地震区，纵横向布置的剪力墙数量要尽可能接近。梁与柱或柱与墙的中线宜重合，使内力传递和分布合理且保证节点核心区的完整性。

（2）剪力墙的布置应遵循"均匀、分散、对称、周边"的原则。在伸缩缝、沉降缝、防震缝两侧不宜同时设置剪力墙。

墙肢的长度不宜大于 8m。单片剪力墙底部承担水平力产生的剪力不宜超过结构底部总剪力的 40%。

（3）一般情况下，剪力墙宜布置在下列部位：

1）竖向荷载较大处；

2）建筑物端部附近；

3）楼梯、电梯间；

4）平面形状变化处。

（4）横向剪力墙的间距宜满足表 9-2 的要求；纵向剪力墙不宜集中布置在尽端。

剪力墙的间距限值　　　　　表 9-2

楼面形式	非抗震设计（取较小值）	抗震设防烈度（取较小值）		
		6度、7度	8度	9度
现浇	5.0B，60	4.0B，50	3.0B，40	2.0B，30
装配整体	3.5B，50	3.0B，40	2.5B，30	—

注：1. 表中 B 表示楼面宽度，单位为 m。

2. 装配整体式楼盖指装配式楼盖上设有配筋现浇层。

3. 现浇层厚度大于 60mm 的预应力叠合板可作为现浇板考虑。

9–1

框剪结构概述

（5）框架-剪力墙结构中的剪力墙宜设计成周边有梁柱（或暗梁柱）的带框剪力墙。纵横向相邻剪力墙宜连接在一起形成 L 形、T 形或口形，以增大剪力墙的刚度和抗扭能力。

（6）有边框剪力墙的布置还应符合下列要求：

1）墙端处的柱（框架柱）应保留，柱截面应与该片框架其他柱的截面相同。

2）剪力墙平面的轴线宜与柱截面轴心保持重合。

3）与剪力墙重合的框架梁可保留，梁的配筋按框架梁的构造要求配置。该梁亦可做成宽度与墙厚相同的暗梁，暗梁高度可取墙厚的 2 倍。

（7）剪力墙的洞口宜布置在截面的中部，避免开在端部或紧靠柱边，洞口至柱边的距离不宜小于墙厚的 2 倍，开洞面积不宜大于墙面积的 1/6，洞口宜上下对齐，上下洞口间的高度（包括梁）不宜小于层高的 1/5。

9.2　框架-剪力墙结构协同工作

学习目标

（1）了解框架-剪力墙结构中框架与剪力墙协同工作的原因。
（2）理解框架-剪力墙结构的计算模型的确定。

9.2.1　框架与剪力墙的协同工作

框架-剪力墙结构是由框架和剪力墙组成的结构体系。在水平荷载作用下，框架和剪力墙是变形特点不同的两种结构，当用平面内刚度很大的楼盖将二者连接在一起组成框架-剪力墙结构时，框架与剪力墙在楼盖处的变形必须协调一致，即二者之间存在协同工作问题。

在水平荷载作用下，单独剪力墙的变形曲线如图 9-3（a）中虚线所示，以弯曲变形为主；单独框架的变形曲线如图 9-3（b）中虚线所示，以整体剪切变形为主。但是，在框架-剪力墙结构中，框架与剪力墙是相互连接在一起的一个整体结构，并不是单独分开，故其变形曲线介于弯曲型与整体剪切型之间。图 9-4 中绘出了三种侧移曲线及其相互关系。由图可见，在结构下部，剪力墙的位移比框架小，墙将框架向左拉，框架将墙向右拉，故而框架-剪力墙结构的位移比框架的单独位移小，比剪力墙的单独位移大；在结构上部，剪力墙的位移比框架大，框架将墙向左推，墙将框架向右推，因而框架-剪力墙的位移比框架的单独位移大，比剪力墙的单独位移小。框架与剪力墙之间的这种协同工作是非常有利的，它使框架-剪力墙结构的侧移大大减小，且使框架与剪力墙中的内力分布更趋合理。

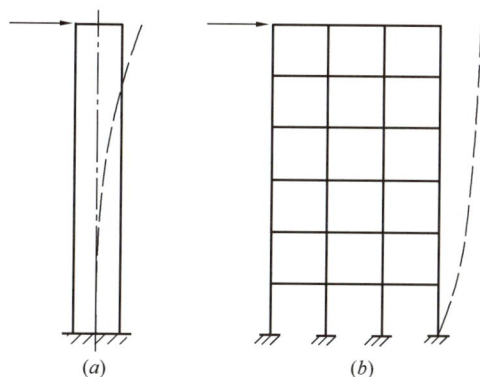

图 9-3　框架与剪力墙的侧移曲线

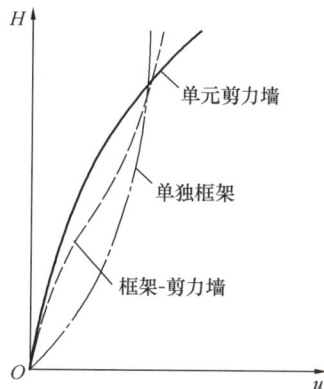

图 9-4　三种侧移曲线

9.2.2 框架-剪力墙结构的基本假定及计算简图

1. 基本假定

在框架-剪力墙结构分析中，一般采用如下的假定：

（1）楼盖刚度在平面内为无穷大，平面外刚度很小，可以不计。

（2）侧向力的合力通过结构的抗侧刚度中心（结构平面无整体扭转）。

（3）不考虑剪力墙和框架柱的轴向变形及基础转动的影响。

（4）框架与剪力墙的结构刚度参数沿结构高度方向均为常数。

2. 计算简图

所有框架等效为综合框架，所有剪力墙等效为综合剪力墙。按照剪力墙之间和剪力墙与框架之间有无连梁，或者是否考虑这些连梁对剪力墙转动的约束作用，框架-剪力墙结构可分为下列两类：

（1）框架-剪力墙结构铰接模型

铰接模型——框架和剪力墙通过楼盖传力，把楼盖的作用简化为两端铰接的刚性连杆。对于图 9-5（a）所示结构单元平面，如沿房屋横向的 3 榀剪力墙均为双肢墙，因连梁的转动约束作用已考虑在双肢墙的刚度内，且楼板在平面外的转动约束作用很小可予以忽略，则总框架与总剪力墙之间可按铰接考虑，其横向计算简图如图 9-5（b）所示。其中总剪力墙代表图 9-5（a）中的 3 榀双肢墙的综合，总框架则代表 6 榀框架的综合。在总框架与总剪力墙之间的每个楼层标高处，有一根两端铰接的连杆。这一列铰接连杆代表各层楼板，把各榀框架和剪力墙连成整体，共同抗御水平荷载的作用。连杆是刚性的（即轴向刚度 $EA \rightarrow \infty$），反映了刚性楼板的假定，保证总框架与总剪力墙在同一楼层标高处的水平位移相等。

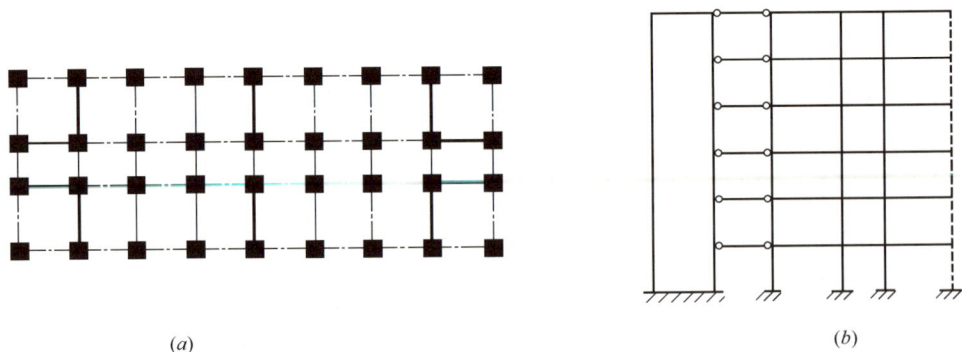

(a)   (b)

图 9-5　框架-剪力墙铰接体系计算简图

（2）框架-剪力墙结构刚接模型

对于图 9-6（a）所示结构单元平面，沿房屋横向有 3 片剪力墙，剪力墙与框架之间有连梁连接，当考虑连梁的转动约束作用时，连梁两端可按刚接考虑，其横向计算简图如图 9-6（b）所示。此处，总剪力墙代表图 9-6（a）中②⑤⑧轴线的 3 片剪力墙的综合；总框架代表 9 榀框架的综合，其中①③④⑥⑦⑨轴线均为 3 跨框架，②⑤⑧轴线为单跨框架。在总剪力墙与总框架之间有一列总连梁，把两者连为整体。总连梁代表②⑤⑧轴线 3 列连梁的综合。总连梁与总剪力墙刚接的一列梁端，代表了 3 列连梁与 3 片墙刚接的综合；总连梁与总框架刚接的一列梁端，代表了②⑤⑧轴线处 3 个梁端与单跨框架的刚接，以及楼板与其他各榀框架的铰接。

此外，对于图 9-5（a）和图 9-6（a）所示的结构布置情况，当考虑连梁的转动约束作用时，其纵向计算简图均可按刚接体系考虑。

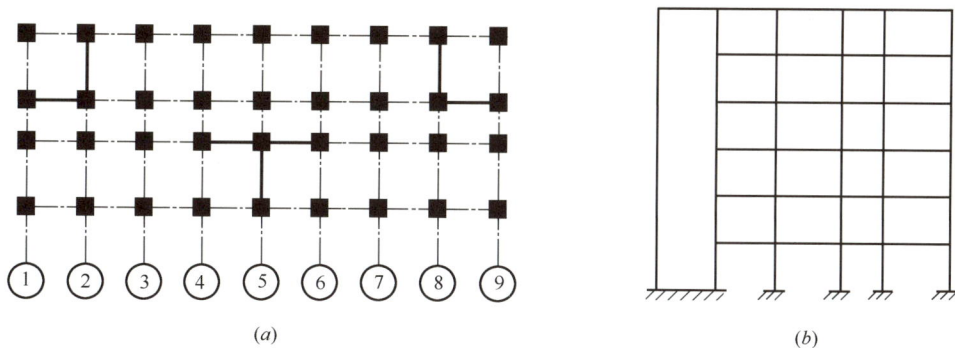

图 9-6　框架-剪力墙刚接体系计算简图

框架-剪力墙结构的下端为固定端，一般取至基础顶面；当设置地下室，且地下室的楼层侧向刚度不应小于相邻上部结构楼层侧向刚度的 2 倍时，可将地下室的顶板作为上部结构嵌固部位。

以上得出的计算简图仍是一个高次超静定的平面结构。它可以用力法或位移法借助电子计算机计算，也可采用适合于手算的连续栅片法。连续栅片法是沿结构的竖向采用连续化假定，即把连杆作为连续栅片。这个假定使总剪力墙与总框架不仅在每一楼层标高处具有相同的侧移，而且沿整个高度都有相同的侧移，从而使计算简化到能用四阶微分方程来求解。当房屋各层层高相等且层数较多时，连续栅片法具有较高的计算精度。

9.3　框架-剪力墙结构构件的设计与抗震构造措施

学习目标

（1）了解周边有梁、柱剪力墙的受力性能和设计要点。
（2）熟练掌握周边有梁、柱剪力墙的构造要求及其相应的抗震措施。

9.3.1　内力组合

框架-剪力墙结构中框架梁、柱内力组合及调整等与框架结构相同，剪力墙内力组合及调整等与剪力墙结构相同，连梁内力组合及调整方法与剪力墙结构中连梁的内力组合及调整方法相同。框架与剪力墙的抗震等级一般应按框架-剪力墙结构确定。

9.3.2　截面设计和抗震构造措施

框架-剪力墙结构中框架梁、柱截面设计及构造要求与框架结构相同，剪力墙的截面设计及构造要求与剪力墙结构相同。框架及剪力墙的截面设计除应符合上述有关规定外，尚应符合下述规定：

(1) 框架-剪力墙结构中，当剪力墙底部承担的地震作用所产生的倾覆力矩不大于总倾覆力矩的50%时，其框架部分的抗震等级应按纯框架结构确定。当剪力墙承担的地震作用所产生的倾覆力矩大于总地震倾覆力矩较多时，一级、二级抗震等级框架柱的轴压比限值可比纯框架柱的轴压比限值提高0.1。

(2) 有边框剪力墙的构造应符合下列要求：

每层有梁、周边带柱的剪力墙也称为带边框剪力墙，它比矩形截面的剪力墙具有更高的承载能力和更好的抗震性能，其构造要求也与普通剪力墙稍有不同。

1) 周边有梁、柱的剪力墙的受力性能：

对于一般高层框架-剪力墙结构中带边框的剪力墙，在正常的配筋情况下，一般发生弯曲破坏。在水平荷载作用下，墙肢内首先出现水平方向裂缝，当受拉侧边柱的纵筋达到屈服应力时，剪力墙即进入屈服阶段。随着荷载的继续增加，墙板中纵向分布筋逐渐屈服，裂缝不断加大，受压区高度不断减小，最后由于受压侧混凝土被压碎而导致整个构件的破坏。

① 试验结果表明：结构的极限位移约为屈服位移的7倍，表明这类剪力墙具有较好的变形能力。

② 研究结果表明：带边框剪力墙的抗震性能明显优于矩形截面的剪力墙。设置端柱特别是加密端柱的约束箍筋，可以延缓剪力墙内受压纵筋的压屈，提高端柱核心区混凝土的抗压强度，增强剪力墙的受弯承载力，提高结构的延性和耗能能力。

设置于每层楼盖结构标高处的横梁则可作为剪力墙的加劲肋，可有效地阻止墙体内斜裂缝的开展，提高剪力墙的抗剪能力。同时，端柱和横梁所形成的边框加强了剪力墙的稳定性，当在墙体内出现交叉斜裂缝以后，边框梁、柱仍可支持墙体裂而不倒，共同工作至最后极限状态。

③ 对比试验的结果表明：取消边框柱后，剪力墙的极限承载力将下降30%；取消边框梁后，剪力墙的极限承载力将下降10%；带边框剪力墙与矩形截面剪力墙相比，极限受剪承载力提高42.5%，极限层间位移提高110%。

2) 周边有梁、柱的剪力墙的设计要点：

① 截面尺寸要求：周边有梁、柱的剪力墙，抗震设计时，厚度不应小于160mm，且不小于墙净高的1/20，一级、二级抗震等级底部加强部位的墙厚不小于200mm，且不小于1/16的层高。其混凝土强度等级与边柱相同。剪力墙中线与墙端边柱中线宜重合，防止偏心。梁的截面宽度不小于2倍剪力墙厚度，梁的截面高度不小于3倍剪力墙厚度；柱的截面宽度不小于2.5倍剪力墙厚度，柱的截面高度不小于柱的宽度。若剪力墙周边仅有柱而无梁时则应设置暗梁。

② 配筋计算：周边有梁、柱的现浇剪力墙（包括现浇柱、预制梁的剪力墙），当剪力墙与梁、柱有可靠连接时，其截面设计可按普通剪力墙的截面设计方法进行。这里端柱可视作剪力墙截面的翼缘，带边框剪力墙宜按工字形截面计算其正截面承载力，计算所得的纵向受力钢筋应配置在柱截面内。

③ 剪力墙内的边框梁相当于墙体的加强肋，可不必进行专门的截面设计，有边柱但边梁做成暗梁时，暗梁的配筋可按构造配置且应符合一般框架梁的最小配筋要求；边柱的配筋应符合一般框架柱配筋的规定。

3）周边有梁、柱的剪力墙的构造要求：

① 剪力墙应沿水平向和竖向分别布置分布钢筋，分布钢筋沿墙厚方向均应双排配置，即形成两片竖向的钢筋网。剪力墙水平和竖向分布钢筋的配筋率、最大间距和最小直径应符合剪力墙分布钢筋配置的要求；分布钢筋直径不应小于 8mm，间距不应大于 300mm，同时，在非抗震设计时，剪力墙水平和竖向分布钢筋配筋率均不应小于 0.2%；抗震设计时，水平和竖向分布钢筋配筋率均不应小于 0.25%。各排钢筋网之间应设置拉结筋，拉结筋的直径和间距应符合剪力墙结构中的有关规定。

② 框架-剪力墙结构中的剪力墙周边一般与梁、柱连结在一起，形成带边框的剪力墙。为了使墙板与边框能整体工作，墙板自身应有一定的厚度以保证其稳定性。一般情况下，剪力墙的截面厚度不应小于 160mm，且不应小于层高的 1/20；抗震设计时，一级、二级抗震等级剪力墙的底部加强部位均不应小于 200mm，且不应小于层高的 1/16。当剪力墙截面厚度不满足上述要求时，应对墙体进行稳定性验算。

A. 带边框剪力墙的水平分布钢筋应全部锚入边柱框内，锚固长度不小于 l_{aE}（l_a），其他情况，直锚长度 $\geqslant 0.6l_{aE}$（l_a），然后弯折收边 15d。

B. 带边框剪力墙的竖向分布钢筋应贯通边梁框，并与上一层的竖向分布钢筋连接，对于顶层的竖向分布钢筋应锚入楼板内长不小于非抗震设计 l_a 或抗震设计 l_{aE}。

③ 带边框剪力墙的混凝土强度等级宜与边框柱相同。边框柱宜与该榀框架其他柱的截面相同，且应符合一般框架柱的构造配筋规定。剪力墙底部加强部位边框柱的箍筋宜沿全高加密；当带边框剪力墙上的洞口紧邻边框柱时，边框柱的箍筋宜沿全高加密。

④ 与剪力墙重合的框架梁可保留，框架梁可通过剪力墙墙顶连通设置，否则应设置暗梁与端柱组成边框。做成宽度与墙厚相同的暗梁，暗梁截面高度可取墙厚的 2 倍或与该片框架梁截面等高。暗梁的配筋可按构造配置且应符合一般框架梁相应抗震等级的最小配筋要求。

【课堂练习 9-1】 某框架-剪力墙结构综合办公楼，采用 C50 混凝土，层高为 4.2m，框架抗震等级为二级，剪力墙抗震等级为一级，其局部一层、二层墙、柱平面布置图及其配筋图分别如图 9-7～图 9-10、表 9-3 所示，分组回答下列问题：

（1）约束边缘构件 YDZ1、YDZ4、YDZ6 和 YAZ2、YAZ4、YAZ6，它们是如何配筋的？其有哪些构造要求？

（2）框架柱 KZ1、KZ5、KZ6 是如何配筋的？其有哪些构造要求？

（3）剪力墙 Q1 和 Q2 是如何配筋的？其与约束边缘构件 YDZ1、YDZ4 和边框梁有哪些构造要求？

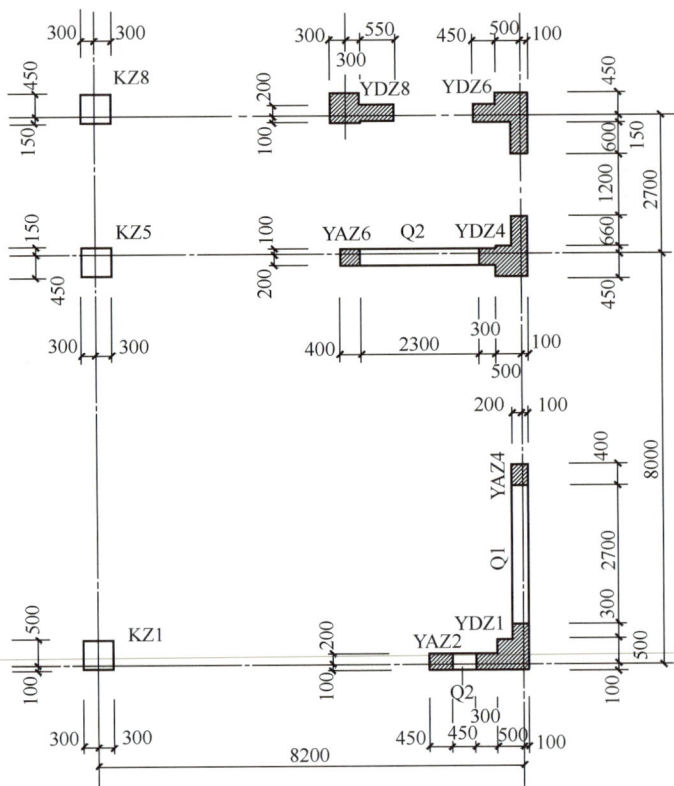

图 9-7　一层和二层墙、柱平面布置图

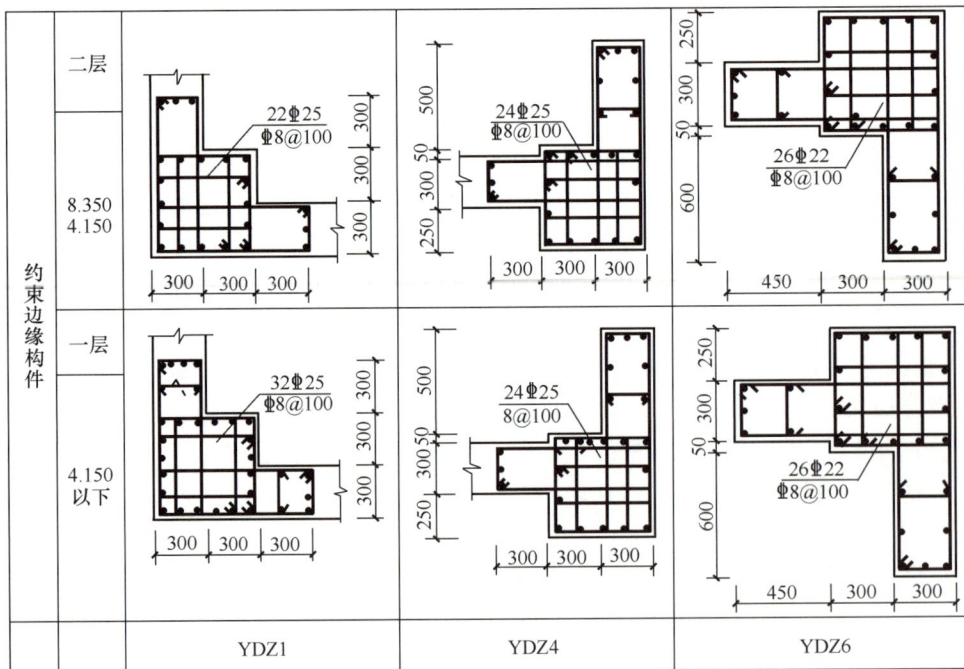

图 9-8　约束边缘构件配筋图（1）

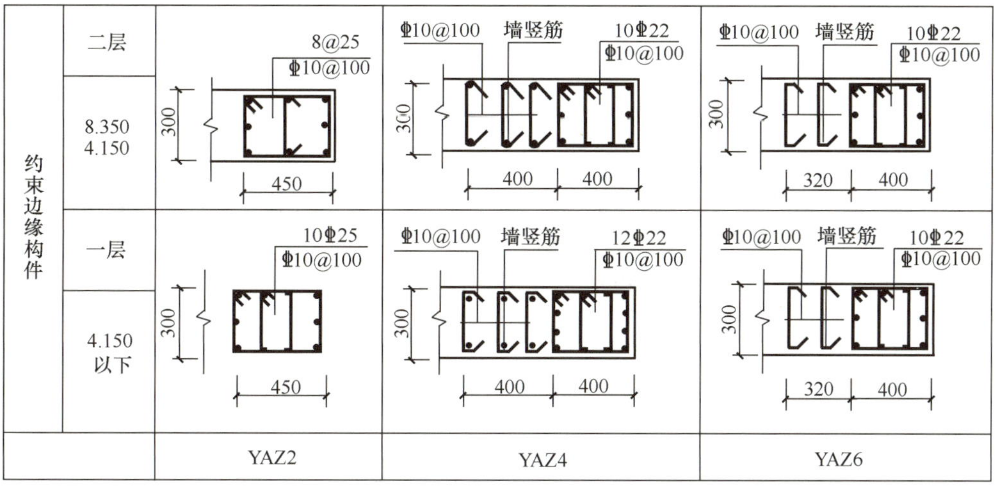

图 9-9　约束边缘构件配筋图（2）

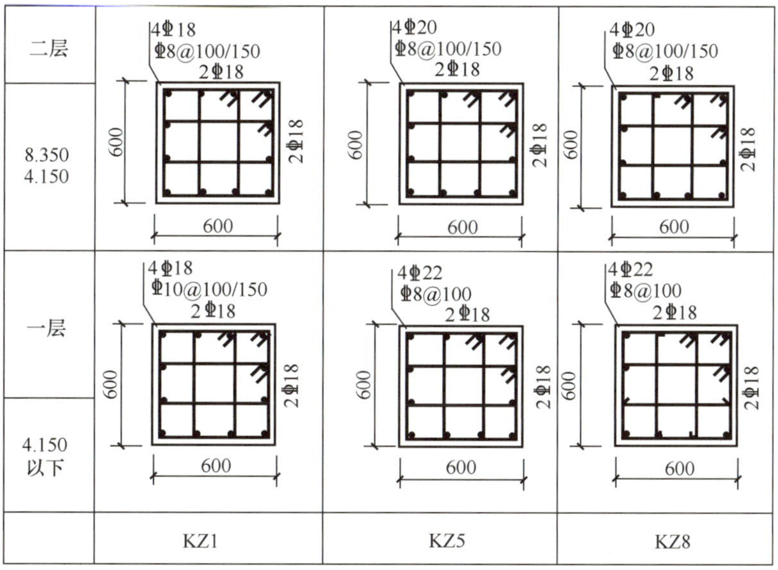

图 9-10　框架柱配筋图

剪力墙分布钢筋配筋表　　　　　　　　　　　　表 9-3

墙号	墙厚（mm）	排数	水平分布筋	垂直分布筋	拉筋（双向）
Q1	300	2	Φ12@100	Φ10@150	Φ8@300
Q2	300	2	Φ10@100	Φ10@150	Φ8@300

思 考 题

1. 框架结构和剪力墙结构的构造要求与框架-剪力墙结构的构造要求是否相同？

2. 框架-剪力墙结构中的剪力墙布置从受力特点、抗震性能和经济效益方面分析是否越多越好呢？

3. 框架-剪力墙结构中剪力墙的钢筋与边框梁（或暗梁）、柱之间分别要满足哪些构造要求？

4. 框架-剪力墙结构中的框架和剪力墙是如何协同工作的？

单元 10　砌体结构

引言

　　砌体结构是以砌体墙柱作为主要承重构件的一种结构体系，水平方向设置钢筋混凝土楼盖，即小部分钢筋混凝土和大部分砌体墙承重的结构，适合开间进深较小、房间面积小的多层或低层建筑，由于其高度、空间及使用寿命等方面的限制，砌体结构应用范围有限，但是砌体构件在很多结构体系中作为二次结构应用广泛。学生如何选择砌体材料？如何明确砌体结构的受力特点？如何结合施工性质掌握砌体结构的抗震构造措施？本单元将一一叙述，具体内容可通过扫码学习。

思维导图

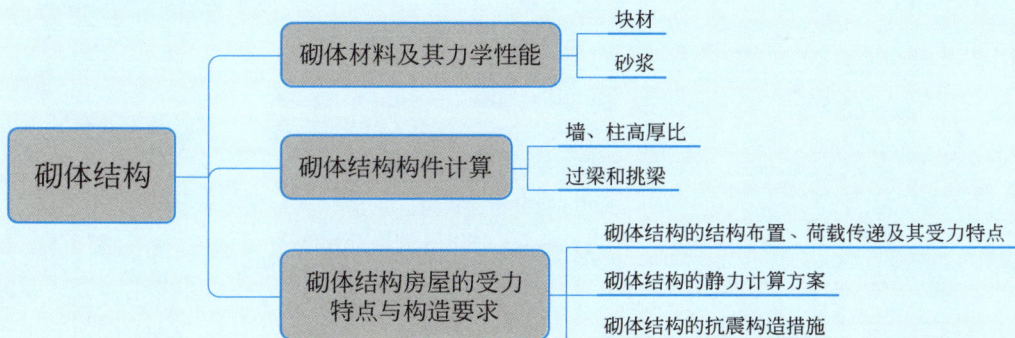

砌体结构
- 砌体材料及其力学性能
  - 块材
  - 砂浆
- 砌体结构构件计算
  - 墙、柱高厚比
  - 过梁和挑梁
- 砌体结构房屋的受力特点与构造要求
  - 砌体结构的结构布置、荷载传递及其受力特点
  - 砌体结构的静力计算方案
  - 砌体结构的抗震构造措施

10-1

单元10具体内容

主要参考文献

[1] 中国建筑标准设计研究所.全国民用建筑工程设计技术措施.北京：中国计划出版社，2003.

[2] 周德源，张晖等.建筑结构抗震技术.北京：化学工业出版社，2006.

[3] 钱永梅，王若竹等.建筑结构抗震设计.北京：化学工业出版社，2009.

[4] 王铁成.混凝土结构原理.天津：天津大学出版社，2011.

[5] 李斌.混凝土结构设计原理.北京：清华大学出版社，2011.

[6] 熊丹安，吴建林.混凝土结构设计.北京：北京大学出版社，2012.

[7] 陈飞达.平法识图与钢筋计算.北京：中国建筑工业出版社，2010.

[8] 沈蒲生，罗国强.混凝土结构.北京：中国建筑工业出版社，2011.

[9] 韩选江.新世纪现代结构工程技术进展.北京：中国建筑工业出版社，2010.

[10] 中国建筑标准设计研究院.11G101-1.北京：中国计划出版社，2011.

[11] 中国建筑标准设计研究院.12G101-4.北京：中国计划出版社，2013.